普通高等教育"十三五"规划教材

土木工程类系列教材

土木工程施工
（第2版）

主编　赵学荣　陈烜

清华大学出版社

北京

内 容 简 介

本书以党的二十大精神为引领,以最新的现行土木工程专业有关技术规范和规程为依据,对土木工程中常用的施工技术和施工组织知识进行了全面的介绍。在内容上不仅保留了目前仍采用的一些传统的施工技术,而且将最近几年发展起来的土木工程施工的新理论、新技术和新工艺以及智能建造的相关内容充实到本书中,体现了行业绿色化、低碳化、集约化、数字化、智能化的发展方向。

全书分为两篇,共13章。第1篇为土木工程施工技术,主要介绍:土方工程、桩基础工程、砌体结构工程、钢筋混凝土结构工程、结构安装工程、防水工程、建筑装饰装修工程、地下工程、智慧建造施工;第2篇为土木工程施工组织,主要介绍:施工组织概论、流水施工原理、网络计划技术、单位工程施工组织设计。

本书可作为高等学校土木工程专业、工程管理专业和工程造价专业等本科生的教材,也可作为相关专业工程技术人员的参考书。

图书在版编目(CIP)数据

土木工程施工/赵学荣,陈烜主编. —2版. —北京:清华大学出版社,2020.8(2023.11重印)
普通高等教育"十三五"规划教材. 土木工程类系列教材
ISBN 978-7-302-54833-1

Ⅰ. ①土… Ⅱ. ①赵… ②陈… Ⅲ. ①土木工程－工程施工－高等学校－教材 Ⅳ. ①TU7

中国版本图书馆 CIP 数据核字(2020)第 021410 号

责任编辑:秦 娜 赵从棉
封面设计:陈国熙
责任校对:王淑云
责任印制:杨 艳

出版发行:清华大学出版社
    网 址:http://www.tup.com.cn,http://www.wqbook.com
    地 址:北京清华大学学研大厦 A 座   邮 编:100084
    社 总 机:010-83470000   邮 购:010-62786544
    投稿与读者服务:010-62776969,c-service@tup.tsinghua.edu.cn
    质量反馈:010-62772015,zhiliang@tup.tsinghua.edu.cn
印 装 者:北京嘉实印刷有限公司
经 销:全国新华书店
开 本:185mm×260mm 印 张:19.5   字 数:473 千字
版 次:2013 年 1 月第 1 版 2020 年 8 月第 2 版 印 次:2023 年 11 月第 4 次印刷
定 价:55.00 元

产品编号:083612-02

前　言

　　土木工程施工是土木工程专业和工程管理专业学生的必修课程之一,它是研究土木工程施工技术与施工组织的一门实践性强、涉及面广、技术发展快的课程。本书注重培养学生掌握土木工程施工的基本理论和基本技能,使学生具有一定的解决工程实际问题的能力。

　　本书与同类教材相比,其鲜明的特点是体现了科学性和先进性。全书全部按照现行规范、规程和标准编写,而且在内容的安排上,舍去了一些目前在施工中已很少应用或与发展方向不相符的陈旧内容,保留并增加了现行规范的新理论,以及目前施工中普遍采用的技术,使其能科学地反映当前土木工程施工的新工艺、新技术和新的组织管理理念。本书的另一个特点是注重实用性。书中有关施工技术的内容以施工工艺为主线,侧重于介绍工艺原理和工艺方法,既有一定的理论深度,又易于在实践中应用;有关施工组织的内容则侧重于介绍组织原理和科学的组织方法,具有一定的可操作性。各章针对重点、难点问题或常用的理论与计算编写了一些例题,使学生能够在系统掌握基本知识和基本理论的基础上进行土木工程施工组织设计的编制。因此,本书是一本注重培养应用型土木工程专业人才的教材。

　　本书由天津城建大学土木工程学院相关教师编写,由赵学荣、陈烜担任主编。由天津城建大学丁克胜教授、杨宝珠教授主审。各章编写分工如下:巴盼锋编写第1章、第4章(4.5节)、第7、9章;赵学荣编写第2章;熊维编写第3、5、6章;赵延辉编写第4章(4.1~4.4节);陈烜编写第8、12章;吴东云编写第10、13章;赵爱民编写第11章。

　　由于本书篇幅较长,编写时间较紧,书中难免有不足之处,恳请读者批评指正。

编　者

2020 年 5 月

第2篇 土木工程施工组织

第 1 篇　土木工程施工技术

第 1 章

土 方 工 程

【本章要点】

掌握：土的工程性质，并能熟练应用土的可松性解决实际问题；基坑(槽)土方量计算；单斗挖土机的土方开挖方式；土方边坡的稳定性分析；土方压实方法和影响压实的因素。

熟悉：土的含水率和土的渗透性及土方边坡的概念；基坑降水方法和流砂产生的原因与防治方法；人工降低地下水位方法的适用性；基坑(槽)的验收内容和方法；土料选择和填土压实的一般要求；填土压实的质量要求。

了解：土的工程分类；轻型井点设计思路及管井井点降水的应用。

1.1 概述

在建筑工程施工中，首先需进行土方工程施工。土方工程包括场地平整、基坑(槽)与管沟开挖、地下建筑工程开挖、基坑回填、地坪填土等。

土方工程施工的难易程度与土的类别和土的工程性质、工程量的大小、开挖深度和开挖方式，以及该地区的地质条件和地形情况有关。土方工程的特点是：工程量大，施工范围广；土的种类繁多；施工受地区气候、地质、地貌的影响大，施工条件复杂等。因此，施工前必须做好周密的调查研究和试验研究工作，以便制定合理的施工方案。

1.1.1 土的工程分类

在土方工程施工和工程预算定额中，根据土的开挖难易程度，将土分为八类(十六级)，如表 1-1 所示。前四类为一般土，即：一类土(I级)为松软土，二类土(II级)为普通土，三类土(III级)为坚土，四类土(IV级)为砂砾坚土；后四类为岩石，即：五类土(V、VI级)为软石，六类土($\mathrm{VII}\sim\mathrm{IX}$级)为次坚石，七类土($\mathrm{X}\sim\mathrm{XIII}$级)为坚石，八类土($\mathrm{XIV}\sim\mathrm{XVI}$级)为特坚石。土的类别越高则越坚硬，越不易开挖，但土体结构越稳定，开挖后土体不易松散、坍塌。

表 1-1 土的工程分类与开挖方法和工具

土的分类	土的级别	土的名称	土的可松性系数		开挖方法及工具
			K_{p}	K'_{p}	
一类土 (松软土)	I	砂土、粉土、冲积砂土、疏松的种植土、淤泥(泥炭)	1.08～1.17	1.01～1.03	用锹、锄头挖掘，少许用脚蹬

续表

土的分类	土的级别	土的名称	土的可松性系数		开挖方法及工具
			K_p	K'_p	
二类土（普通土）	Ⅱ	粉质黏土、潮湿的黄土、夹有碎石/卵石的砂、粉土混卵（碎）石、种植土、填土	1.20～1.30	1.03～1.04	用锹、锄头挖掘，少许用镐翻松
三类土（坚土）	Ⅲ	软及中等密实的黏土、重粉质黏土、砾石土、干黄土、含有碎石/卵石的黄土、粉质黏土、压实的填土	1.14～1.28	1.02～1.05	主要用镐，少许用锹、锄头挖掘，部分用撬棍
四类土（砂砾坚土）	Ⅳ	坚硬密实的黏土或黄土、含有碎石卵石的中等密实黄土、粗卵石、天然级配砂石、软泥灰岩	1.26～1.32（除泥灰岩、蛋白石外）	1.06～1.09（除泥灰岩、蛋白石外）	整个先用镐、撬棍，后用锹挖掘；部分用楔子及大锤
			1.33～1.37（泥灰岩、蛋白石）	1.11～1.15（泥灰岩、蛋白石）	
五类土（软石）	Ⅴ、Ⅵ	硬质黏土、中密的页岩、泥灰岩、白垩土、胶结不紧的砾岩、软石灰岩及贝壳石灰岩	1.30～1.45	1.10～1.20	用镐或撬棍、大锤挖掘，部分用爆破方法开挖
六类土（次坚石）	Ⅶ～Ⅸ	泥岩、砂岩、砾岩、坚实的页岩、泥灰岩、密实的石灰岩、风化花岗岩、片麻岩及正长岩			用爆破方法开挖，部分用风镐
七类土（坚石）	Ⅹ～ⅩⅢ	大理石、辉绿岩、玢岩、粗或中粒的花岗岩、坚实的白云岩、砂岩、砾岩、片麻岩、石灰岩、微风化安山岩、玄武岩			用爆破方法开挖
八类土（特坚石）	ⅩⅣ～ⅩⅥ	安山岩、玄武岩、花岗片麻岩、坚实的细粒花岗岩、闪长岩、石英岩、辉长岩、辉绿岩、玢岩、角闪岩	1.45～1.50	1.20～1.30	用爆破方法开挖

1.1.2　土的工程性质

土的工程性质决定了土方工程施工方法、土方机械的选择、基坑(槽)降水方法及土方工程费用等。土的主要工程性质如下。

1. 土的可松性

土的可松性是指天然状态下的土经挖掘以后，内部组织破坏，体积增大，以后虽经回填压实，仍不能恢复到原来的体积。土的可松性程度用可松性系数表示，即

$$土的最初可松性系数 \qquad K_p = \frac{V_2}{V_1} \qquad (1\text{-}1)$$

土的最终可松性系数 $$K'_{\mathrm{p}}=\frac{V_3}{V_1} \tag{1-2}$$

式中，V_1——土在天然状态下的体积，m^3；

  V_2——土经开挖后的松散体积，m^3；

  V_3——填方的土经压实后的体积，m^3。

土的可松性是挖、填土方时，计算土方机械生产率、运土机具数量、回填土方量，进行场地平整规划竖向设计、土方平衡调配的重要参数。

2．土的含水量

土的含水量是指土中水的质量与固体颗粒质量之比，以百分率表示，即

$$w=\frac{m_1-m_2}{m_2}\times100\%=\frac{m_{\mathrm{w}}}{m_{\mathrm{s}}}\times100\% \tag{1-3}$$

式中，m_1——含水状态时土的质量，kg；

  m_2——烘干后土的质量，kg；

  m_{w}——土中水的质量，kg；

  m_{s}——土中固体颗粒质量，kg。

土的含水量随气候条件、季节和地下水位的不同而变化。它对基坑（槽）降水、土方边坡稳定及填土密实程度都有直接的影响。

3．土的渗透性

土的渗透性是指土体被水透过的性质。当基坑（槽）开挖至地下水位以下时，地下水会在土中渗流，渗流中受到土颗粒的阻力，渗流速度与土的渗透性和渗流路程的长短有关。即

$$v=KI \tag{1-4}$$

式中，v——水在土中的渗流速度，m/d 或 cm/d；

  K——比例系数，m/d 或 cm/d，称为土的渗透系数；

  I——水力坡度，$I=h/L$；

  h——水位差值，m；

  L——水的渗流路程，m。

土的渗透性与土的颗粒级配、密实程度等有关，一般由现场试验确定。它是选择基坑（槽）降、排水方法，确定分层填土时相邻两层结合面形式的重要参数。

4．土方边坡

土方边坡是指在某一状态下土体可以稳定的倾斜能力，一般用边坡坡度和边坡系数表示。边坡坡度为边坡高度 h 与边坡宽度 b 之比，如图 1-1 所示。工程中通常用 $1:m$ 表示边坡的大小，m 称为边坡系数，即

$$边坡坡度 = \tan\alpha = h/b = \frac{1}{b/h} = 1:m \tag{1-5}$$

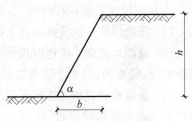

图 1-1 边坡坡度示意

1.2　土方量计算

1.2.1　基坑土方量计算

基坑土方量计算可近似采用拟柱体(由两个平行的平面做底的一种多面体)体积的计算公式(见图1-2),即

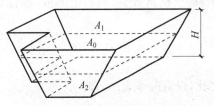

$$V = \frac{H}{6}(A_1 + 4A_0 + A_2) \qquad (1\text{-}6)$$

式中,H——基坑挖深,m;

A_1、A_2——基坑上、下平面的面积,m^2;

A_0——基坑中部截面的面积,m^2。

图1-2　基坑土方量计算简图

1.2.2　基槽、管沟土方量计算

基槽和管沟比基坑的长度大,宽度小。为了保证计算的精度,可沿长度方向分段计算土方量(见图1-3),即

$$V_i = \frac{l_i}{6}(A_{i1} + 4A_{i0} + A_{i2}) \qquad (1\text{-}7)$$

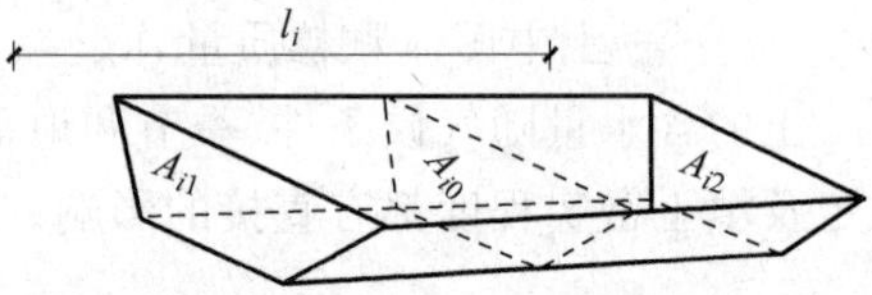

式中,l_i——第i段的长度,m;

A_{i1}、A_{i2}——第i段两端部的截面面积,m^2;

图1-3　基槽土方量计算简图

A_{i0}——第i段中部截面的面积,m^2。

若沟槽两端部亦放坡,则第一段和最后一段按三面放坡计算。

将各段土方量相加,即得总土方量

$$V = \sum_{i=1}^{n} V_i \qquad (1\text{-}8)$$

基坑(槽)或管沟开挖的底口尺寸除了考虑垫层尺寸外,还应考虑施工工作面和底部排水沟的宽度。施工工作面的宽度视基础形式确定,一般不大于0.8 m;排水沟宽度视地下水的涌水量而定,一般不大于0.5 m。

1.3　土方开挖

1.3.1　土方施工前的准备工作

土方工程施工前,应做好以下各项准备工作。

(1) **场地清理**:包括拆除施工区域内的房屋、地下障碍物;清除耕植土和河道淤泥等。

(2) **地面水排除**:场地内积水会影响施工,因此应排除地面水。地面水的排除一般采用排水沟、截水沟、挡水土坎等方法。临时性排水设施应尽可能与永久性排水设施相结合。

(3) **搭设临时设施**:搭建必需的临时建筑,如加工棚、工具库、材料库、办公和生活临时用房等。设置好临时供水、供电、供压缩空气(开挖石方时)管线,并试水、试电、试气。

(4) **修筑运输道路**:修筑场地内机械运行的道路(宜结合永久性道路修建),路面宜为

双车道,其宽度不小于6m,路侧应设排水沟。

(5) **安排好设备运转**:对施工中需使用的土方机械、运输车辆及各种辅助设备进行维修检查、试运转,并运往现场。

(6) **编制土方工程施工组织设计**:主要是确定基坑(槽)的降水方案,确定挖、填土方的方法和边坡处理方法,选择及组织土方开挖机械,选择填方土料及回填方法。

1.3.2　基坑(槽)降水

在地下水位较高的地区开挖基坑或沟槽时,开挖至地下水位后,土的含水层被切断,地下水会不断渗流入基坑中。雨季施工时,雨水也会落入基坑。为了保证施工的正常进行,防止出现流砂、边坡失稳和地基承载能力下降等现象,必须在基坑(槽)开挖前或开挖时做好降水、排水工作。基坑(槽)的降水方法有明排水法和人工降低地下水位法。

1. 流砂及其防治

1) 地下水简介

地下水即地面以下的水,可分为上层滞水(结合水)、潜水(重力水)和层间水(自由水)三种,如图1-4所示。

2) 地下水流网

水在土中稳定渗流时,水流情况不随时间而改变,土的孔隙比和饱和度也不变,流入任意单元的水量等于该单元流出的水量,以保持平衡。若用流网表示稳定渗流,则其流网由一组流线和一组等势线组成,如图1-5所示。

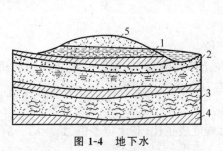

图1-4　地下水

1—潜水;2—无压层间水;3—承压层间水;
4—不透水层;5—上层滞水

图1-5　流网示意图

如果根据降水方案绘出相应的流网,就可直观地考察水在土体中的渗流途径,更主要的是,流网可以用于计算基坑(槽)的渗流量(涌水量)及确定土体中各点的水头和水力梯度。

3) 动水压力和流砂

当基坑(槽)挖土达到地下水位以下,而土质是细砂和粉砂,又采用明排水时,基坑(槽)底的土会呈现流动状态而随地下水涌入基坑,这种现象称为流砂。此时土体完全失去承载能力,边挖土边冒砂,致使施工条件恶化,严重时会造成边坡塌方,甚至造成附近地下管线变形及建筑物、构筑物下沉、倾斜、倒塌等。因此,在施工前必须对工程地质和水文地质资料进行详细调查研究,采取有效措施防止流砂现象的产生。

(1) 动水压力

动水压力是指流动中的地下水对土颗粒产生的压力,其方向与水流方向一致。动水压力的性质可以通过图 1-6 的试验来说明。

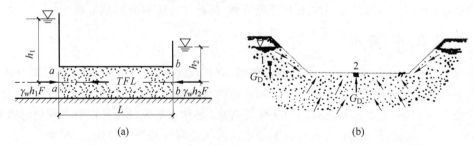

图 1-6　动水压力原理

(a) 水在土中渗流的力学现象;(b) 动水压力对地基土的影响

1、2—单位土体

在图 1-6(a) 中,由于高水位的左端(水头 h_1)与低水位的右端(水头 h_2)之间存在水头差,因此水从左端向右端流动,对土体产生压力;而土颗粒骨架对水的流动产生阻力。根据作用力和反作用力原理,得

$$\gamma_w h_1 F - \gamma_w h_2 F = -TFL$$

简化得

$$T = -\frac{h_1 - h_2}{L}\gamma_w \tag{1-9}$$

式中,$\dfrac{h_1 - h_2}{L}$——水头差与渗流路程长度之比,即为水力坡度,用 I 表示。则式(1-9)可改写成

$$T = -I\gamma_w \tag{1-10}$$

由于单位土体阻力与水在土中渗流时对单位土体的压力 G_D 大小相等,方向相反,所以有

$$G_D = -T = I\gamma_w \tag{1-11}$$

式中,G_D——动水压力,kN/m^3。

由式(1-11)可以看出,动水压力 G_D 与水力坡度成正比,其水位差值 $\Delta h = h_1 - h_2$ 越大,G_D 越大;而渗流路程 L 越长,G_D 越小。

(2) 流砂产生的原因

水流在水位差的作用下,对单位土体(土颗粒)产生动水压力(见图 1-6(b)),动水压力的方向与水流方向一致。对于图中单位土体 1 而言,水流方向向下,即动水压力向下,与重力方向一致,土体趋于稳定;对单位土体 2 而言,水流方向向上,即动水压力向上,这时土颗粒不仅受到水的浮力作用,还受到向上的动水压力作用,有上举的趋势。当动水压力 G_D 大于或等于土的浸水重度 γ',即

$$G_D \geqslant \gamma' \tag{1-12}$$

时,则土颗粒失去自重,处于悬浮状态,并随渗流的水一起流入基坑,即发生流砂现象。

当地下水位越高,坑(槽)内外水位差越大时,动水压力越大,就越容易发生流砂现象。

实践表明,具有下列性质的土,在一定动水压力作用下,可能发生流砂现象:①土颗粒的组成中,黏粒含量小于10%,粉粒的粒径为0.005~0.05 mm,含量大于75%;②在土颗粒级配中,土的不均匀系数小于5;③土的天然孔隙比大于43%;④土的天然含水量大于30%。因此,流砂现象经常发生在细砂、粉砂及粉质砂土中。实践还表明,在可能发生流砂的土质中,若基坑挖深超过地下水位线0.5 m左右,就有可能发生流砂现象。

此外,当基坑(槽)底部位于不透水层内,而其下面为承压水层,基坑(槽)底不透水层的覆盖厚度所受的重力小于承压水的顶托力时,在基坑(槽)底部便可能发生管涌现象(见图1-7)。即发生管涌的条件为

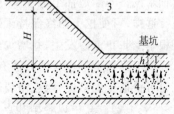

$$H\gamma_w > h\gamma \qquad (1-13)$$

式中,H——压力水头,m;

h——坑(槽)底部透水层厚度,m;

γ_w——水的重度,kN/m^3;

γ——土的重度,kN/m^3。

图1-7 管涌现象

1—不透水层;2—承压水层;
3—压力水位线;4—承压水的顶托力

（3）流砂的防治

防治流砂的主要途径有三个。一是减小或平衡动水压力,其方法有:①在枯水期施工;②打板桩;③水下挖土法;④筑地下连续墙或地下连续灌注桩;⑤筑水泥土墙。二是改变动水压力的方向,设法使坑底的水压力方向向下,或是截断地下水流,一般采用人工降低地下水位的方法。三是改善土质,采用向土中注入水泥浆或硅化浆的方法加固土体,使其稳定。此外,在含有大量地下水的土层或沼泽地区施工时,还可以采用土壤冻结法、烧结法等。

当基坑出现局部或轻微流砂现象时,可抛入石块、装土(或砂)麻袋把流砂压住。若坑底冒砂太快,土体已失去承载力,则此法不可行,必须预先采取上述措施进行防治。

2. 明排水法

明排水法又称集水井法,属于重力降水。它是采用截、疏、抽的方法进行排水,即在基坑开挖过程中,沿基坑底部周边或中央开挖排水沟,并设置一定数量的集水井,使基坑内的水经排水沟流向集水井,然后用水泵抽走,如图1-8所示。

施工中,应根据基坑(槽)底涌水量的大小、基础的形状和水泵的抽水能力,确定排水沟的截面尺寸和集水井的数量。排水沟和集水井应设在基础底边0.4 m以外,当坑(槽)底为砂质土时,排水沟边缘应离开坡脚不小于0.3 m,以免影响边坡的稳定。排水沟的宽度一般为0.3 m,深度为0.3~0.5 m,并向集水井方向保持0.3%左右的纵向坡度。集

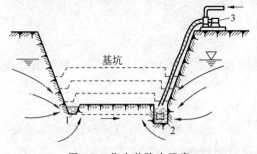

图1-8 集水井降水示意

1—排水沟;2—集水井;3—水泵

水井法降水深度一般在5 m以内,每间隔20~40 m设置一个,其直径或宽度为0.6~0.8 m,深度随挖土深度的增加而增加,且应低于挖土面0.7~1.0 m。集水井每积水达到一定深度后,应及时将水抽出坑外。基坑(槽)挖至设计标高后,集水井底应低于排水沟底0.5 m以

上，并铺设碎石滤水层。为了防止井壁由于抽水时间较长而将泥砂抽出以及井底土被搅动而塌方，井壁可用竹、木、砖、水泥管等进行简单加固。

3. 人工降低地下水位

人工降低地下水位，就是在基坑开挖前预先在基坑四周埋设一定数量的滤水管（井），利用抽水设备不断地抽出地下水，使地下水位降低到坑底标高以下，直至基础工程施工完毕为止。这样，可使挖土始终保持干燥状态，改善了施工条件。同时，还可使动水压力方向向下，从根本上防止流砂发生，并增加土中的有效应力，提高土的强度和密实度。

人工降低地下水位的方法有轻型井点、喷射井点、电渗井点及管井井点（大口井）等。施工时可根据土的渗透系数、需要降水的深度、工程特点、设备条件及经济性等具体情况选用（参照表1-2）。其中以轻型井点的理论最为完善。目前很多深基坑降水也常采用管井井点方法，其降水设计是以经验为主、理论计算为辅。本节重点介绍轻型井点的理论和管井井点降水的成功经验。

表 1-2　降水井类型及适用条件

降水井类型	渗透系数/(m/d)	降水深度/m	土质类型	水文地质特征
轻型井点	0.1~20.0	单级<6	填土、粉土、黏土、砂土	含水量不大的潜水
		多级<20		
喷射井点	0.1~20.0	<20		
电渗井点	<0.1	按井点管确定	黏性土	
管井井点	1.0~200.0	>5	粉土、砂土、碎石土、软石、破碎带	含水丰富的潜水、承压水、裂缝水

1）轻型井点

轻型井点降低地下水位的方法如图1-9(a)所示。它是沿基坑周围以一定间距埋入井点管（下端为滤管）至蓄水层内，井点管上端通过弯连管与地面上水平铺设的集水总管相连接，利用真空原理，通过抽水设备将地下水从井点管内不断抽出，使原有地下水位降至坑底以下。

（1）轻型井点设备

轻型井点设备主要包括井点管、滤管（其构造如图1-9(b)所示）、弯联管、集水总管、水泵房等。

（2）轻型井点的布置

轻型井点平面布置应根据基坑大小和深度、土质、地下水位高低与流向、降水深度要求而定。井点布置是否恰当，对降水效果、施工速度影响很大。

① 平面布置。当基坑（槽）宽度小于6 m，水位降低值不大于6 m时，可采用单排井点，布置在地下水的上游一侧（见图1-10）。如基坑面积较大（$L/B \leqslant 5$，降水深度$S \leqslant 5$ m，基坑宽度B小于2倍抽水影响半径R）时，宜采用环形井点（见图1-11）。当基坑面积过大或$L/B>5$时，可分段进行布置。无论哪种布置方案，井点管距基坑（槽）壁一般不小于0.7~1.0 m，以防漏气。井点管间距应根据土质、降水深度、工程性质等确定，一般为0.8~1.6 m。

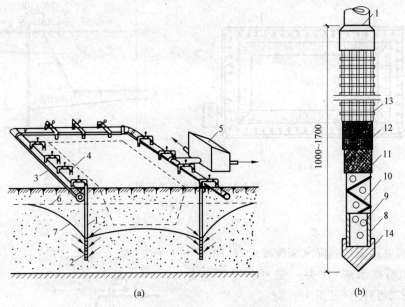

图 1-9 轻型井点降水示意图及滤管构造图

（a）轻型井点法降水示意图；（b）滤管构造图

1—井点管；2—滤管；3—集水总管；4—弯联管；5—水泵房；6—原有地下水位线；

7—降低后的地下水位线；8—钢管；9—管壁上小孔；10—缠绕的铁丝；11—细滤网；

12—粗滤网；13—粗铁丝保护网；14—铸铁头

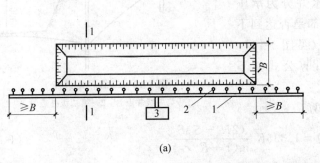

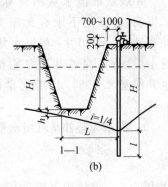

图 1-10 单排线状井点的布置

（a）平面布置；（b）高程布置

1—总管；2—井点管；3—泵站

② 高程布置。井点管的深度 H（不包括滤管）按下式计算（见图 1-10(b)、图 1-11(b)）：

$$H \geqslant H_1 + h + iL \tag{1-14}$$

式中，H_1——井点管埋设顶面至基坑（槽）底的距离，m；

h——基坑（槽）地面（单排井点时为远离井点一侧坑（槽）底边缘，环形时为坑中心处）

至降低后地下水位的距离，一般为 $0.5 \sim 1.0$ m；

i——地下水降落坡度，环形井点宜为 1/10，单排井点宜为 1/4；

L——井点管至坑（槽）中心的水平距离（单排井点时为井点管至基坑（槽）另一侧的水

平距离），m，见图 1-10、图 1-11。

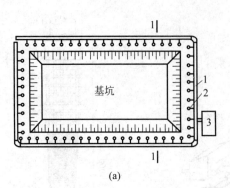

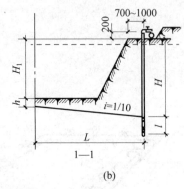

图 1-11　环形井点的布置

(a) 平面布置；(b) 高程布置

1—总管；2—井点管；3—泵站

当一级井点未达到降水深度要求时,即 $H_1+h+iL>6.0$ m 时,可视土质情况,先用其他方法(如明排水法)挖去一层再布置轻型井点,或采用二级井点(见图 1-12)。

(3) 轻型井点的计算

轻型井点的计算包括涌水量的计算、井点管数量与井距确定以及抽水设备的选用。

① 井点系统涌水量的计算

井点系统涌水量的计算是以水井理论为依据的,根据地下水有无压力,水井分为承压井和潜水(无压)井；根据水井底部是否达到不透水层,分为完整井和非完整井(见图 1-13)。水井的类型不同,其用水量的计算公式亦不相同。

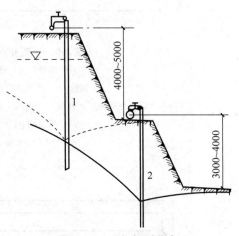

图 1-12　二级轻型井点

1—第一级井点管；2—第二级井点管

a. 潜水完整井基坑用水量计算：

$$Q=1.336K\frac{(2H-S)S}{\lg(1+R/r_0)} \tag{1-15}$$

式中,Q——基坑用水量,m^3/d。

　　K——土壤的渗透系数,m/d。

　　H——潜水含水层厚度,m。

　　S——基坑水位降落深度,m。

　　R——降水影响半径,m,宜通过试验或根据当地经验确定。潜水含水层按下式计算：

$$R=2S\sqrt{KH} \tag{1-16}$$

承压含水层按下式计算：

$$R=10S\sqrt{K} \tag{1-17}$$

　　r_0——基坑等效半径,m。当基坑为圆形时取其半径。对于矩形基坑,其等效半径按下式计算：

$$r_0=0.29(L+B) \tag{1-18}$$

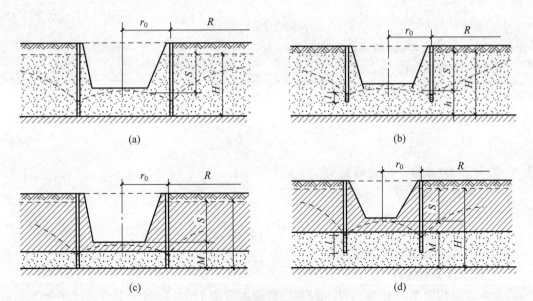

图 1-13　降水井类型

(a) 无压完整井；(b) 无压非完整井；(c) 承压完整井；(d) 承压非完整井

式中，L、B——基坑的长、短边长度，m。

对不规则的基坑，其等效半径按下式计算：

$$r_0 = \sqrt{\frac{A}{\pi}} \tag{1-19}$$

式中，A——基坑面积，m^2。

b. 潜水非完整井基坑用水量计算：

$$Q = 1.366K \frac{H^2 - h_\mathrm{m}^2}{\lg\left(1 + \dfrac{R}{r_0}\right) + \dfrac{h_\mathrm{m}}{l}\dfrac{l}{}\lg\left(1 + 0.2\dfrac{h_\mathrm{m}}{r_0}\right)} \tag{1-20}$$

式中，h——基坑动水位至含水层底面深度，m，$h = H - S$；

h_m——H 与 h 的均值，m，$h_\mathrm{m} = (H + h)/2$；

l——滤管的长度，m。

c. 承压水完整井基坑用水量计算：

$$Q = 2.73K \frac{MS}{\lg\left(1 + \dfrac{R}{r_0}\right)} \tag{1-21}$$

式中，M——承压含水层的厚度，m。

d. 承压水非完整井基坑用水量计算：

$$Q = 2.73K \frac{MS}{\lg\left(1 + \dfrac{R}{r_0}\right) + \dfrac{M - l}{l}\lg\left(1 + 0.2\dfrac{M}{r_0}\right)} \tag{1-22}$$

式中各符号意义同前。

② 井点管数量 n 的确定

确定井点管数量时，需首先确定单根井点管的出水量 g（单位：m^3/d），公式为

$$g = 65\pi dl \sqrt{K} \tag{1-23}$$

式中,d——滤管直径(内径),m;

$\quad l$——滤管的长度,m;

$\quad K$——土壤的渗透系数,m/d。

由此得到井点管最少根数为

$$n = 1.1\frac{Q}{g} \tag{1-24}$$

③ 井距 D(单位：m)的确定

井距的计算公式为

$$D = \frac{L}{n} \tag{1-25}$$

式中,L——集水总管长度,m。

④ 抽水设备的选择

真空泵常用的型号有 W_5、W_6 型,真空度最大可达 1.0×10^5 Pa,总管长度小于 100 m 时可选用 W_5 型,总管长度小于 120 m 时可选用 W_6 型。同时,还要考虑真空泵抽水过程中所需的最低真空度,以确保降水效果。

根据流量、吸水扬程及总扬程选择离心泵的型号。水泵的流量应比基坑(槽)涌水量大 10%～20%。一般情况下,1 台真空泵对应 1 台离心泵作业,但在土的渗透系数及用水量较大时,也可配备 2 台离心泵。

射流泵常用的型号有 QJD-45、QJD-60、QJD-90、JS-45,根据基坑(槽)的用水量及总管长度、井点管根数确定渗流泵的大小和台数。

(4) 轻型井点的施工工艺

轻型井点的施工工艺流程为：施工准备→井点管布置→总管排放→井点管埋设→弯连管连接→抽水设备安装→井点管系统运行→井点管系统拆除。

2) 管井井点降水

管井井点由滤水井管、吸水管和水泵组成。滤水井管多采用无砂混凝土管,分节制作;井管内插入吸水管,可采用直径为 50～100 mm 的钢管、橡胶管或塑料管,如图 1-14 所示;吸水管与水泵相连,可一井一泵,也可一井多泵,视渗水量的多少和水泵的抽水能力而定。地下水渗流入滤水井管后,用水泵通过吸水管抽走。

管井降水的布置方案多以实践经验为主,辅以理论计算,在基坑内和基坑外均可设置井点。其井距为 8～25 m;井深为 8～30 m;井径(内径)为 300～800 mm,多采用 400 mm、500 mm;成孔直径为 500～900 mm,井周围需填灌粗砂过滤层。

管井井点的施工工艺为：布置井点→制作滤水井管→土中成孔→沉入滤水井管→接管→……→沉管→找正→井管外灌砂滤层→洗井→抽水→施工完封井或回填。

管井井点工作的适用性较强,在使用中可以通过控制水泵的抽水量来调整井内水位的变化和抽水影响范围,甚至可采用停抽水、封井和减少抽吸频率的方法控制降水,因此管井降水成功率相当高。它适用于各种土质和各种形状、尺寸的基坑或基槽的降水。

3) 喷射井点

当基坑(槽)开挖较深而地下水位较高、降水深度超过 6 m 时,采用一级轻型井点已不

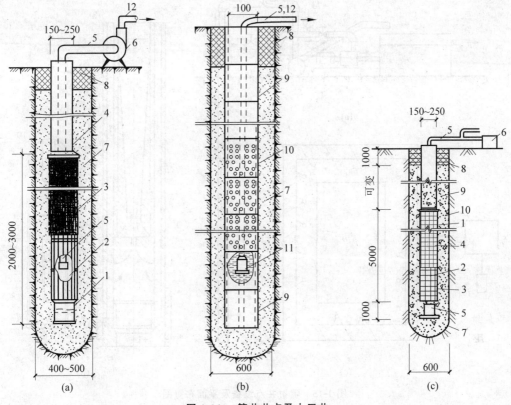

图 1-14　管井井点及大口井

（a）钢管管井；（b）混凝土管管井；（c）大口井构造

1—沉砂管；2—钢筋环节骨架；3—滤网；4—管身；5—吸水管；6—离心泵；7—小砾石过滤层；

8—黏土封口；9—混凝土井管；10—混凝土过滤管；11—潜水泵；12—出水管

能满足要求,必须采用多级轻型井点才能达到预期效果,但这会增加设备数量和基坑(槽)的开挖土方量及回填量,工期长且不经济。此时宜采用喷射井点,该方法降水深度可达 8~20 m,在 $K=3\sim50$ m/d 的砂土中最有效,在 $K=0.1\sim3$ m/d 的粉砂、淤泥质土中效果也很显著。

喷射井点根据工作时使用液体或气体的不同,分为喷水井点和喷气井点两种。其主要设备有喷射井管、高压水泵(或空气压缩机)和管路等(见图 1-15)。

4）电渗井点

当土的渗透系数很小($K\le0.1$ m/d),采用轻型井点、喷射井点进行基坑(槽)降水效果很差时,宜改用电渗井点。

电渗井点是以原有的井点管(轻型井点和喷射井点)本身作为阴极,沿基坑(槽)外围布置;以钢管(直径 50~70 mm)或钢筋(直径 25 mm 以上)作阳极,埋在井点管内侧(见图 1-16)。阳极埋设应垂直,严禁与相邻的阴极相碰,阳极外露出地面 200~400 mm,其入土深度应比井点管深 500 mm,以保证能将水降到所要求的深度。阴阳极的间距一般为 0.8~1.0 m(轻型井点)或 1.2~1.5 m(喷射井点),并按平行交错排列。阴阳电极的数量宜相等,必要时阳极数量可多于阴极数量。

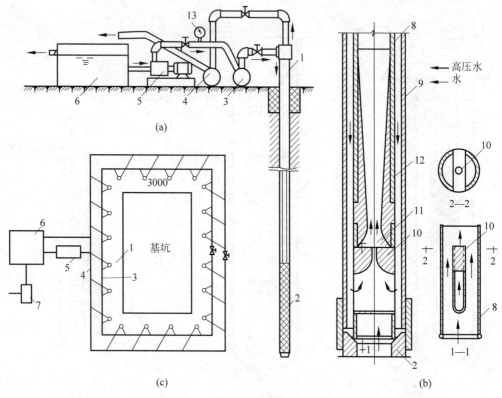

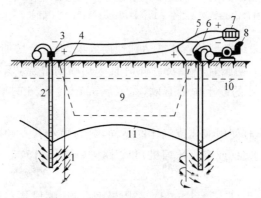

图 1-15　喷射井点设备及平面布置图

1—喷射井管；2—滤管；3—进水总管；4—排水总管；5—高压水泵；6—集水池；7—水泵；

8—内管；9—外管；10—喷嘴；11—混合室；12—扩散管；13—压力表

图 1-16　电渗井点布置示意图

1—阳极；2—阴极；3、4—钢筋或电线；5—阳极与发电机连接电线；

6—阴极与发电机连接电线；7—发电机；8—水泵；

9—基坑；10—原有水位线；11—降低后的水位线

1.3.3　土方开挖机械和方法

土方开挖一般均采用机械化施工。合理选择土方机械，使各种机械在施工中配合协调，充分发挥机械效能，是加快施工进度、保证施工质量和降低工程成本的关键。常用的土方机械有推土机、挖土机等。

1. 主要土方机械及其施工

1) 推土机

推土机由拖拉机以及能升降的推土铲组成。它可以完成铲土、运土、摊平及压实松土等工作,适宜开挖一～三类土,四类以上的土需经预松后才能作业。在土方工程中推土机主要用于平整场地、修筑路基、开挖深度 1.5 m 以内的基坑、填平沟坑,以及配合铲运机、挖土机工作等。在推土机后面还可以安装松土装置,也可以挂羊足碾进行土方压实工作。

推土机常用的作业方法有下坡推土法、并列推土法、槽形挖土法、多铲集运法和铲刀附加侧板法等。

2) 单斗挖土机

单斗挖土机是大型基坑(槽)管沟开挖中最常用的土方机械。根据其工作装置的不同,分为正铲、反铲、拉铲和抓铲四种类型,如图 1-17 所示。

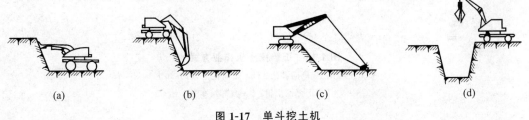

图 1-17　单斗挖土机

(a) 正铲;(b) 反铲;(c) 拉铲;(d) 抓铲

(1) 正铲挖土机

正铲挖土机的挖土特点是"前进向上,强制切土"。它可开挖停机面以上的一～四类土和经爆破的岩石、冻土。在土方工程中正铲挖土机常用于开挖大型干燥基坑以及土丘等,与运土汽车配合能完成整个挖运任务。

正铲挖土机的开挖方式有正向挖土、侧向卸土和正向挖土、后方卸土两种,如图 1-18 所示。常采用的作业方法有分层开挖法、多层挖土法、中心开挖法、上下轮换开挖法、顺铲开挖法和间隔开挖法等。

(2) 反铲挖土机

反铲挖土机的挖土特点是"后退向下,强制切土"。它能开挖停机面以下的一～三类土,以及含水量大或地下水位较高的土方。在土方工程中反铲挖土机常用于开挖基坑、基槽或管沟等,与运土汽车配合也能完成整个挖运任务。

反铲挖土机的开挖方式有沟端开挖和沟侧开挖两种,如图 1-19 所示。常采用的作业方法有分条开挖法、沟角开挖法、分层开挖法和多层接力开挖法等。

(3) 拉铲挖土机

拉铲挖土机的挖土特点是"后退向下,自重切土"。它能开挖停机面以下的一、二类土,及挖取水中泥土,但挖土的精确性较差。在土方工程中拉铲挖土机常用于开挖较深、较大的基坑(槽)、沟渠,以及填筑路基、修筑堤坝等。

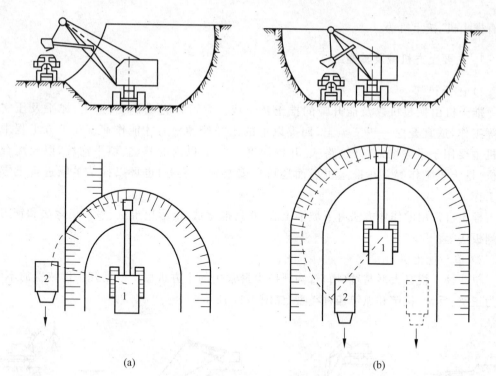

图 1-18　正铲挖土机作业方式

（a）正向挖土，侧向卸土；（b）正向挖土，后方卸土

1—正铲挖土机；2—自卸汽车

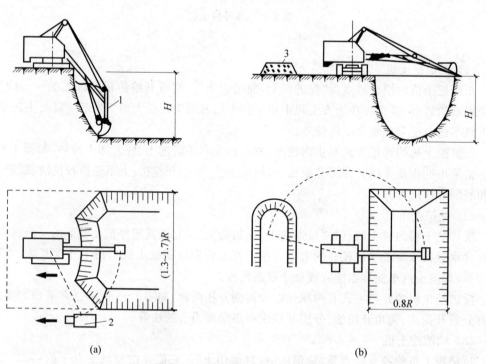

图 1-19　反铲挖土机作业方式

（a）沟端开挖；（b）沟侧开挖

1—反铲挖土；2—自卸汽车；3—弃土堆

拉铲挖土机的开挖方式也有沟端开挖和沟侧开挖两种,如图 1-20 所示。常采用的作业方法有三角开挖法、分段开挖法、分层开挖法、顺序挖土法、转圈挖土法和扇形挖土法等。

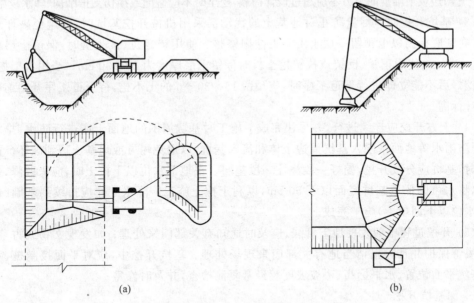

(a)　　　　　　　　　　　　　　(b)

图 1-20　拉铲挖土机作业方式

(a)沟侧开挖;(b)沟端开挖

(4) 抓铲挖土机

抓铲挖土机的挖土特点是"直上直下,自重切土"。它能开挖停机面以下的一、二类土,最适宜于水下挖土,或用于装卸碎石、矿渣等松散材料。在土方工程中抓铲挖土机常用于开挖施工面狭窄的深基坑、基槽,在软土地区常用于开挖基坑、桩孔和地下连续墙、沉井等,如图 1-21 所示。

2. 土方机械的选择

土方开挖机械的选择主要是确定其类型、型号、台数。挖土机械的类型是根据土方开挖类型、工程量、地质条件及挖土机的适用范围而确定的,再根据开挖场地条件、周围环境及工期等确定其型号、台数和配套运输车数量。

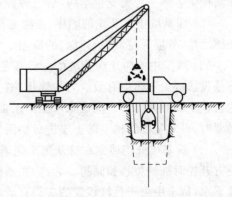

图 1-21　抓铲挖土机开挖狭窄基坑

3. 土方开挖施工

基坑开挖前,应根据工程结构形式、基坑深度、地质条件、周围环境、施工方法、施工工期和地面荷载等资料,确定基坑开挖方案和地下水控制的施工方案。

1) 浅基坑开挖

浅基坑开挖时的施工要点如下。

(1) 基坑开挖的程序一般是:测量放线→分层开挖→排降水→修坡→整平→留足预留

土层等。相邻基坑开挖时,应遵循先深后浅或同时进行的顺序。

(2)挖土时应水平分段分层进行,基坑、槽每边的宽度应比基础宽15～30 cm,以便于施工操作;管沟边坡上堆置的土方不应超过设计荷载,挖土时不应碰撞或损伤支护结构、降水设施。

(3)基坑开挖时应尽量防止对地基土的扰动。采用机械开挖基坑时,为避免破坏地基土,应在基底标高以上预留一层土由人工挖掘修整。使用铲运机、推土机时,保留土层厚度为15～20 cm,使用正铲、反铲或拉铲挖土机时保留土层厚度为20～30 cm。当用人工挖土,基坑挖好后不能立即进行下道工序时,应预留15～30 cm的土不挖,待下道工序开始前再挖至设计标高。

(4)土方开挖应连续进行,并尽快完成。施工时基坑周围的地面上应进行防水、排水处理,严防雨水等地面水浸入基坑周边土体和流入基坑,以避免塌方或地基土遭到破坏。雨季施工时,基坑应分段开挖,挖好一段浇注一段垫层。在地下水位以下挖土时,应采取降、排水措施,将水位降低至基坑底面以下50 cm,以利于挖土施工。降水工作应持续到基础(包括地下水位以下回填土)施工完成。

(5)开挖过程中如发现地下管线,应及时通知有关部门来处理;如发现文物或古墓,应立即妥善保护并及时报请当地有关部门来现场处理。基坑开挖中,应对平面控制桩、水准点、基坑平面位置、水平标高、边坡坡度等经常复测检查,并及时修整。

2)深基坑开挖

在深基坑土方开挖前要详细确定挖土方案和施工组织;要对支护结构、地下水位及周围环境进行必要的监测和保护,并注重信息化施工技术的应用。施工中除应遵循浅基坑开挖的要点外,还应注意以下施工要点。

(1)深基坑工程的挖土方案主要有放坡挖土、中心岛式(也称墩式)挖土、盆式挖土和逆作法挖土。第一种无支护结构,后三种皆有支护结构。

(2)深基坑土方开挖的顺序、方法必须与施工组织设计的要求一致,并遵循"开槽支撑,先撑后挖,分层开挖,严禁超深"的原则。

(3)施工中应防止深基坑挖土后基底土体回弹变形过大。减少基坑回弹变形的有效措施是设法减少土体中有效应力的变化,减少暴露时间,并防止地基土浸水。因此,在基坑开挖过程中和开挖后均应保证降水工作正常进行,并在挖至设计标高后尽快浇注垫层和底板。必要时,可对基础结构下部土层进行加固。

(4)深基坑开挖通常在桩基施工完毕后进行,应制订合理的施工顺序和技术措施,防止土方开挖时桩的位移和倾斜。为此,在基础群桩施工后宜停留一定时间,并用降水设备预抽地下水,待土中由于打桩积聚的应力有所释放,孔隙水压力有所降低,被扰动的土体重新固结后,再开挖基坑土方。而且土方的开挖宜均匀、分层,尽量减少开挖时的土压力差。

(5)挖土时应配合深基坑支护结构进行。因为挖土方式直接影响到支护结构的荷载,要尽可能使支护结构受力均匀,减少变形。为此,要坚持采用分层、分块、均衡、对称的方式进行挖土,以保证支护结构的稳定和施工安全。

1.3.4　基坑验槽

所有建筑物基坑(槽)均应进行施工验槽。在验槽过程中,工程师需要具备扎实的理论知识和实践能力,追求卓越的质量意识和精益求精的态度,并秉持高度的职业道德和社会责任感。基坑(槽)挖至基底设计标高并清理后,施工单位必须会同勘察、设计单位和建设(或监理)等单位共同进行验槽,合格后才能进行基础工程施工。验槽方法主要采用观察法,而对于基底以下的土层不可见部位,要先辅以钎探法配合共同完成。

1) 钎探法

钎探法是指采用直径 22～25 mm 的钢筋制作长 2.1～2.6 m、钎头呈 60°尖锥形状的钢钎,用人力或机械将 8～10 kg 的大锤自由下落 50 cm 的高度,把钢钎垂直打入土层中,记录其单位进深所需的锤数,根据锤击次数和入土难易程度来判断土的软硬情况及有无墓穴、枯井、土洞、软弱下卧层等。它可为地基设计承载力、地质勘探结果、基底土层的均匀度等质量指标提供验收依据。

打钎前,应根据基坑(槽)平面图,绘制钎探点平面布置图并依次编号。钎探点一般按纵横间距 1.5 m 梅花形布设。打钎时,同一工程应钎径一致、锤重一致、用力(落距)一致,每贯入 30 cm(称为一步)记录一次锤击数,打钎深度为 2.1 m。打钎完成后,要从上而下逐"步"分析钎探记录情况,再横向分析各钎点之间的锤击次数,对锤击次数过多或过少的钎点需进行重点检查。钎探后的孔要用砂灌实。

2) 观察法

观察法是根据施工经验对基槽进行现场实际观察,观察的主要内容如下。

(1) 根据设计图纸检查基坑(槽)开挖的平面位置、尺寸以及槽底标高是否符合设计要求。

(2) 仔细观察槽壁、槽底的土质类别、均匀程度,是否存在异常土质情况,验证基槽底部土质是否与勘察报告相符;观察土的含水量情况,是否过干或过湿;观察槽底土质结构是否被人为破坏。

(3) 检查基槽边坡是否稳定,并检查基槽边坡外缘与附近建筑物的距离,分析基坑开挖对建筑物稳定是否有影响。

(4) 检查基槽内是否有旧建筑物基础、古墓、洞穴、枯井、地下掩埋物及地下人防设施等。如存在上述情况,应沿其走向进行追踪,查明其在基槽内的范围、延伸方向、长度、深度及宽度。

(5) 验槽的重点应选择在柱基、墙角、承重墙下或其他受力较大的部位。

验槽中若发现有与设计不相符的地质情况,应会同勘察、设计等有关单位做出处理方案。

1.4 土方的填筑与压实

1.4.1 填方土料的选择

填方土料应符合设计要求,以保证填土的强度与稳定性。如设计无要求时,应符合下列规定。

(1) 碎石类土、砂土和爆破石渣(粒径不大于每层铺厚的 2/3)可用于表层下的填料;

(2) 含水量符合压实要求的黏性土,可用作各层填料;

(3) 碎块草皮和有机质含量大于 8%的土,仅用于无压实要求的填方;

(4) 淤泥和淤泥质土一般不能用作填料,但在软土地区,经过处理含水量符合压实要求的,可用于填方中的次要部位;

(5) 水溶性硫酸盐含量大于 5%的土不能用做填料,因为在地下水作用下硫酸盐会逐渐

溶解流失,形成孔洞,影响土的密实性;

（6）冻土、膨胀性土等不应作为填方土料。

1.4.2　填土压实的方法

填土压实的方法一般有碾压法、夯实法、振动压实法三种,如图 1-22 所示。

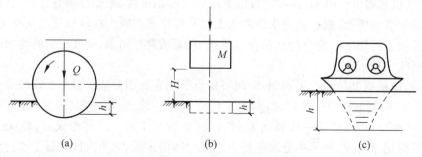

图 1-22　填土压实方法示意

(a) 碾压法；(b) 夯实法；(c) 振动压实法

1. 碾压法

碾压法适用于大面积填土工程。碾压机械有平碾压路机、羊足碾等。平碾压路机又称光碾压路机,按重量等级分为轻型(3~5 t)、中型(6~10 t)和重型(12~15 t)三种,按其装置形式不同又分为单轮压路机、双轮压路机及三轮压路机等几种,适用于压实砂类土和黏性土。羊足碾一般无动力,需拖拉机牵引,有单筒、双筒两种,由于它与土的接触面积小,故单位面积的压力较大,压实效果好,适用于压实黏性土。

2. 夯实法

夯实法是利用夯锤自由下落的冲击力来夯实土壤。常用的夯实机械有蛙式打夯机、柴油打夯机等。这两种机械由于体积小、重量小、操纵机动灵活、夯击能量大、夯实工效较高,在建筑工程中广泛用于基坑(槽)、管沟的回填以及各种小面积填土的夯实。夯实法可用于夯实黏性土或非黏性土,对土质适应性较强。

3. 振动压实法

振动压实法是通过振动压实机械来振动土颗粒,使土颗粒发生相对位移而达到紧密状态,用于振实非黏性土效果较好。常用的机械有平板振动器和振动压路机。平板振动器体形小、轻便、操作简单,但振实深度有限,适宜薄层回填土的振实以及薄层砂卵石、碎石垫层的振实。振动压路机是一种振动和碾压同时作用的高效能压实机械,适用于填料为爆破石渣、碎石类土、杂填土或粉土的大型填方工程。

1.4.3　影响填土压实的因素

影响填土压实的因素有内因和外因两方面,内因指土质和土的含水量,外因指压实功及压实时的外界自然和人为的其他因素等,归纳起来主要有以下几方面。

1. 含水量的影响

土的含水量对填土压实的影响比较显著。含水量较小时,由于土颗粒间的摩阻力较大,土颗粒不易产生相对移动,因此填土不易压实;含水量逐渐增大时,土颗粒间的摩阻力由于水的润滑作用而减小,土粒较易移动,填土较易压实;当含水量增加到一定程度后,土的压实效果达到最佳,此时土中的含水量称为最佳含水量。在最佳含水量状态下压实的土,水稳定性最好,土的密实度最大。而当土中含水量过大时,土颗粒之间被水填充,施加的压实功能一部分被水所抵消,减小了有效压力,土体也不能被压实。土的干密度与其含水量的关系如图 1-23 所示。土在最佳含水量时的最大干密度可由击实试验确定。

施工中应使填土具有适宜的含水量,一般以手握成团、落地开花为宜。若含水量偏高时,可采取翻晒、均匀掺入干土或吸水性填料等措施;若含水量偏低时,可采取洒水湿润或增加压实遍数等措施。

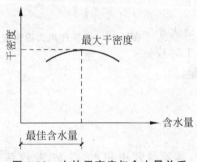

图 1-23　土的干密度与含水量关系

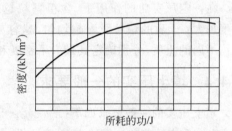

图 1-24　土的密度与压实功关系

2. 压实功的影响

压实功是指压实机械的作用力与碾压遍数的综合做功,它是影响填土压实的另一重要因素。填土压实后的密实度(土的密度)与压实机械对填土所施加的功之间有一定的关系,如图 1-24 所示。从图中可以看出,当土的含水量一定时,在开始压实时土的密度急剧增大,待接近土的最大密度时,压实功虽然增加很多,但土的密度却没有明显变化。所以在实际施工时,对不同的土质应根据密实度要求以及选择的压实机械来确定合理的压实遍数,参见表 1-3。此外,松土不宜用重型碾压机直接碾压,否则土层会有强烈的起伏现象,压实效果不好;如先用轻碾,再用重碾压实,就可取得较好的压实效果。

表 1-3　分层填土虚铺厚度及压实遍数

压实方法或压实机械	黏 性 土		砂 土	
	虚铺厚度/cm	压实遍数	虚铺厚度/cm	压实遍数
重型平碾(12 t)	25～30	4～6	30～40	4～6
中型平碾(8～12 t)	20～25	8～10	20～30	4～6
轻型平碾(<8 t)	15	8～12	20	6～10
蛙夯(200 kg)	25	3～4	30～40	8～10
人工夯(50～60 kg)	18～22	4～5		

3. 铺土厚度的影响

压实机械对土的压实作用随土层的深度增加而逐渐减小,如图 1-25 所示。由实测土层不同深度的密实度得知,密实度随深度递减,表层 50 mm 内最高。如果铺土过厚,下部土体所受的压实作用力小于土体本身的黏结力和摩擦力,土颗粒不会相互移动,无论压多少遍,填土也不能被压实;如果铺土过薄,则要增加机械的总压实遍数,且下层土体还可能因压实次数过多而受剪切破坏。最优的铺土厚度应能使填土压实而机械的功耗费又最小。不同压实机械的有效压实深度有所差异,对不同的土质应根据密实度要求以及压实机械类型确定每层铺土的厚度,参见表 1-3。

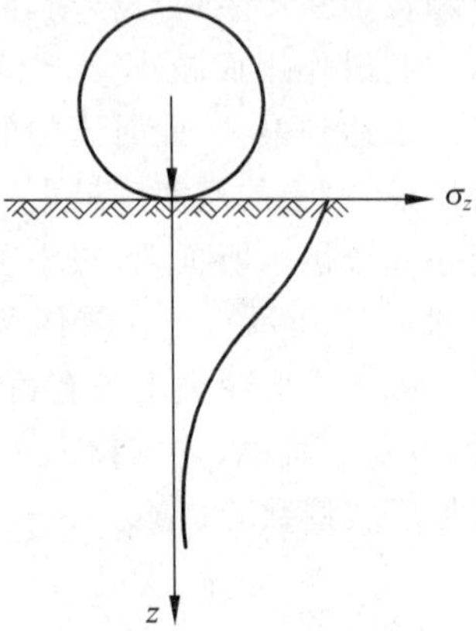

4. 土质的影响

在一定压实功的作用下,含粗颗粒越多的土,其最大干密度越大;土质的颗粒级配越均匀,越容易压实。施工时应根据不同的土质,分别确定其最大干密度和最佳含水量。

图 1-25 压实作用力沿深度的变化

1.4.4 填土压实的一般要求

填土压实的一般要求如下。

(1) 土方填筑前应清除基底的垃圾、树根等杂物,排除坑穴中积水、淤泥,验收基底标高。如在耕植土或松土上填土,应在基底压实后再进行。

(2) 应在基础的相对两侧或四周同时进行回填与夯实,以免挤压基础引起开裂。

(3) 同一填方工程应尽量采用同类土填筑。如采用不同类土填筑时,必须按类分层铺筑,应将渗透系数大的土层置于渗透系数较小的土层之下。若已将渗透系数较小的土填筑在下层,则在填筑上层渗透系数较大的土层之前,将两层结合面做成中央高、四周低的圆弧面排水坡度或设置盲沟,以免结合面处形成水囊。不同类土不得混杂一起填筑。

(4) 在地形起伏之处填土,应做好接槎,修筑 1:2 的阶梯形边坡,每台阶可取 50 cm 高、100 cm 宽。分段填筑时每层接缝处应做成大于 1:1.5 的斜坡,碾迹重叠 0.5～1.0 m,上下层错缝距离不应小于 1.0 m。接缝部位不得在基础墙角、柱基等重要部位。

(5) 填方施工中应检查排水措施,并应采取措施防止地表滞水流入填方区。如果已填好的土方遭水浸泡,应将稀泥铲除后方能进行下一道工序。填土区应保持一定横坡,或中间稍高两边稍低,以利排水。

(6) 填方应预留一定的下沉高度,以备在行车、堆重或干湿交替等自然因素作用下,土体逐渐沉落密实。预留沉降量应根据工程性质、填方高度、填料种类、压实系数和地基情况等因素确定。机械分层夯实时,其预留下沉高度以填方高度的百分数计,砂土为 1.5%,粉质黏土为 3%～3.5%。

(7) 填土压实的质量检查主要是压实后的密实度要求,密实度要求以压实系数 λ_c 表示。压实系数是土的施工控制干密度 ρ_d 与土的最大干密度 ρ_{dmax} 之比,一般由设计根据工程结构性质、填土部位以及土的性质确定,如一般场地平整压实系数为 0.9 左右,地基填土为 0.91～0.97。

土的最大干密度 ρ_{dmax} 由实验室击实试验确定,当无试验资料时,可按下式计算:

$$\rho_{dmax} = \eta \frac{\rho_w d_s}{1 + 0.01\omega_{op}d_s} \tag{1-26}$$

式中,η——经验系数,对于黏土取 0.95,粉质黏土取 0.96,粉土取 0.97;

　　　ρ_w——水的密度,g/cm^3;

　　　d_s——土粒相对密度;

　　　ω_{op}——土的最佳含水量,%,可按当地经验或取 $\omega_p+2\%$(ω_p 为土的塑限)。

施工中,根据土的最大干密度 ρ_{dmax} 和设计要求的压实系数 λ_c,即可求得填土的施工控制干密度 ρ_d 之值。

填土压实后的实际干密度 ρ_0 可采用环刀法取样测定。其取样组数为:基坑回填每 20～50 m^3 取样一组;基槽和管沟回填每层按长度 20～50 m 取样一组;室内填土每层按 100～500 m^2 取样一组;场地平整填方每层按 400～900 m^2 取样一组。取样部位一般应在每层压实后的下半部。试样取样后,先称量出土的湿密度并测出含水量,然后按下式计算土的实际干密度 ρ_0:

$$\rho_0 = \frac{\rho}{1 + 0.01\omega} \tag{1-27}$$

式中,ρ——土的湿密度,g/cm^3;

　　　ω——土的含水量,%。

若按上式计算得土的实际干密度 $\rho_0 \geqslant \rho_d$(施工控制干密度),则表明压实合格;若 $\rho_0 < \rho_d$,则压实不够。工程中所检查的实际干密度 ρ_0,应有 90% 以上符合要求,其余 10% 的最低值与控制干密度 ρ_d 之差不得大于 0.08 g/cm^3,且其取样位置应分散,不得集中。否则应采取补救措施,提高填土的密实度,以保证填方的质量。

思考题

1. 土的工程分类中将土分为几类? 前四类各为何种土?

2. 土的工程性质有哪些? 试述它们各自的含义。

3. 土方开挖前应做好哪些准备工作?

4. 土方机械主要有哪几种类型? 试述它们各自的工作特点及适用范围。

5. 试分析土方边坡失稳的原因,应如何留设土方的边坡?

6. 基坑降水方法有哪些? 各适用于什么范围? 简述集水井降水法的施工要点。

7. 什么是动水压力?

8. 流砂是怎样产生的? 如何进行防治?

9. 试述观察法验槽的主要内容有哪些?

10. 土方填筑时对土料的选择有哪些基本要求? 填土压实方法有几种? 各有什么特点?

11. 影响填土压实质量的主要因素有哪些? 试做出定性分析。简述填土压实的一般要求。

习题

1. 某建筑物基础垫层尺寸为 50 m×30 m,基坑深 3.0 m,场地土为二类土。挖土时基底各边留有 $a+b+c=0.8$ m 的工作面(包括排水沟),基坑周围允许四面放坡,边坡坡度为 1:0.75,已知土的可松性系数 $K_p=1.20$,$K_p'=1.03$。

(1) 计算土方开挖工程量;

(2) 若自然地坪以下的基础体积共计 1500 m³,其余空间用原土回填,应预留回填土(松散土)多少立方米?

2. 某建筑物外墙采用毛石基础,其截面尺寸如图 1-26 所示。地基土为黏性土,土方边坡坡度为 1:0.33。已知土的可松性系数 $K_p=1.30$,$K_p'=1.05$。试计算每 50 m 长度基础施工时的土方挖方量。若留下回填土后余土全部运走,试计算预留回填土量及弃土量。

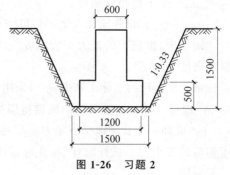

图 1-26　习题 2

注:本书图中未注明的长度单位均为 mm。

第2章

桩基础工程

【本章要点】

掌握：预制桩的打桩顺序、接桩方法和质量控制；泥浆护壁成孔灌注桩的施工工艺和质量要求。

熟悉：干作业成孔灌注桩施工；大直径人工挖孔桩施工；灌注桩后注浆。

了解：套管成孔灌注桩施工。

桩基础是土木工程中通常采用的深基础形式，它由桩和承台（一般是低承台）组成。桩基础可按下列规定分类。

(1) 按承载性状分类：①摩擦型桩；②端承型桩。

(2) 按对土壤挤密作用分类：①非挤土桩；②部分挤土桩；③挤土桩。

(3) 按施工方法分类：①预制桩：锤击沉桩、振动成桩、静力桩、射水沉桩；②灌注桩：钻孔灌注桩（干作业、泥浆护壁）、套管成孔灌柱桩、爆扩成孔灌注桩、挖孔灌注桩。

工程中一般根据土层情况、周边环境状况及上部荷载大小等确定桩型与施工方法。

2.1 钢筋混凝土预制桩施工

钢筋混凝土预制桩能承受较大的荷载、沉降变形小、施工速度快，故在工程中广泛应用。常用的有预制方桩和预应力管桩。预应力混凝土实心桩截面边长不小于 350 mm，其混凝土强度等级不低于 C35，单根桩的最大长度根据运输方式及打桩架的高度而定，可将桩预制成几段，在打桩过程中逐段接长，每根桩的接头数量不宜超过 3 个。

预应力混凝土空心桩按截面形式可分为管桩、空心方桩。预应力混凝土空心桩桩尖形式宜根据地层性质选择闭口形或敞口形，闭口形分为平底十字形和锥形。

混凝土预制桩可用焊接或法兰螺栓连接。

2.1.1 预制桩的制作、起吊、运输和堆放

钢筋混凝土预制桩的制作程序如下：现场布置→场地平整→浇地坪混凝土→支模→绑扎钢筋，安装吊环→浇注桩混凝土→养护至30％强度拆模→支上层模，涂刷隔离剂→重叠生产浇注第2层桩→养护→起吊→运输→堆放。

桩的制作场地应平整、坚实,不得产生不均匀沉降。重叠浇注层数不宜超过4层,水平方向可采用间隔法施工。桩与桩、桩与底模间应涂刷隔离剂,以防止黏结。上层桩或邻桩的浇注,必须在下层桩或邻桩的混凝土强度达到设计强度的30%以后方可进行。

　　当桩的混凝土强度达到设计强度的70%后方可起吊,达到100%后方可运输和打桩。

　　打桩前,桩从制作处运到现场以备打桩,可根据打桩顺序随打随运,尽可能避免二次搬运。桩的运输方式,当运距不大时,可直接用起重机吊运;当运距较大时,可采用大平板车或轻便轨道平台车运输。

　　桩堆放时,场地须平整、坚实,排水畅通。垫木间距应与吊点位置相同,各层垫木应位于同一垂直线上。堆放层数不宜超过4层;不同规格、不同材质的桩应分别堆放。

2.1.2 预制桩沉桩

　　预制桩的沉桩方法有锤击法、振动法、静压法及射水法等,其中以锤击法与静压法应用较多。

1. 锤击沉桩

　　1) 打桩设备

　　打桩设备包括桩锤、桩架及动力装置三部分,选择时主要考虑桩锤与桩架。

　　(1) 桩锤

　　桩锤是对桩施加冲击力,打桩入土的主要机具。桩锤有落锤、汽锤、柴油锤、液压锤等。

　　用锤击沉桩时,选择桩锤是关键,包括锤的类型和质量。锤击应有足够的冲击能量,锤重应大于或等于桩重。实践证明,当锤重为桩重的1.5～2.0倍时,效果比较理想。

　　(2) 桩架

　　桩架的作用是支持桩身、悬吊桩锤、引导桩和桩锤的方向、保证桩的垂直度,以及起吊并小范围内移动桩。

　　① 桩架的种类。按桩架的行走方式分为滚管式、履带式、轨道式及步履式四种。

　　② 桩架的选择。桩架的选择应考虑下述因素:

　　　a. 桩的材料、桩的截面形状及尺寸大小、桩的长度及接桩方式;

　　　b. 桩的数量、桩距及布置方式;

　　　c. 桩锤的形式、尺寸及质量;

　　　d. 现场施工条件、打桩作业空间及周边环境;

　　　e. 施工工期及打桩速率要求。

　　桩架的高度必须适应施工要求,它一般等于桩长+桩帽高度+桩锤高度+滑轮组高度+起锤移位高度(取1～2 m)。

　　2) 打桩施工

　　打桩前应做好各种准备工作,包括:清除障碍物、平整场地、定位放线、安装水电、安设桩机、确定合理打桩顺序等。桩基轴线定位点应设在打桩影响范围之外,水准点至少2个以上。依据定位轴线,将图上桩位一一定出,并编号记录在案。

　　(1) 打桩顺序

　　打桩顺序合理与否,影响打桩速度、打桩质量及周围环境。打桩顺序通常有以下几种:

由一侧向单一方向(图 2-1(a))、自中间向边缘(图 2-1(b))、自边缘向中央(图 2-1(c))、分段打(图 2-1(d))等。打桩顺序的选择,应结合地基土的挤压情况、桩距大小、桩机性能及工作特点、工期要求等因素综合确定。

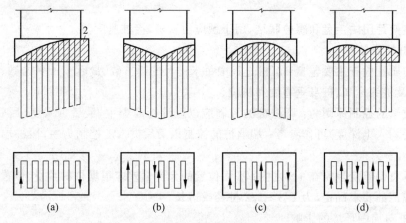

图 2-1　打桩顺序

(a) 由一侧向单一方向;(b) 自中间向边缘;(c) 自边缘向中央;(d) 分段
1—打桩方向;2—土的挤压情况

打桩将导致土壤挤压。当桩的中心距大于或等于 4 倍桩径或边长时,打桩顺序与土壤的挤压关系不大,打桩顺序的选择相对灵活。而当桩的中心距小于 4 倍桩径或边长时,土壤挤压不均匀的现象会很明显。对于密集群桩,应采用图 2-1(b)、(d)所示的两种打桩顺序。当基坑较大时,应将基坑划分为数段,并在各段范围内分别按上述顺序打桩。

此外,根据桩的设计标高及规格,打桩时宜先深后浅、先大后小、先长后短,这样可以减小后施工的桩对先施工桩的影响。由于端承桩的打桩中已打预制桩可能会留有一段在地面以上,影响桩机的前进,因此,桩机移动一般是随打随后退。

(2) 打桩工艺

打桩施工是确保桩基工程质量的重要环节。主要工艺过程如下:场地准备→确定桩位→桩机就位→吊起桩锤和桩帽→吊桩和对位→校正垂直→自重插桩入土→固定桩帽和桩锤→校正垂直度→打桩→接桩→送桩→截桩。

打桩宜采用"重锤低击"的方式。刚开始时,桩重心较高,稳定性不好,落距应较小。待桩入土至一定深度(约 2 m)且稳定后,再按规定的落距连续锤击。打桩过程不宜中断,否则土壤会固结,致使桩难以打入。用落锤或单动汽锤打桩时,最大落距不宜大于 1 m;用柴油锤打桩时,应使锤跳动正常。在打桩过程中,遇有贯入度剧变、桩身突然发生倾斜、位移或有严重回弹、桩顶或桩身出现严重裂缝或破碎等异常情况时,应暂停打桩,及时研究处理。

如桩顶标高低于自然地面,需用送桩管将桩送入土中时,桩身与送桩管的纵轴线应在同一直线上,拔出送桩管后,桩孔应及时回填或加盖。

打桩过程中应做好沉桩记录,以便工程验收。

3) 接桩

预制桩的接长方法有焊接、法兰连接或机械快速连接(螺纹式、啮合式)。

焊接法接桩目前应用最多，接桩时，检查上下节桩垂直度无误后，先将四角点焊固定，然后由两人同时于对角对称施焊，防止不均匀焊接变形。焊缝应连续饱满，上、下桩段间如有空隙，应用铁片填实焊牢。接长后，桩中心线偏差不得大于 10 mm，节点弯曲矢高不得大于0.1％桩长。

法兰连接是用法兰盘和螺栓联结，用于预应力管桩，接桩速度快。

4) 打桩的质量控制

打桩的质量检查主要包括：沉桩过程中每米进尺的锤击数、最后 1 m 锤击数、最后三阵贯入度，以及桩尖标高、桩身垂直度和桩位。

打桩质量的控制原则为：摩擦桩的控制应以设计标高为主，最后贯入度（最后三阵，每阵十击的平均入土深度）可作参考；端承桩的控制以最后贯入度控制为主，而桩端标高仅作参考。

桩的垂直偏差应控制在 1％之内；平面位置的允许偏差应根据桩的数量、位置和桩顶标高按有关规范的要求确定，为 1/3～1/2 桩径或边长。

5) 打桩对周围环境的影响

打桩施工时对周围环境产生的不良影响主要有挤土效应、打桩产生的噪声和振动等问题。对环境的不利影响必须认真对待，否则将导致工程事故、经济纠纷和社会问题。

2．静力压桩

静力压桩是利用桩机自重及配重来平衡沉桩阻力，在静压力的作用下将桩压入土中。由于静力压桩在施工中无振动、噪声和空气污染，故广泛应用于建筑、地下管线较密集的地区，但它一般只适用于软弱土层。

静力压桩机宜选择液压式和绳索式压桩工艺，宜根据单节桩的长度选择顶压式液压式压桩机和抱压式液压式压桩机。液压式压桩机采用液压传动，动力大、工作平稳，主要由桩架、液压夹桩器、动力设备及吊桩起重机等组成（见图 2-2）。

静力压桩一般分节进行，逐段接长。当第一节桩压入土中，其上端距地面 1 m 左右时将第二节桩接上，继续压入。压桩期间应尽量缩短停歇时间，否则土壤固结阻力大，致使桩压不下去。

3．射水沉桩

射水沉桩是锤击沉桩的一种辅助方法。它利用高压水流从桩侧面或从空心桩内部的射水管中冲击桩尖附近土层，以减小沉桩阻力。施工时一般是边冲边打，在沉入至最后 1～2 m 时停止射水，用锤击沉桩至设计标高，以保证桩的承载力。此法适用于砂土和碎石土。

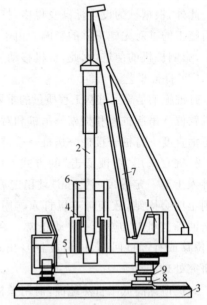

图 2-2 液压式压桩机的结构

1—操作室；2—桩；3—支腿平台；4—导向架；
5—配重；6—夹持装置；7—吊装拔杆；
8—纵向行走装置；9—横向行走装置

4．振动沉桩

振动沉桩是将桩与振动锤连接在一起，利用振动锤产生高频振动，激振桩身并振动土体，使土的内摩擦角减小、强度降低而将桩沉入土中。

振动沉桩施工速度快、使用维修方便、费用低，但其耗电量大、噪声大。此法适用于软土、粉土、松砂等土层，在硬质土层中不易贯入。

2.1.3　预制桩常见的质量问题及处理

预制桩在施工中常遇到的问题有桩头打坏、断桩、浮桩、滞桩、桩身扭转或位移、桩身倾斜或位移、桩急剧下沉等，其分析及处理方法可参考表 2-1。

表 2-1　预制桩沉桩常见问题的分析及处理

常 见 问 题	主 要 原 因	防止措施及处理方法
桩头打坏	桩头强度低，配筋不当，保护层过厚，桩顶不平，锤与桩不垂直，有偏心，锤过轻，落锤过高，锤击过久，桩头所受冲击力不均匀；桩帽顶板变形过大，凹凸不平	严格按质量标准制作桩，加桩垫，垫平桩头；采取纠正垂直度或低锤慢击等措施；对桩帽变形进行纠正
断桩	桩质量不符合设计要求；遇硬土层时锤击过度	加钢夹箍，用螺栓拧紧后焊固补强；如已符合贯入度要求，可不处理
浮桩	软土中相邻桩沉桩的挤土上拔作用	将浮升量大的桩重新打入，如经静载荷试验不合格时需重打
滞桩	停打时间过长，打桩顺序不当；遇地下障碍物、坚硬土层或砂夹层	正确选择打桩顺序；用钻机钻透硬土层或障碍物，或边射水边打入
桩身扭转或位移	桩尖不对称，桩身不垂直	可用撬棍纠正或慢锤低击纠正，偏差不大可不处理
桩身倾斜或位移	桩尖不正，桩头不平，桩帽与桩身不在同一直线上，桩距太近，邻桩打桩时土体挤压；遇横向障碍物压边，土层有陡的倾斜角	入土不深、偏差不大时，可用木架顶正，再慢锤打入纠正；偏差过大时应拔出回填砂重打或补桩；障碍物不深时，可挖除填砂重打或作补桩处理
桩急剧下沉	接头破裂或桩尖破裂，桩身弯曲或有严重的横向裂缝；落锤过高，接桩不垂直；遇软土层、土洞	加强沉桩前的检查；将桩拔出检查，改正重打或在靠近原桩位补桩处理
桩身跳动，桩锤回跃	桩身过曲，接桩过长，落锤过高；桩尖遇树根或坚硬土层	采取措施穿过或避开障碍物，换桩重打，如入土不深应拔起换位重打
接桩处松脱开裂	接桩处表面清理不干净，有杂质、油污；接桩铁件或法兰不平，有较大间隙；焊接不牢或螺栓拧不紧，硫黄胶泥配比不当，未按规定操作	清理连接平面；校正铁件平面；焊接或螺栓拧紧后锤击检查是否合格，硫黄胶泥配比应进行试验检查

2.2　灌注桩施工

灌注桩是直接在桩位上就地成孔,然后在孔内安放钢筋笼,再灌注混凝土而成。根据成孔工艺不同,分为干作业成孔、泥浆护壁成孔、套管成孔和人工挖孔等。灌注桩能适应各种地层,无须接桩,施工时无挤土、振动小、噪声小。但它操作要求严格,质量控制较难,成孔时排出大量泥浆,成桩后需养护、检测等。

随着科学技术的不断进步,灌注桩的施工技术将不断更新换代,向更高效、更环保、更智能的方向发展。另一方面随着环保意识的提高,未来灌注桩的施工将更加注重环保,减少对环境的影响。因此,绿色环保的灌注桩技术将受到更多的关注和推广。

2.2.1　干作业成孔灌注桩

干作业成孔灌注桩适用于地下水位较低,在成孔深度内无地下水的土质,无须护壁可直接取土成孔。其适用于黏土、粉土、填土、中等密实以上的砂土、风化岩层等土质。

目前常采用螺旋钻机成孔,它是利用动力旋转钻杆,使钻头的螺旋叶片旋转削土体,土块沿螺旋叶片上升排出孔外。常用的有锥式钻头、平底钻头、耙式钻头等。锥式钻头适用于黏性土;平底钻头适用于松散土层;耙式钻头适用于杂填土,其钻头边镶有硬质合金刀头,能将碎砖等硬块削成小颗粒。螺旋钻机成孔直径一般为 300～600 mm,钻孔深度为 8～20 m。

干作业成孔灌注桩的工艺流程为:测定桩位→钻孔→清孔→下钢筋笼→灌注混凝土→养护。

钻孔操作时要求钻杆垂直稳固、位置正确。钻孔时应随时清理孔口积土,遇到塌孔、缩孔等异常情况,应及时研究解决。当螺旋钻机钻至设计标高后应在原位空转清土,以清除孔底回落虚土。钢筋笼应一次扎好,小心放入孔内,防止孔壁塌土。混凝土应连续浇注。

2.2.2　泥浆护壁成孔灌注桩

泥浆护壁成孔灌注桩是利用泥浆护壁成孔,并通过泥浆循环将被切削的土渣排除,再吊放钢筋笼,水下灌注混凝土成桩。它适用于所有土层。

1. 泥浆护壁成孔灌注桩工艺流程

泥浆护壁成孔灌注桩的工艺流程如图 2-3 所示。

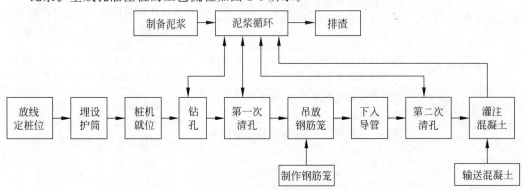

图 2-3　泥浆护壁成孔灌注桩工艺流程图

2. 泥浆护壁成孔灌注桩施工要点

1) 埋设护筒

钻孔前需在桩位处埋设钢护筒,护筒的作用有:固定桩位、钻头导向、保护孔口、维持泥浆水头及防止地面水流入等。

护筒一般用 4～8 mm 的厚钢板制成,内径应比钻头直径大 100 mm,高 1.5～2.0 m,设 1～2 个溢浆口。埋设深度:黏性土不宜小于 1.0 m,砂土不宜小于 1.5 m。孔口处用黏土密实封填。筒顶高出地面 0.3～0.4 m,泥浆面应保持高出地下水位 1.0 m 以上。

2) 护壁泥浆

泥浆在桩孔内会吸附在孔壁上甚至渗透进周围土孔隙中,以防止孔壁漏水。它具有保持孔内水压大于孔外水压、保护孔壁以防止塌孔、携带土渣排出孔外以及冷却与润滑钻头的作用。

在黏土中钻孔,可以采用原土造浆,即钻孔时向孔中注入清水,在钻头的钻进过程中水与黏土混合成泥浆。

在砂土中钻孔,须在现场专门制备泥浆,泥浆是由高塑性黏土或膨润土和水拌合的混合物,还可在其中掺入其他掺合剂,如加重剂、分散剂、增黏剂及堵漏剂等。注入泥浆的相对密度应控制在 1.1 左右,排出泥浆的相对密度宜为 1.15～1.25。

泥浆循环分为正循环和反循环。

正循环工艺如图 2-4(a)所示。泥浆或高压水由空心钻杆内部注入,并从钻杆底部喷出,携带钻下的土渣沿孔壁向上流动,由孔口将土渣带出流入沉淀池,沉淀后的泥浆循环使用。该法是依靠泥浆向上的流动排渣,其提升力较小,孔底沉渣较多。

反循环工艺如图 2-4(b)所示。泥浆带渣流动的方向与正循环工艺相反,它须启动砂石泵在钻杆内形成真空,土渣被吸出流入沉淀池。反循环工艺由于泵吸作用,泥浆上升的速度较快,排渣能力强,但对土质较差或易塌孔的土层应谨慎使用。

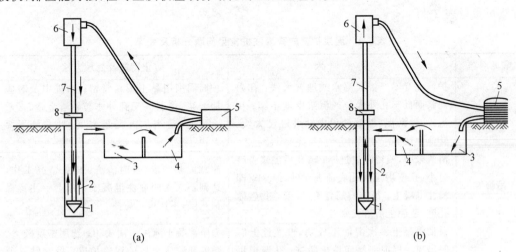

(a)　　　　　　　　　　　　　　　　(b)

图 2-4　泥浆循环成孔工艺

(a)正循环成孔工艺;(b)反循环成孔工艺

1—钻头;2—泥浆循环方向;3—沉淀池;4—泥浆池;5—泥浆泵;6—水龙头;7—钻杆;8—钻机回转装置

3）成孔

成孔机械有回转钻机、潜水钻机、冲击钻机等。

（1）回转钻机成孔：钻机设备性能可靠、噪声和振动较小、钻进效率高、钻孔质量好。它适用于松散土层、黏土层、砂砾层、软质岩层等多种地质条件，应用比较广泛。

（2）潜水钻机成孔：钻孔机械的动力、变速机构和钻头连在一起，并加以密封，可下放至孔内地下水中切土成孔。它采用正循环工艺注浆、护壁和排渣。潜水钻机适用于淤泥、淤泥质土、黏性土、砂土及强风化岩层，不宜用于碎石土。

（3）冲击钻机成孔：它是用动力将冲锥式钻头提升到一定高度后，靠自由下落的冲击力来掘削硬质土和岩层，然后用淘渣筒排除渣浆。它可用于黏性土、粉质黏土，特别适用于坚硬土层和砂砾石、卵石及岩层。

4）清孔

钻孔达到设计标高后应测量沉渣厚度，立即进行清孔。以原土造浆的钻孔，清孔可采用射水法，此时钻头只转不进，待泥浆相对密度降到1.1左右即可；注入制备泥浆的钻孔，采用换浆法清孔，即用稀泥浆置换出浓泥浆，待泥浆的相对密度降到1.15～1.25即认为清孔合格。在清孔过程中通过置换泥浆，使孔底沉渣排出。剩余沉渣厚度的控制原则是：对于端承桩不大于50 mm，对于摩擦桩不大于100 mm，对于抗拔、抗水平力桩不大于200 m。

5）灌注混凝土

清孔后，应尽快吊放钢筋笼并浇注混凝土，灌注混凝土采用水下导管法。为保证桩顶质量，混凝土应浇注至超过桩顶设计标高0.8～1.0 m，以便在凿除浮浆层后桩顶混凝土达到设计强度要求。

3. 泥浆护壁成孔灌注桩常见质量问题及处理

泥浆护壁成孔灌注桩在施工中经常遇到的问题有塌孔、吊脚桩和断桩等，其分析及处理方法可参考表2-2。

表2-2　泥浆护壁成孔灌注桩常见问题分析及处理

常见问题	主要原因	防止措施及处理方法
塌孔	护筒埋置不严密而漏水或埋置太浅；孔内泥浆面低于孔外水位或泥浆密度不够；在流砂、软淤泥、松散砂层中钻进进尺太快、转速太快等	护筒周围用黏土填封紧密；钻进中及时添加泥浆，使其高于孔外水位；遇流砂、松散土层时，适当加大泥浆密度，且进尺不要太快
吊脚桩	清渣未净，残留沉渣过厚；清孔后泥浆密度过小，孔壁坍塌或孔底涌进泥砂，或未立即灌注混凝土；吊放钢筋骨架、导管等物碰撞孔壁，使泥土坍落孔底	注意泥浆浓度，及时清渣；做好清孔工作，达到要求立即灌注混凝土；施工中注意保护孔壁，不让重物碰撞
断桩	首批混凝土多次灌注不成功，再灌注上层时出现一层泥夹层而造成断桩；孔壁坍塌将导管卡住，强力拔管时泥水混入混凝土内；导管接头不良，泥水进入管内	力争混凝土灌注一次成功；选用密度较大、黏度和胶体率好的泥浆护壁；控制钻进速度，保持孔壁稳定；导管接头应用方形丝扣连接，并设橡皮圈密封严密

2.2.3 套管成孔灌注桩

套管成孔灌注桩是利用锤击沉管法或振动沉管法,将带有活瓣的钢制桩尖或钢筋混凝土预制桩靴的钢套管沉入土中,吊放钢筋笼,然后边灌注混凝土边拔管而成的。图 2-5 所示为套管成孔灌注桩的施工过程示意图。

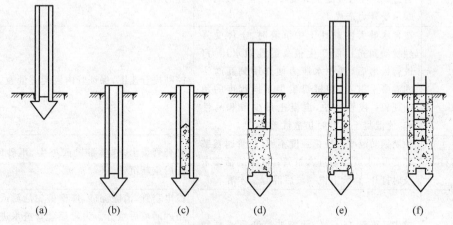

图 2-5 套管成孔灌注桩施工工艺
（a）套管就位；（b）沉入套管；（c）初灌混凝土；（d）边拔管边灌注混凝土；
（e）插入钢筋笼并拔管浇注混凝土；（f）成桩

1. 套管成孔灌注桩施工工艺

套管成孔灌注桩可采用单打法、复打法或反插法施工工艺。

（1）单打法。单打施工时,在沉入土中的套管内灌满混凝土,开动激振器振动 5～10 s 后开始拔管,然后边振边拔,每拔 0.5～1 m 停拔振动 5～10 s,如此反复,直至套管全部拔出。单打法施工,在一般土层内拔管速度宜为 1.2～1.5 m/min,在较软弱土层中宜控制在 0.6～0.8 m/min。在拔管过程中应分段添加混凝土,保持管内混凝土面高于地面或地下水位 1.0～1.5 m。

（2）复打法。在第一次灌注桩施工完毕拔出套管后(单打),及时清除管外壁上的污泥和桩孔周围地面的浮土,立即在原桩位安好桩靴和套管或关闭活瓣,进行复打,使未凝固的混凝土向四周挤压扩大桩径,然后第二次灌注混凝土。其拔管方法与单打法相同。复打时要注意:前后两次沉管的轴线应重合;复打必须在第一次灌注的混凝土初凝之前进行;如有配筋的桩,钢筋笼应在第二次沉管后灌注混凝土之前就位。

（3）反插法。在套管内灌满混凝土后,先振动再开始拔管,每次拔管高度 0.5～1.0 m,向下反插深度 0.3～0.5 m,如此反复,并始终保持振动,直至套管全部拔出。反插法的拔管速度应小于 0.5 m/min。由于反插法能扩大桩径,使混凝土密实,从而提高桩的承载能力,因此宜用于质量较差的软土地基。

2. 套管成孔灌注桩常见质量问题及处理

套管成孔灌注桩在施工中经常遇到的问题有断桩、缩颈、吊脚桩和套管进水进泥等,其分析及处理方法可参考表 2-3。

表 2-3 套管成孔灌注桩常见问题分析及处理方法

常见问题	主要原因	防止措施及处理方法
断桩	桩距过小,邻桩施打时土的挤压所产生的横向水平推力和隆起上拔力造成;软硬土层间传递水平力大小不同,对桩产生剪应力造成;桩身混凝土终凝不久,强度较弱时即承受外力造成	考虑合理的打桩顺序,减少对新打桩的影响;采用跳打法或控制时间法以减少对邻桩的影响
缩颈	在含水量大的黏性土中沉管时,土体受强烈扰动和挤压而产生很高的孔隙水压力,桩管拔出后,这种水压力便作用到新灌注的混凝土桩上,使桩身发生不同程度的颈缩现象;拔管过快,混凝土量少或和易性差,使混凝土出管时扩散性差等	控制拔管速度,保证管内混凝土量等
吊脚桩	预制钢筋混凝土桩靴强度不够,沉管时被破坏变形,水或泥砂进入桩管;桩尖的活瓣未及时打开,套管上拔一段后混凝土才落下	将套管拔出,修整桩靴或桩尖,用砂回填桩孔后重新沉管
套管进水进泥	桩尖活瓣闭合不严、活瓣被打变形或预制钢筋混凝土桩靴被打坏	拔出套管,清除泥砂,修整桩尖活瓣或桩靴,用砂回填后重打。为避免套管进水进泥,当地下水位高时,可在套管沉至地下水位时先灌入0.5 m厚的水泥砂浆封底,再灌1 m高混凝土增压,然后再继续沉管

2.2.4 大直径人工挖孔灌注桩

人工挖孔桩即采用人工挖掘方法成孔,而后吊放钢筋笼,浇注混凝土成桩。该方法不得用于软土、流沙地层及地下水较丰富和水压力大的土层中。人工挖孔桩所需的设备简单,施工速度快,土层情况明确,桩底沉渣清除干净,施工质量可靠,成本低廉。但工人在井下作业劳动条件差,必须制订可靠的安全措施,并严格按操作规程施工。挖孔桩的直径除满足承载力要求外,还应考虑施工操作的需要。人工挖孔桩构造示意如图2-6所示。

人工挖孔桩的直径不小于0.8 m,不宜大于2.5 m,孔深不宜大于30 m;当桩净距小于2.5 m时,宜采用间隔开挖。相邻排桩跳挖的最小施工净距不得小于4.5 m。

2.2.5 灌注桩后注浆

灌注桩后注浆法可用于各类钻、挖冲孔灌注桩的沉渣(虚土)、泥皮和桩底、桩侧一定范围土体的加固。后注浆导管应采用钢管,且应与钢筋笼加劲筋绑扎牢

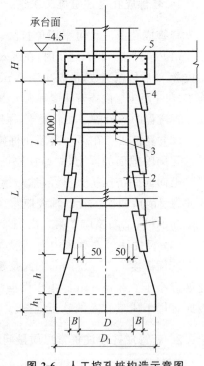

图2-6 人工挖孔桩构造示意图
1—护壁;2—主筋;3—箍筋;
4—地梁;5—桩帽

固或焊接。对于桩长超过 15 m 且承载力增幅要求较高者,宜采用桩端桩侧复式注浆。桩侧后注浆管阀设置数量应综合地层情况、桩长和承载力增幅要求等因素确定,一般每间隔 6~12 m 设置一道桩侧注浆阀。注浆阀应能承受 1 MPa 以上净水压力,注浆阀保护层应能抵抗砂石等硬质物的剐撞而不使注浆阀受损,注浆阀应具备逆止功能。

后注浆施工过程中,应经常对后注浆的各项工艺参数进行检查,做好作业记录,发现异常应采取措施。

思考题

1. 简述钢筋混凝土预制桩制作、起吊、运输与堆放的主要工艺要求。
2. 打桩顺序有哪几种? 试分析各种打桩顺序的利弊。
3. 试述打桩的方法和质量控制标准。
4. 简述打桩施工对周围环境的影响及其防治。
5. 简述预制桩在施工中经常遇到的质量问题、预防及处理措施。
6. 简述泥浆护壁成孔灌注桩的施工工艺。
7. 泥浆护壁成孔灌注桩施工中护筒有何作用? 泥浆有何作用? 泥浆循环有哪两种方式,其效果如何?
8. 简述泥浆护壁成孔灌注桩常见的质量问题、防止和处理措施。
9. 试述套管成孔灌注桩的施工工艺。什么是单打法、复打法及反插法? 复打法与反插法有哪些作用?
10. 试述套管成孔灌注桩常见的质量问题,分析其原因,提出处理措施。
11. 简述人工挖孔桩的施工工艺方法。
12. 灌注桩后注浆施工应注意哪些问题?

第 3 章

砌体结构工程

【本章要点】

掌握：砖砌体工程施工工艺；砖砌体工程的质量要求。

熟悉：砌筑砂浆原材料的要求，砂浆的技术要求和砂浆的制备与使用；砖及砌块块材的种类；砌筑前的准备工作；混凝土小型空心砌块砌体工程的施工要点；填充墙砌体工程的施工要点；脚手架的基本要求与分类；扣件式钢管脚手架组成部件、搭设方式及特点；碗扣式钢管脚手架的搭设方式与特点；井架、龙门架及施工电梯的特点及应用。

了解：砖、砌块砌体砌筑前的准备工作；冬期施工对砌体结构工程材料的要求，砌体结构工程冬期施工方法与措施；门式脚手架。

砌体结构是由块体和砂浆砌筑而成的墙、柱作为建筑物主要受力构件的结构，砌体结构主要包括砖砌体、砌块砌体和石砌体结构。砌体结构工程是指砌体结构的施工内容，它包括准备砌体材料、砌筑砌体及搭设施工设施等施工过程。砌体工程的施工质量是砌体结构强度的重要保证，本章主要介绍砌体材料及砖砌体、混凝土小型空心砌块砌体与填充墙砌体施工。

3.1　砌体结构材料

砌体结构工程所采用的材料主要是块体、砂浆，必要时尚需要混凝土和钢筋。混凝土强度不低于 C20 等级，钢筋一般采用 HPB300 和 HRB400 强度等级或冷拔低碳钢丝。砌体工程所用的材料应符合设计要求，要有产品的合格证书、产品性能型式检测报告，质量应符合国家现行有关标准的要求。块体、水泥、钢筋、混凝土、外加剂还应有材料主要性能的进场复验报告。严禁使用国家明令淘汰的材料。

3.1.1　砌筑砂浆

砌筑砂浆是由胶凝材料(水泥、石灰等)与细骨料(砂)和水拌制成的水泥砂浆或水泥混合砂浆，为了节约水泥和改善性能，常在砂浆中掺入适量的石灰膏或粉煤灰等掺合料，也可加入相应的外加剂。水泥砂浆强度较高，但和易性稍差，适用于潮湿环境和强度要求较高的砌体，如砌筑基础、地下室和其他地下砌体、钢筋砖过梁等。水泥石灰混合砂浆和易性好，适用于干燥环境中的砌体，如地面以上的承重或非承重的砌体结构工程。砂浆分现场拌制砂浆和预拌砂浆，预拌砂浆又可分为湿拌砂浆和干混砂浆。

1. 原材料要求

1) 水泥

砌筑砂浆的水泥宜采用普通硅酸盐水泥或矿渣硅酸盐水泥。水泥的强度等级要合适，应符合设计要求，一般不低于 32.5 级，宜采用 42.5 级。水泥强度过高会影响砂浆的和易性、保水性，既不利于施工，也影响砂浆强度的增长。

水泥进场时，应对其品种、等级、包装或散装仓号、出厂日期进行检查，并应对其强度、安定性进行复验，其质量必须符合《通用硅酸盐水泥》(GB 175—2007)的有关规定。当在使用中对水泥质量有怀疑或水泥出厂超过三个月(快硬硅酸盐水泥超过一个月)时应复查试验，并按复验结果使用。不同品种的水泥不得混合使用。

2) 砂

砌筑砂浆用砂宜采用过筛中砂，宜优先选用河砂。同时砂中不得含有有害物质，其中杂质、含泥量、有机物、硫化物、硫酸盐及氯盐含量等应符合《普通混凝土用砂、石质量及检验方法标准》(JGJ 52—2006)的有关规定。人工砂、山砂及特细砂，经试配应能满足砌筑砂浆技术条件要求。

3) 石灰膏

石灰膏可用建筑生石灰和建筑生石灰粉熟化而成，其熟化时间分别不得少于 7 d 和 2 d。沉淀池中储存的石灰膏应防止干燥、冻结和污染，严禁使用脱水硬化的石灰膏。建筑生石灰粉、消石灰粉不得代替石灰膏配制水泥石灰砂浆。

4) 粉煤灰

砌筑砂浆中所使用粉煤灰的品质指标应符合《用于水泥和混凝土中的粉煤灰》(GB/T 1596—2017)有关规定，一般可采用 II 级或 III 级粉煤灰。砂浆中的粉煤灰取代水泥率不宜超出标准要求的量值。

5) 拌合水

拌制砂浆用水应符合《混凝土用水标准》(JGJ 63—2006)的有关规定。一般采用自来水，工业废水处理后经化验分析或试拌验证合格的也可用于拌制砂浆。

6) 外加剂

根据工程需要以及改善砂浆性能的目的，在砂浆中掺入增塑剂、早强剂、缓凝剂、防冻剂、防水剂等外加剂，以方便施工。但是加入外加剂的品种和剂量应经有资质的检测单位检验和试配确定。

2. 砌筑砂浆的技术要求

1) 流动性

砂浆流动性是指砂浆拌合物在自重或外力的作用下易于流动的性能，以稠度值表示，用砂浆稠度仪测定。稠度值越大，表明砂浆的流动性越好，越易于在砖、砌块上铺成密实、均匀的薄层。不同的砌体对于砂浆的流动性要求也不同，一般烧结普通砖砌体，蒸压粉煤灰砖砌体，稠度值为 70～90 mm；普通混凝土小型空心砌块砌体，蒸压灰砂砖砌体，稠度值为 50～70 mm；烧结多孔砖、空心砖砌体，轻骨料混凝土小型空心砌块砌体，蒸压加气混凝土砌块砌体，稠度值为 60～80 mm。

2）保水性

砂浆保水性是指砂浆拌合物保持水分不易泌出的性能，也反映砂浆中各组成材料不易分层离析的性能。保水性以分层度（mm）表示，采用分层度测定仪测定。分层度值宜在 10～20 mm 之间，不得大于 30 mm。分层度大，表明砂浆的保水性差，砂浆易产生泌水而使其流动性降低，铺砌困难；工程中可掺入石灰膏、粉煤灰等无机塑化剂，或微沫剂等增塑剂。

3）强度等级

砂浆强度等级根据其抗压强度平均值划分为 M2.5、M5、M7.5、M10、M15、M20 六级。强度等级的选择应符合设计要求。砂浆强度的确定方法：边长为 70.7 mm 的标准立方体试件，一组 3 块，在标准养护条件下（温度为 (20 ± 3)℃，水泥砂浆试件要求相对湿度在 90% 以上，水泥混合砂浆试件要求相对湿度为 60%～80%）养护至 28 d 测得抗压强度平均值。砂浆试块应在搅拌机出料口或在湿拌砂浆的储存容器出料口随机取样和制作（现场拌制的砂浆，同盘砂浆只应制作一组试块）。

4）黏结力

砌筑砂浆必须具有良好的黏结力，才能将块体胶结成为整体结构，以提高砌体的承载力，达到设计要求的强度。在施工中，应采取清洁砌筑基层、湿润块体的表面以及加强施工养护条件等措施提高黏结力，保证砌体的质量。

5）耐久性

砂浆耐久性是砌体工程寿命的前提与保证。用于水工砌体结构的砂浆须满足抗渗性和抗侵蚀性的要求，严寒地区的砂浆须满足抗冻性的要求。为使砂浆具有良好的耐久性，水泥砂浆中的水泥用量应不少于 200 kg/m^3，水泥混合砂浆中水泥和掺合料的总量宜为 300～350 kg/m^3。

3. 砌筑砂浆的制备

砌筑砂浆配合比应在有资质的实验室中根据现场的实际情况进行计算和试配确定，并应满足抗压强度、稠度、分层度的要求。当砌筑砂浆的组成材料有变更时，其配合比应重新确定。施工中不应采用强度等级小于 M5 的水泥砂浆代替同强度等级水泥混合砂浆，如需替代，应将水泥砂浆提高一个强度等级。

3.1.2 块体

1. 砖

砌体工程所用砖种类繁多，按砖体内孔洞率的不同分为实心砖、多孔砖和空心砖。

实心砖：包括烧结普通砖（如烧结黏土砖、页岩砖、煤矸石砖、建筑渣土砖、淤泥砖等）和蒸压或蒸养砖（如灰砂砖、粉煤灰砖、炉渣砖等）。实心砖规格尺寸均为 240 mm×115 mm×53 mm，强度等级分为 MU30、MU25、MU20、MU15、MU10 共五级（其中蒸养或蒸压砖没有 MU30），均用作承重砌体。

多孔砖：主要有烧结黏土、页岩、煤矸石、建筑渣土多孔砖等多个品种，也有非烧结的其他多孔砖。烧结多孔砖的规格较多，其长度、宽度的尺寸有 290 mm、240 mm、190 mm 等多种,高度多为 90 mm。可用作承重砌体,强度等级与烧结普通砖相同。

空心砖:品种同多孔砖,规格尺寸、孔洞率更大,空心砖孔洞个数少但洞腔较大,孔洞沿水平方向,即平行于砖的承压面(大面)。烧结空心砖的长度有 390 mm、290 mm、240 mm等,宽度有 240 mm、190 mm 等,高度有 115 mm、90 mm 等多种规格。其强度较低,只能用于非承重砌体。

2. 砌块

砌块的种类主要有普通混凝土小型空心砌块、轻骨料混凝土小型空心砌块、粉煤灰混凝土小型空心砌块、蒸压加气混凝土砌块、石膏砌块等。

普通混凝土小型空心砌块主要用作承重砌体结构。砌块具有竖向方孔,主规格尺寸为 390 mm×190 mm×190 mm,辅助规格的长度有 290 mm、190 mm、90 mm 三种,宽度与高度均为 190 mm,以配合主规格砌块使用。

轻质砌块有多种。轻骨料混凝土小型空心砌块、粉煤灰混凝土小型空心砌块,规格尺寸与普通混凝土小型空心砌块完全相同;蒸压加气混凝土砌块,长度为 600 mm,宽度为 100～300 mm,高度为 200～300 mm 等多种;石膏砌块,属新型轻质块体材料,长方体的外形纵横四周分别设有凹凸企口(榫与槽),长度为 666 mm,高度为 500 mm,厚度有 60～120 mm 多种,最佳砌块尺寸是三块砌块组成 1 m² 的墙面。轻质砌块主要用于填充墙、围护墙等非承重砌体。

3.2　砖砌体工程

砖砌体工程指烧结普通砖、烧结多孔砖、混凝土多孔砖、混凝土实心砖、蒸压灰砂砖、蒸压粉煤灰砖等砌体工程。由于其成本较低、施工简便,并能适用于各种形状和尺寸的建筑物、构筑物及零星砌体,故在土木工程中被广泛采用。

3.2.1　砌筑前的准备工作

1. 材料准备

1) 砖

(1) 砖的品种、强度等级必须符合设计要求,并应规格一致;用于清水墙、柱表面的砖,还应边角整齐、色泽均匀。

(2) 常温下砌筑时,砖应提前 1～2 d 适度湿润,以免砖吸走砂浆中过多的水分而影响其黏结力,严禁采用干砖或处于吸水饱和状态的砖砌筑。若砖吸水过多会在砖表面形成一层水膜,从而产生跑浆现象,使砌体走样或滑动,还会污染墙面。烧结普通砖、多孔砖的相对含水率宜为 60%～70%,混凝土多孔砖及混凝土实心砖不需浇水湿润,但在气候干燥炎热的情况下,宜在砌筑前对其喷水湿润。蒸压灰砂砖、粉煤灰砖等非烧结类块体的相对含水率宜为 40%～50%。施工中以将砖砍断后,其断面四周吸水深度达到 15～20 mm 为宜。

(3) 混凝土多孔砖、混凝土实心砖、蒸压灰砂砖、蒸压粉煤灰砖等块体在砌筑时,其产品龄期不应小于 28 d。

2)砂浆

(1)砌筑砂浆应采用机械搅拌,搅拌时间应为:水泥砂浆和水泥混合砂浆不得少于120 s;水泥粉煤灰砂浆和掺用外加剂的砂浆不得少于180 s;掺增塑剂的砂浆,其搅拌方式、搅拌时间应符合有关现行行业标准的规定。干混砂浆宜按掺用外加剂的砂浆确定搅拌时间或按产品说明书采用。

(2)现场拌制的砂浆应随拌随用,拌制的砂浆应在3 h内使用完毕;当施工期间最高气温超过30℃时,应在2 h内使用完毕。预拌砂浆的使用时间应按照厂方提供的说明书确定。

(3)砌体结构工程使用的湿拌砂浆,除直接使用外必须储存在不吸水的专用容器内,并根据气候条件采取遮阳、保温、防雨雪等措施,砂浆在储存过程中严禁随意加水。

2. 技术准备

1)抄平

砌筑砖基础和各层墙体前,应在其下部基础顶面或楼面上定出砌体的标高,然后用水泥砂浆找平。若第一层砖底的水平灰缝大于20 mm,应用细石混凝土找平,使砖基础和各层砖墙底部的标高符合设计要求。

2)放线

砌体砌筑前应将砌筑部位清理干净并放线。建筑物基础和底层的定位轴线可依据设在其周围的轴线控制桩进行引测。各楼层的定位轴线则可利用预先引测在外墙面上的轴线控制点,借助于经纬仪或线锤向上引测。然后放出各道墙体的轴线、边线、门窗及其他洞口等位置线。

3)制作皮数杆

为了控制每皮砖砌筑的竖向尺寸和砖基础、墙体的标高,应事先用方木制作皮数杆。在皮数杆上根据设计尺寸、砖规格和灰缝厚度,标明砌筑皮数及竖向构造的变化部位,如门窗洞口、过梁、圈梁、楼板等的高度。

3.2.2 砖砌体工程施工工艺

砖砌体工程的一般施工工艺过程为:摆砖样→立皮数杆→盘角和挂线→砌筑→楼层标高控制等。

1. 摆砖样(也称摆底)

摆砖样是在放线的基面上按选定的组砌形式用干砖试摆,并在砖与砖之间留出竖向灰缝宽度。摆砖样的目的是为了使纵、横墙能准确地按照放线的位置交接搭砌,并尽量使门窗洞口、附墙垛等处符合砖的模数,尽可能减少砍砖;同时使砌体的灰缝均匀,宽度符合要求。

2. 立皮数杆

砌筑基础时,应在基础的转角处、交接处及高低不同处立好基础皮数杆;砌筑墙体时,应在砖墙的转角处及交接处立起皮数杆,如图 3-1 所示。根据皮数杆来控制砌体的竖向尺寸,并使灰缝的厚度均匀,保证各层砖在同一水平高度。立皮数杆时,应使杆上所示基准标高线与抄平所确定的设计标高相吻合,皮数杆的间距不应超过 15 m。

3. 盘角和挂线

基础和砖墙的角部是保证砌体横平竖直的主要依据,所以砌筑时应按照皮数杆在转角及交接处先砌几皮砖,并确保其垂直、平整,此工作称为盘角。每次盘角不应超过五皮砖,然后再在其间拉准线,依准线逐皮砌筑中间部分的砌体,如图 3-1 所示。砌筑一砖半厚度及其以上的砌体时应双面挂线,其他墙厚砌体可单面挂线。

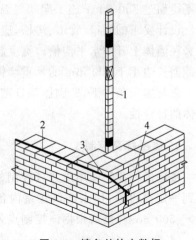

图 3-1 墙角处的皮数杆
1—皮数杆;2—准线;3—竹片;4—圆铁钉

4. 砌筑

砌筑砖砌体时首先应确定组砌方式。砖基础大放脚一般采用一顺一丁的组砌方式;实心砖墙根据其厚度不同,可采用全顺、两平一侧、全丁、一顺一丁、三顺一丁、梅花丁等组砌方式,如图 3-2 所示。全顺是各皮砖均顺砌,上下皮垂直灰缝相互错开半砖长(120 mm),适合砌半砖厚(115 mm)墙;两平一侧是两皮顺砖与一皮侧砖相间,上下皮垂直灰缝相互错开 1/4 砖长(60 mm)以上,适合砌 3/4 砖厚(178 mm)墙;全丁是各皮砖均丁砌,一顺一丁是一皮顺砖与一皮丁砖相间,三顺一丁是三皮顺砖与一皮丁砖相间,梅花丁是同皮中顺砖与丁砖相间,这后四种组砌方式,上、下皮砖的垂直灰缝相互错开均不应小于 1/4 砖长(60 mm),且适合砌一砖及一砖以上厚墙。此外,240 mm 厚承重墙的每层墙的最上一皮砖,砖砌体的阶台水平面上及挑出层的外皮砖,均应整砖丁砌。

多孔砖砌筑时,其孔洞应垂直于受压面,半盲多孔砖的封底面应朝上砌筑。方型多孔砖一般采用全顺砌的方式,错缝长度为 1/2 砖长;矩形多孔砖宜采用一顺一丁或梅花丁的组砌方式,错缝长度为 1/4 砖长。

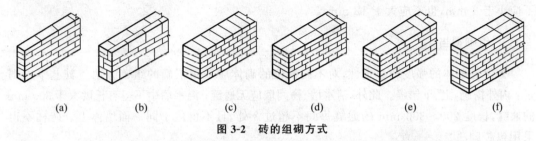

图 3-2 砖的组砌方式
(a) 全顺;(b) 两平一侧;(c) 全丁;(d) 一顺一丁;(e) 梅花丁;(f) 三顺一丁

砌筑的操作方法可采用"三一"砌筑法或铺浆法。"三一"砌筑法即一铲灰、一块砖、一挤揉,并随手将挤出的砂浆刮去的操作方法。这种砌筑方法易使灰缝饱满、黏结力强、墙面整洁,故宜采用此法砌砖,尤其是对于有抗震设防要求的工程。当采用铺浆法砌筑时,铺浆长度不得超过 750 mm；施工期间气温超过 30℃时，铺浆长度不得超过 500 mm。

设计要求的洞口、管道、沟槽，应于砌筑时正确留出或预埋，未经设计同意，不得打凿墙体和在墙体上开凿水平沟槽。宽度超过 300 mm 的洞口上部应设置钢筋混凝土过梁。不应在截面长边小于 500 mm 的承重墙体、独立柱内埋设管线。

正常施工条件下，砖砌体每日砌筑高度宜控制在 1.5 m 或一步脚手架高度内，以保证砌体的稳定性。

5. 楼层标高控制

楼层的标高除使用皮数杆控制外，还应在室内弹出水平线来控制。即：当每层墙体砌筑到一定高度后，用水准仪在室内各墙角引测出标高控制点，一般比室内地面或楼面高出 200～500 mm。然后根据该控制点弹出水平线，用以控制各层过梁、圈梁及楼板的标高。

3.2.3 砖砌体工程质量要求

砖砌体工程的质量要求可概括为十六个字：横平竖直，砂浆饱满，组砌得当，接槎可靠。

1. 横平竖直

横平，即要求每一皮砖的水平灰缝平直，且每块砖必须摆平。为此，除应对基础顶面或楼面抄平之外，砌筑时应严格按照皮数杆层层挂水平准线并将线拉紧，每块砖依准线砌平。

竖直，即要求砌体表面垂直平整，且竖向灰缝垂直对齐。因而，在砌筑过程中要随时用线坠和托线板进行检查，做到"三皮一吊，五皮一靠"，以保证砌筑质量。

2. 砂浆饱满

砂浆的密实饱满程度对于砌体质量的影响较大。砂浆若不饱满，一方面会使砖块间不能紧密黏结，影响砌体的整体性；另一方面会使砖块不能均匀传力。水平灰缝的不饱满会使砖块处于局部受弯、受剪的状态而易导致断裂；竖向灰缝的不饱满会明显影响砌体的抗剪强度。所以，为保证砌体的强度和整体性，要求水平灰缝的砂浆饱满度不得低于 80%；砖柱水平灰缝和竖向灰缝饱满度不得低于 90%，且竖向灰缝不得出现瞎缝、透明缝和假缝。

同时，还应保证砖砌体的灰缝厚薄均匀，水平灰缝厚度和竖向灰缝宽度宜为 10 mm，但不应小于 8 mm，也不应大于 12 mm。

3. 组砌得当

为保证砌体的强度和稳定性，对不同部位的砌体应采用正确的组砌方法。其基本原则是：内外搭砌，上、下错缝。此外，清水墙、窗间墙应无通缝；混水墙中不得有长度大于 300 mm 的通缝，长度 200～300 mm 的通缝每间不超过 3 处，且不得位于同一面墙体上。砖柱不得采用包芯砌法。

4. 接槎可靠

接槎是指相邻砌体不能同时砌筑而设置临时间断时，后砌砌体与先砌砌体之间的接合。砖砌体的转角处和交接处应同时砌筑，严禁无可靠措施的内外墙分砌施工。在抗震设防烈度为 8 度及 8 度以上的地区,对不能同时砌筑而又必须留置的临时间断处应砌成斜槎。普通砖砌体斜槎水平投影长度不应小于高度的 2/3,如图 3-3 所示;多孔砖砌体的斜槎长高比不应小于 1/2。斜槎高度不得超过一步脚手架的高度。

非抗震设防及抗震设防烈度为 6 度、7 度地区的临时间断处,当不能留斜槎时,除转角处外可留直槎,但直槎必须做成凸槎,如图 3-4 所示。留直槎处应加设拉结钢筋,拉结钢筋应符合下列规定:其数量为每 120 mm 墙厚放置 1φ6[*] 拉结钢筋(120 mm 厚墙放置 2φ6 拉结钢筋),间距沿墙高不应超过 500 mm,且竖向间距偏差不应超过 100 mm;埋入长度从留槎处算起每边均不小于 500 mm,对抗震设防烈度为 6 度、7 度的地区,不应小于 1000 mm;拉结钢筋末端应有 90°弯钩。

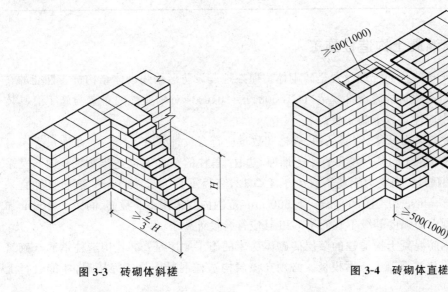

图 3-3　砖砌体斜槎　　　　　　图 3-4　砖砌体直槎

为保证砖砌体的整体性,在临时间断处补砌时,必须将留设的接槎处表面清理干净,洒水湿润,并填实砂浆,保持灰缝平直。砖砌体尺寸、位置的允许偏差及检验应符合表 3-1 的规定。

表 3-1　砖砌体尺寸、位置的允许偏差及检验

项次	项　目			允许偏差 /mm	检验方法	抽检数量
1	轴线位移			10	用经纬仪和尺或用其他测量仪器检查	承重墙、柱全数检查
2	基础、墙、柱顶面标高			±15	用水准仪和尺检查	不应少于 5 处
3	墙面垂直度	每层		5	用 2 m 托线板检查	不应少于 5 处
		全高	≤10 m	10	用经纬仪、吊线和尺或用其他测量仪器检查	
			>10 m	20		
4	表面平整度	清水墙、柱		5	用 2 m 靠尺和楔形塞尺检查	不应少于 5 处
		混水墙、柱		8		

----

　* 1φ6 表示 1 根直径 6 mm 的钢筋,其余的意义类同。

续表

项次	项 目		允许偏差/mm	检 验 方 法	抽 检 数 量
5	水平灰缝平直度	清水墙	7	拉 5 m 线和尺检查	不应少于 5 处
		混水墙	10		
6	门窗洞口高、宽(后塞口)		±10	用尺检查	不应少于 5 处
7	外墙上下窗口偏移		20	以底层窗口为准,用经纬仪或吊线检查	不应少于 5 处
8	清水墙游丁走缝		20	以每层第一皮砖为准,用吊线和尺检查	不应少于 5 处

3.2.4 钢筋混凝土构造柱施工

钢筋混凝土构造柱的合理设置是砖砌体房屋在地震设防区增强砌体结构抗震性能的一项必要措施,现行《建筑抗震设计规范》(GB 50011—2010)中对构造柱的布置与施工有具体的规定。施工中应注意以下施工要点。

(1)构造柱的截面尺寸、钢筋品种、规格和数量应符合设计要求。构造柱截面尺寸不宜小于 240 mm×240 mm,其厚度不宜小于墙厚,边柱、角柱的截面宽度适当加大;钢筋宜采用 HPB300 级钢筋,竖向受力钢筋不宜少于 4 ϕ 12,直径不宜大于 16 mm;箍筋直径宜采用 ϕ 6、间距 200 mm,楼层上 700 mm、下 500 mm 范围内宜采用 ϕ 6 箍筋、间距 100 mm 加密;构造柱混凝土的强度等级不宜低于 C20 且应符合设计要求。

(2)设有钢筋混凝土构造柱的多层砖砌体房屋的施工顺序是:绑扎构造柱钢筋→砌筑砖墙→支模板→浇注混凝土→拆模板。必须在该层构造柱混凝土浇注完毕后,才能进行上一层的施工。

(3)构造柱的竖向受力钢筋伸入基础圈梁内的锚固长度以及绑扎搭接长度均不应小于 35 倍钢筋直径。接头区段内的箍筋间距不应大于 200 mm。钢筋的保护层厚度一般为 20 mm。

(4)构造柱与墙体的连接处应砌成马牙槎。马牙槎的凹凸尺寸不宜小于 60 mm,高度不应超过 300 mm。马牙槎从每层柱脚开始,应先退后进,对称砌筑,如图 3-5 所示。

(5)马牙槎处沿墙高每隔 500 mm 设置 2 ϕ 6 拉结钢筋,每边伸入墙内不宜小于 600 mm。预留的拉结钢筋位置应正确,施工中不得任意弯折。

(6)构造柱的模板必须与所在砖墙面严密贴紧,支撑牢靠,防止模板缝漏浆。在浇注混凝土前,必须将砌体留槎部位和模板浇水湿润,将模板内的落地灰、砖渣和其他杂物清理干净,并在结合处注入适量与构造柱混凝土成分相同的去石水泥砂浆。

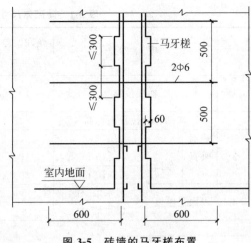

图 3-5　砖墙的马牙槎布置

（7）浇注构造柱的混凝土坍落度一般以 50～70 mm 为宜，石子粒径不宜大于 20 mm。浇注时宜采用插入式振动器，分层捣实，但振捣棒应避免直接触碰钢筋和墙砖，严禁通过砖墙传振，以免砖墙变形和灰缝开裂。钢筋混凝土保护层厚度宜为 20～30 mm，构造柱与砖墙连接的马牙槎内的混凝土必须密实饱满。

3.3 混凝土小型空心砌块砌体工程

混凝土小型空心砌块（以下简称小砌块）包括普通混凝土小型空心砌块和轻骨料混凝土小型空心砌块等，砌块的主规格尺寸为 390 mm×190 mm×190 mm，并配以辅助规格小砌块。由于小砌块砌体强度高，体积和重量不大，施工操作方便，并能节约砂浆和提高砌筑效率，所以常用作多层房屋承重墙体的材料。

3.3.1 砌筑前的准备工作

1. 材料准备

1）砌块

（1）小砌块的强度等级（或密度等级）选择应符合设计要求。使用前应检查其生产龄期，施工采用的小砌块的产品龄期不应小于 28 d，以保证其具有足够的强度，并使其在砌筑前能完成大部分收缩，有效地控制墙体的收缩裂缝。

（2）砌筑承重墙体的小砌块应完整、无破损、无裂缝；小砌块砌筑时，应清除表面污物，剔除外观质量不合格的小砌块。

（3）底层室内地面以下或防潮层以下的砌体，应提前采用强度等级不低于 C20（或 Cb20）的混凝土灌实小砌块的孔洞。在散热器、厨房、卫生间等设备的卡具安装处砌筑的小砌块，也宜在施工前用强度等级不低于 C20（或 Cb20）的混凝土将其孔洞灌实。

（4）砌筑普通混凝土小型空心砌块砌体不需对小砌块浇水湿润，如遇天气干燥炎热，宜在砌筑前对其喷水湿润；对轻骨料混凝土小砌块应提前浇水湿润，块体的相对含水率宜为 40%～50%，以避免墙体砌筑后出现干缩裂缝。雨天及小砌块表面有浮水时不得施工。为此，小砌块堆放时应做好防雨和排水处理。

2）砂浆

砌筑小砌块砌体宜选用专用小砌块砌筑砂浆，以保证砂浆良好的施工性能，从而提高砂浆与小砌块间的黏结力，满足砌筑及强度要求。

2. 技术准备

小砌块的尺寸较大且要整块体使用，不能切割，施工前应按房屋设计图编绘小砌块平、立面排块图，施工应按排块图进行砌筑。小砌块砌筑前，其抄平、放线的技术准备工作与砖砌体工程相同，并应根据墙体的高度、小砌块的规格和灰缝厚度确定砌块的皮数，制作皮数杆，在皮数杆上对应小砌块上边线之间拉准线，小砌块依准线砌筑。

3.3.2 混凝土小型空心砌块砌体施工要点

小砌块砌体的施工工艺与砖砌体基本相同，即：摽底→立皮数杆→盘角和挂线→砌筑→

楼层标高控制。为确保砌筑质量,保证小砌块砌体具有足够的抗压、抗剪强度以及良好的整体性、抗渗性,施工中应遵循并注意以下施工要点。

(1) 砌筑形式全部采用顺砌方式。但小砌块墙体应孔对孔、肋对肋错缝搭砌。单排孔小砌块的搭接长度为块体长度的1/2;多排孔小砌块的搭接长度可适当调整,但不宜小于小砌块长度的1/3,且不应小于90 mm。当墙体的个别部位不能满足上述要求时,应在水平灰缝中设置拉结钢筋或2φ4钢筋网片,钢筋网片每端均应超过该垂直灰缝,其长度不得小于300 mm,但竖向通缝仍不得超过两皮小砌块。

(2) 砌筑小砌块时,应尽量采用主规格小砌块,应将生产砌块时的底面朝上反砌于墙上;小砌块墙体宜逐块坐(铺)浆砌筑。因小砌块制作时其底部的肋较厚,而上部的肋较薄,且孔洞底部有一定宽度的毛边,因此采用反砌可便于铺筑砂浆和保证水平灰缝砂浆的饱满度。

(3) 小砌块砌体的灰缝应横平竖直。全部灰缝均应铺填砂浆,水平灰缝厚度和竖向灰缝宽度宜为10 mm,但不应大于12 mm,也不应小于8 mm。水平灰缝的砂浆饱满度不得低于90%;竖向灰缝的砂浆饱满度不得低于80%,按净面积计算不得低于90%;砌筑中不得出现瞎缝、透明缝。每步架墙体砌筑完后,应随即刮平墙体灰缝。

(4) 砌体的转角处和纵横墙交接处应同时砌筑。临时间断处应砌成斜槎,斜槎的水平投影长度不应小于斜槎高度(一般按一步脚手架高度控制),如图3-6所示。如留斜槎有困难,除外墙转角处及抗震设防地区,砌体临时间断处不应留直槎外,可从砌体面伸出200 mm砌成阴阳槎,并应沿砌体高每三皮砌块(600 mm)设置拉结钢筋或钢筋网片,接槎部位宜延至门窗洞口,拉结钢筋埋入长度从留槎处算起每边均不应小于600 mm,钢筋外露部分不得任意弯曲,如图3-7所示。施工洞口可预留直槎,但在洞口砌筑和补砌时,应在直槎上下搭砌的小砌块孔洞内用强度等级不低于C20(Cb20)的混凝土灌实。

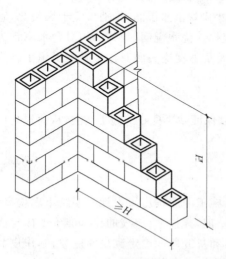

图3-6 小砌块砌体斜槎

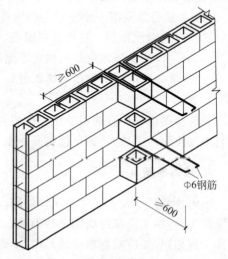

图3-7 小砌块砌体阴阳槎

(5) 在砌块墙与后砌隔墙交接处,应沿墙高每隔400 mm在水平灰缝内设置不少于2φ4、横筋间距不大于200 mm的焊接钢筋网片,钢筋网片伸入后砌隔墙内的长度不应小于 600 mm,如图 3-8 所示。

(6) 设计要求的洞口、管道、沟槽和预埋件,应在砌筑墙体时正确留出或预埋,不得随意打凿已砌好的墙体。小砌块砌体内不宜设置脚手眼,如需要设置时,可用辅助规格的单孔小砌块(190 mm×190 mm×190 mm)侧砌,以其孔洞作为脚手眼,墙体完工后用强度等级不低于 C20 的混凝土填实。

(7) 正常施工条件下,小砌块砌体每日砌筑高度宜控制在 1.5 m 或一步脚手架高度内,以保证砌体的稳定性。小砌块砌体尺寸、位置的允许偏差应符合规范要求。

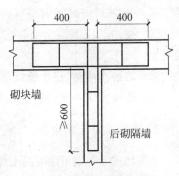

图 3-8　砌块墙与后砌隔墙
交接处钢筋网片

3.3.3　钢筋混凝土芯柱和构造柱施工

1. 钢筋混凝土芯柱

钢筋混凝土芯柱是指按抗震设计要求在混凝土小砌块房屋的外墙转角或某些内外墙交接处,于砌块的 3～7 个空腔中插入竖向钢筋并浇灌混凝土后,形成的砌体内部的钢筋混凝土小柱。

芯柱的截面尺寸不宜小于 120 mm×120 mm,宜用不低于 C20 的细石混凝土浇注。芯柱每孔内的竖向插筋应贯通墙体,底部应伸入室内地面下 500 mm 或与基础圈梁锚固,顶部与屋盖圈梁连接;插筋不应小于 1φ12,抗震设防烈度 6、7 时超过五层,8 度时超过四层和 9 度时,插筋不应小于 1φ14;在钢筋混凝土芯柱处,沿墙高每隔 600 mm 应设φ4 钢筋网片拉结,每边伸入墙体不小于 600 mm,如图 3-9 所示。

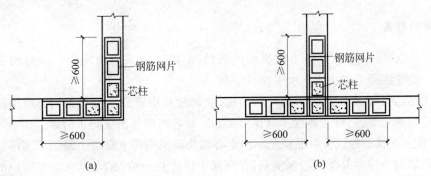

图 3-9　钢筋混凝土芯柱处拉筋

(a) 转角处;(b) 交接处

芯柱的施工中应注意以下施工要点。

(1) 在芯柱部位,每一楼层的第一皮砌块应采用开口小砌块,以形成清理口。

(2) 芯柱部位砌筑时,应随砌随清除小砌块孔内的毛边,并将灰缝中挤出的砂浆刮净。

(3) 浇注芯柱的混凝土,宜选用专用的小砌块灌孔混凝土。芯柱混凝土的等级必须符合设计要求。

(4) 浇注芯柱混凝土时,墙体砌筑砂浆的强度应大于 1 MPa。

(5) 浇注混凝土前,应清除孔洞内掉落的砂浆等杂物,并用水冲淋孔壁,将积水排出后再用混凝土预制块封闭清理口。

(6)浇注芯柱混凝土前,应先注入适量与芯柱混凝土成分相同的去石水泥砂浆,再浇注混凝土。

(7)芯柱浇注时,每次连续浇注的高度宜为半个楼层,但不应大于1.8 m;每浇注400～500 mm高度捣实一次,或边浇注边捣实。

2. 钢筋混凝土构造柱

小砌块房屋中也可用混凝土构造柱替代芯柱,构造柱截面尺寸不宜小于190 mm×190 mm,纵向钢筋宜采用4φ12,箍筋间距不宜大于250 mm,且在柱上下端适当加密。

构造柱与砌块墙连接处应砌成马牙槎。与构造柱相邻的砌块孔洞,抗震设防烈度为6度时宜填实,7度时应填实,8度时应填实并插筋。构造柱与砌块墙之间沿墙高每隔600 mm应设置φ4焊接拉结钢筋网片,并沿墙体水平通长设置。

构造柱的其他施工要点与3.2.4节中所述相同,此处不再赘述。

3.4　填充墙砌体工程

混凝土框架结构和框架剪力墙结构以及钢结构房屋中的围护墙和隔墙,在主体结构施工后,常采用轻质材料填充砌筑,称为填充墙砌体。填充墙砌体采用的轻质块体通常有烧结空心砖、蒸压加气混凝土砌块、轻骨料混凝土小型空心砌块、粉煤灰混凝土小型空心砌块和石膏砌块等。

3.4.1　砌筑前的准备工作

1. 材料准备

(1)砌筑前应检查各类轻质砌块的产品龄期,施工时采用砌块的产品龄期不应小于28 d,蒸压加气混凝土砌块的含水率宜小于30%。

(2)烧结空心砖和各类轻质砌块在运输、装卸过程中严禁抛掷和倾倒。进场后应按品种、规格分别堆放整齐,堆置高度不宜超过2 m。对各类砌块尚应防止雨淋。

(3)吸水率较小的轻骨料混凝土小型空心砌块及采用薄灰砌筑法施工的蒸压加气混凝土砌块,砌筑前不应对其浇(喷)水湿润,在气候干燥炎热的情况下,对吸水率较小的轻骨料混凝土小型空心砌块宜在砌筑前喷水润湿。

(4)采用普通砌筑砂浆砌筑填充墙时,烧结空心砖、吸水率较大的轻骨料混凝土小型空心砌块应提前1～2 d浇(喷)水湿润;蒸压加气混凝土砌块采用专用砌块砌筑砂浆或普通砌筑砂浆砌筑时,应在砌筑当天对砌块砌筑面喷水湿润。块体湿润程度对其相对含水率:烧结空心砖宜为60%～70%;吸水率较大的各类轻质砌块宜为40%～50%。

2. 技术准备

填充墙砌体砌筑时的抄平、放线的技术准备工作与砖砌体工程相同。皮数杆的制作需要考虑地面或楼面至上层梁底或板底的净空高度,还要考虑烧结空心砖和轻骨料混凝土小型空心砌块必须整块使用的问题;另外,还需要预留出墙底部的坎台高度和墙顶部的空隙高度。据此才能准确地确定砌筑的皮数。

3.4.2　填充墙砌体施工要点

填充墙砌体施工的一般工艺过程为:筑坎台→排块摞底→立皮数杆→挂线砌筑→14 d后塞缝、收尾。填充墙砌体虽为非承重墙体,但为了保证墙体有足够的整体稳定性和良好的使用功能,施工中应注意以下砌筑要点。

(1) 烧结空心砖、小砌块和砌筑砂浆的强度等级应符合设计要求。

(2) 采用空心砖或轻质砌块砌筑墙体时,墙底部应先砌筑烧结普通砖、烧结多孔砖、普通混凝土小型空心砌块或现浇混凝土坎台,坎台高度不宜小于 150 mm。

(3) 砌筑各种轻质砌块墙时,由于砌块规格尺寸较大,为保证纵、横墙和门窗洞口位置的准确性,砌块砌筑前应根据建筑物的平面、立面图绘制砌块排列图,并据此排块摞底。

(4) 采用轻质砌块砌筑时,各类砌块均不应与其他块体混砌,不同强度等级的同类块体也不得混砌,以便有效地控制因砌块不均匀收缩而产生的墙体裂缝。但窗台处和因安装门窗需要,在门窗洞口两侧填充墙的上、中、下部可采用其他块体局部嵌砌。空心砖墙的转角、端部和门窗洞口周边应采用烧结普通砖砌筑,普通砖的砌筑长度不小于 240 mm。

(5) 填充墙砌筑时应错缝搭砌,轻骨料混凝土小型空心砌块的搭砌长度不应小于 90 mm,其他轻质砌块的搭砌长度不应小于砌块长度的 1/3;空心砖的搭砌长度为 1/2 砖长,竖向通缝均不应大于两皮块体。

(6) 填充墙砌体的灰缝厚度和宽度应正确。空心砖、轻骨料混凝土小型空心砌块砌体的灰缝宽度应为 8~12 mm;其他轻质砌块砌体的水平灰缝厚度及竖向灰缝宽度不应超过15 mm。空心砖砌体的水平灰缝的砂浆饱满度不得低于 80%,竖向灰缝不得有透明缝、瞎缝、假缝;各类轻质砌块砌体的水平及竖向灰缝的砂浆饱满度均不得低于 80%。

(7) 填充墙砌体应与主体结构有可靠的连接,其连接构造应符合设计要求,未经设计同意,不得随意改变连接构造方法。填充墙与承重墙、柱、梁的连接钢筋,当采用化学植筋的连接方式时,应进行实体检测。

(8) 填充墙砌体留置的拉结钢筋或网片的位置应与块体皮数相符合。拉结钢筋或网片应置于灰缝中,其埋置长度应符合设计要求,竖向位置偏差不应超过一皮块体高度。

(9) 填充墙砌至接近梁、板底面时应留有一定空隙,待填充墙砌筑完成并应至少间隔14 d后再将其补砌挤紧。通常可采用斜砌烧结普通砖的方法来挤紧,以保证砌体与梁、板底的紧密结合。

3.5　砌体结构工程冬期施工

冬期施工是指当室外日平均气温连续 5 d 稳定低于 5℃或当日最低气温低于 0℃时的施工操作。当砌筑砌体在此气温下施工时,最突出的问题是砂浆遭受冻结,由于砂浆在低温或负温下冻结,其中的水泥停止水化作用,失去黏结力,砂浆的硬化停止,不产生强度;解冻后,砂浆强度虽可继续增长,但其最终强度将显著降低;期间砂浆的压缩变形会增大,从而使砌体不均匀沉降量增大,稳定性降低。当砂浆达到 30%以上设计强度时,即达到了砂浆允许受冻的临界强度值,再遇到负温,强度损失将大大降低,因此,冬期施工必须采取有效的措施,尽可能减少低温对砌体产生的冻害影响,以确保砌体工程质量。

3.5.1 冬期施工对砌体材料的要求

1. 砌筑砂浆

(1)砌筑砂浆中所用到的石灰膏、黏土膏和电石膏等应防止受冻,如遭冻结,应经融化后使用,不得使用受冻脱水粉化的石灰膏;拌制砂浆所用的砂,不得含有冰块和直径大于10 cm的冰结块;拌合砂浆时水的温度不得超过80℃,砂的温度不得超过40℃。

(2)冬期施工砂浆试块的留置,除应按常温规定要求外,尚应增加一组与砌体同条件养护的试块,用于检验转入常温28d的强度。若有需要,可另外增加相应龄期的同条件养护的试块。

2. 块材

(1)砌体用块材在砌筑前应清除表面污物、冰雪等,不得遭水浸冻。

(2)烧结普通砖、烧结多孔砖、烧结空心砖、蒸压灰砂砖、蒸压粉煤灰砖、吸水率较大的轻骨料混凝土小型空心砌块在气温高于0℃条件下砌筑时,应浇水温润;在气温低于、等于0℃条件下砌筑时,可不浇水,但必须增大砂浆稠度。

(3)普通混凝土小型空心砌块、混凝土多孔砖、混凝土实心砖及采用薄灰砌筑法的蒸压加气混凝土砌块施工时,不得对其浇(喷)水湿润。

(4)抗震设防烈度为9度的建筑物,当烧结普通砖、烧结多孔砖、蒸压粉煤灰砖和烧结空心砖无法浇水湿润时,如无特殊措施,不得砌筑。

3.5.2 冬期施工方法与措施

由于冬期低温的影响,砌体工程在冬期施工时应采取防冻胀的措施以保证工程质量。当砌砖基础的地基土有冻胀性时,应在未冻的地基上砌筑,并应防止在施工期间和回填土前地基受冻。低温下砌筑时,经常采用的方法有掺盐砂浆法、掺外加剂法、暖棚法、冻结法和快硬砂浆法,其中掺盐砂浆法使用较多。

1. 掺盐砂浆法

掺盐砂浆法是在拌制砂浆时掺入氯盐(如氯化钠或氯化钙)、亚硝酸钠、碳酸钾和硝酸钙等盐类,以降低砂浆中水的冰点,使砌体的表面不会立即结冰而形成冰膜,从而使砂浆在砌筑后可以在负温条件下不冻结,砂浆和砌体能较好地黏结,继续硬化,强度持续增长的方法。这种方法施工工艺简单、经济、可靠,是砌体工程冬期施工广泛采用的方法。

由于氯盐对钢材有腐蚀作用,且氯盐砂浆的吸湿性大,使结构的保温性能和绝缘性能下降,并有盐析现象出现,因此,对装饰工程有特殊要求的建筑物,使用湿度大于80%的建筑物、配筋、钢埋件无可靠的防腐处理措施的砌体,经常处于地下水位的变化范围内接近高压电线的构筑物(如变电所、发电站等),以及在地下未设防水层的结构,均不能使用掺氯盐砂浆的砌体,可选择亚硝酸钠、碳酸钾等盐类作为砌体冬期施工的抗冻剂。

2．掺外加剂法

在冬期施工的砌体工程中,砌筑砂浆中可以掺入一定量的外加剂,常用外加剂有防冻剂和微沫剂,其可改善砂浆的和易性,从而减少拌合砂浆的用水量以减小冻胀应力;可促使砂浆中的水泥加速水化并在负温条件下凝结与硬化,从而提高了砂浆的早期强度,进而提高砌体的抗冻能力。此法的砂浆使用温度不应低于 5℃。采用外加剂法配制的砂浆,当设计无要求,且最低气温等于或低于 −15℃ 时,砂浆强度等级应较常温施工提高一级。

3．暖棚法

暖棚法是利用简易结构和廉价的保温材料,将需要砌筑的砌体和工作面临时封闭起来,棚内加热,要求块体在砌筑时的温度不应低于 5℃,距离所砌的结构底面 0.5 m 处的棚内温度也不应该低于 5℃,则可在正温条件下进行砌筑和养护。养护时间应符合要求。

由于搭暖棚需要大量的材料和人工,加温时需要消耗能源,因而暖棚法成本较高,效率较低,一般不宜多用。

暖棚法主要适用于较寒冷地区的挡土墙、地下工程、基础工程、局部性的事故修复和工程量较小的又急需施工的砌筑工程。

4．冻结法

冻结法是在室外用热砂浆砌筑,砂浆中不使用任何防冻外加剂。砂浆在砌筑后很快冻结,到融化时强度仅为零或接近零,转入常温后强度才会逐渐增长。由于砂浆经过冻结、融化、硬化三个阶段,其强度和黏结力都有不同程度的降低,且砌体在解冻时变形大、稳定性差,故其使用范围受到限制。

混凝土小型空心砌块砌体、承受侧压力的砌体、在解冻期间可能受到振动或动力荷载的砌体,以及在解冻时不允许发生沉降的结构等,均不得采用冻结法施工。

5．快硬砂浆法

快硬砂浆法是指采用快硬硅酸盐水泥、加热的水和砂拌合形成快硬砂浆,其在受冻前能比普通砂浆获得较高的强度。

快硬砂浆法适用于热工要求高、湿度大于 60% 及接触高压输电线路和配筋的砌体。

3.6　砌体结构工程施工设施

3.6.1　脚手架

脚手架是在施工现场为工人操作、堆放材料、安全防护和解决高空水平运输而搭设的工作平台或作业通道,系施工临时设施,它直接影响到施工安全、工程质量和劳动生产率。

对脚手架的基本要求是:有适当的宽度、步架高度、离墙距离,能满足工人操作、材料堆置和运输的要求；脚手架结构有足够的强度、刚度、稳定性，保证施工期间在可能出现的使用荷载（规定限值）作用下，脚手架满足不倾斜、不摇晃、不变形的要求；构造简单，搭拆方便，其材料能多次周转使用；应与垂直运输设施和楼层或作业面高度相适应，以确保材料垂直运输转入水平运输的需要。

砌体结构工程施工中，不利用脚手架所能砌筑到的高度一般为 1.2 m 左右，称为砌体的可砌高度。每砌完一个可砌高度就必须搭设一层相应高度的脚手架，称为一步架。

按脚手架的位置区分，可分为外脚手架和里脚手架。搭设于建筑物外部的脚手架称为外脚手架，它既可用于外墙砌筑，又可用于外墙的混凝土和装饰施工。外脚手架的长度、高度都较大，它沿建筑物周边整体搭设，双排架的高度一般可达 50 m，且使用时间较长，因而对其安全性的要求较高，搭设前需进行安全性验算。搭设于建筑物内部的脚手架称为里脚手架，用于在地面或楼层上进行砌筑、装饰等作业。里脚手架长度、高度都不大，且在施工过程中搭拆较频繁，其构造通常较简单。

砌体工程施工中常用的外脚手架和里脚手架有杆件组合式和门式脚手架等。

1. 杆件组合式脚手架

杆件组合式脚手架也称多立杆式脚手架，目前通常使用的有扣件式和碗扣式钢管脚手架两种。

1）扣件式钢管脚手架

扣件式钢管脚手架由钢管杆件（立杆、大横杆、小横杆、斜杆等）、扣件、底座、脚手板和安全网等部件组成，如图 3-10(a)所示。各钢管之间采用扣件连接，扣件的基本形式有三种，如图 3-11 所示。直角扣件用于两根垂直相交钢管的连接，旋转扣件用于两根任意角度相交钢管的连接，对接扣件则用于两根钢管对接接长的连接。

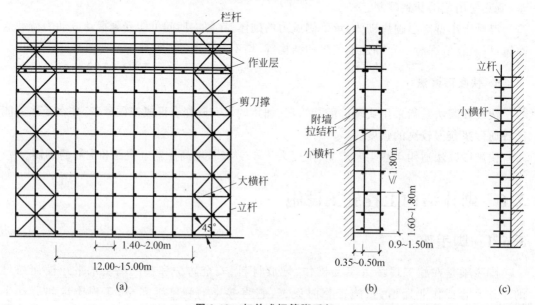

图 3-10　扣件式钢管脚手架
（a）脚手架立面；（b）双排脚手架侧面；（c）单排脚手架侧面

砌体工程所用脚手架可搭设成双排式和单排式两种。双排脚手架是在脚手架的内外侧均设有立杆,为提高架体的稳定性,每隔一定高度需设置附墙拉结杆,如图 3-10(b)所示。单排脚手架只有一排立杆,其小横杆的一端搁置在墙体上,如图 3-10(c)所示。单排脚手架用料较少,但稳定性稍差,其搭设高度不得超过 24 m,且在墙体上需留有脚手眼,故使用范围受到一定的限制。

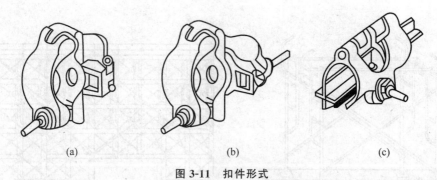

图 3-11 扣件形式

(a) 直角扣件;(b) 旋转扣件;(c) 对接扣件

扣件式钢管脚手架的特点是:承载能力高,搭设高度大;通用性强,搭设灵活,能适应建筑物平面及高度的不同变化;坚固耐用,周转次数多。它广泛应用于建筑工程的施工中。

2) 碗扣式钢管脚手架

碗扣式钢管脚手架的基本构造与扣件式钢管脚手架类似,不同之处在于其杆件的接点处均采用碗扣承插锁固式连接,如图 3-12 所示。

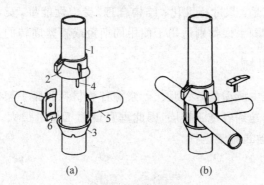

图 3-12 碗扣接头

(a) 连接前;(b) 连接后

1—立杆;2—上碗扣;3—下碗扣;4—限位销;

5—横杆;6—横杆接头

碗扣式脚手架的特点是:杆件全部为轴向连接,故力学性能好,且连接可靠,组成的架体整体稳定性好;通用性强,搭拆迅速方便;配件完善且不易丢失;但钢管的长度及碗扣的位置固定,故脚手架横、竖杆件之间的距离只能在几种规格中选用,架体尺寸受到一定限制。此种脚手架也广泛用于建筑工程施工中。

2. 门式脚手架

门式钢管脚手架简称门式脚手架,其基本单元由钢管焊接而成的门型刚架(简称门架)、剪刀撑、水平梁架或挂扣式脚手板等部件组成,如图 3-13(a)所示。若干基本单元通过连件器逐层叠起,并增加连墙杆、交叉斜杆、梯子、栏杆等部件,即构成整片脚手架,如图 3-13(b)所示。

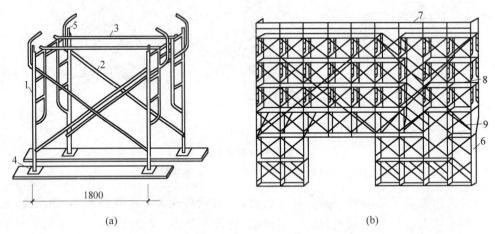

(a)   (b)

图 3-13　门式脚手架

(a) 基本单元；(b) 门式外脚手架

1—门架；2—剪刀撑；3—水平梁架；4—调节螺栓；5—连接器；6—梯子；

7—栏杆；8—脚手板；9—交叉斜杆

门式脚手架的特点是:尺寸标准化;结构合理,受力性能好,安全可靠;施工中搭拆方便并可调节高度。这种脚手架特别适用于使用周期短或频繁周转的工程。

3.6.2　垂直运输机械

砌体结构工程施工中所需的砖、砌块、砂浆等各种材料和脚手架、脚手板等各种工具,均需通过垂直运输设备运送到各施工楼层,因此垂直运输工作量很大。目前常用的垂直运输设备有井架、龙门架和建筑施工电梯。

1. 井架

井架可用型钢或钢管加工成定型产品,或用其他脚手架部件(如扣件式、碗扣式和门式钢管脚手架等)搭设。一般井架为单孔,也可构成双孔或三孔。在井架内设有吊盘,由卷扬机带动其升降。图 3-14 所示为普通型钢井架示意图,型钢井架的吊重可达 $1\sim1.5$ t,搭设高度可达 40 m。为了扩大井架的起重运输服务范围,常在井架上安装悬臂桅杆,工作幅度为 $2.5\sim5$ m。井架的特点是:构造简单,安装方便,稳定性好,运输量大,且价格低廉。

2. 龙门架

龙门架是由两根立杆及天轮梁(横梁)构成的门式架,在龙门架上装设导轨、吊盘、安

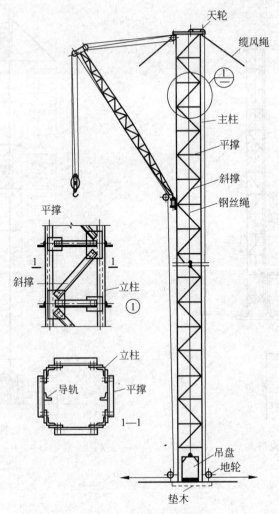

图 3-14　普通型钢井架

全装置等,并由卷扬机带动吊盘升降,即构成一个完整的垂直运输体系,如图 3-15 所示。龙门架的立杆可用角钢、钢管、圆钢组合成钢构架,以提高架体的强度和刚度。其提升质量一般为 0.6～1.2 t,提升高度一般为 20～30 m。龙门架的特点是:构造简单,制作容易,装拆方便;但由于其立杆的刚度和稳定性稍差,搭设高度不宜太大,常用于多层建筑施工中。

3. 建筑施工电梯

建筑施工电梯是运输材料和运送施工人员上下的人货两用垂直运输设备,其吊笼装在立柱外侧,如图 3-16 所示。施工电梯按传动形式可分为齿轮齿条式、钢丝绳式和混合式三种。施工电梯可载货 1.0～3.2 t,乘载 12～15 人。由于它附着在建筑物外墙或其他结构部位,故稳定性很好,并可随主体结构的施工逐步向上接高,架设高度可达 150 m。目前,施工电梯已广泛应用于高层建筑施工中。

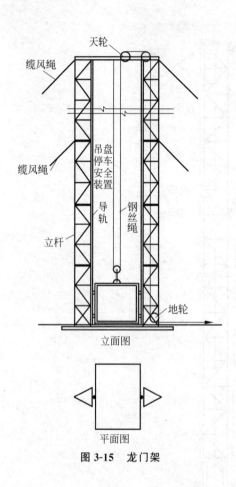

立面图

平面图

图 3-15 龙门架

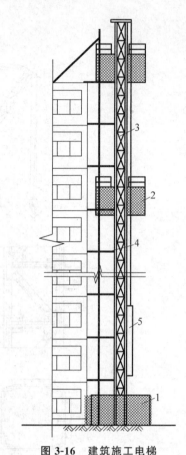

图 3-16 建筑施工电梯

1—底笼；2—吊笼；3—立柱；4—附墙支撑；5—平衡箱

思考题

1．简述对砌筑砂浆中各原材料的要求。

2．砌筑砂浆有哪些技术要求？砂浆流动性、保水性的含义是什么？各用什么指标表示？

3．砖砌体砌筑前应做好哪些技术准备？什么是皮数杆？皮数杆上应标明哪些内容？

4．简述砖砌体工程的施工工艺。

5．砖砌体工程的质量要求有哪些？砖砌体临时间断处的接槎方式有哪两种？各有何要求？

6．简述钢筋混凝土构造柱的施工要点。

7．简述混凝土小型空心砌块砌体的施工要点。

8．什么是钢筋混凝土芯柱？简述其施工要点。

9．填充墙砌体常用的轻质块体有哪几种？试述填充墙砌体的施工工艺过程和施工要点。

10．冬期施工中对砌体材料有什么要求？

11．冬期施工常用的方法有哪些？

12．使用掺盐砂浆法时应注意哪些问题？

13．对脚手架的基本要求有哪些？工程施工常用的脚手架有哪几种？各有何特点？

14．砌体工程施工中常用的垂直运输设备有哪几种？各适用于什么情况？

第 **4** 章

钢筋混凝土结构工程

【本章要点】

掌握：模板的技术要求；各种构件模板的安装与拆除；钢筋的配料；钢筋各种连接方法的特点和适用范围；混凝土浇筑中的技术要求，基础、主体结构的浇筑方法；混凝土的自然养护；混凝土冬期施工基本概念；预应力混凝土施工工艺。

熟悉：组合钢模板、木模板的构造；模板系统设计；钢筋的代换；钢筋的加工；钢筋的绑扎和安装；钢筋工程的质量要求；施工配合比的确定；混凝土的拌制、混凝土的运输，浇筑前的准备工作，大体积混凝土、水下混凝土等的浇筑方法；混凝土密实成型中的机械振动成型；混凝土冬期施工的工艺要求和蓄热法养护；锚具的应用。

了解：模板的类型；模板构造中的其他类型模板；钢筋的种类和进场的验收；混凝土配制中对各种原材料的要求和混凝土配合比的确定；混凝土密实成型中的离心法和真空作业法成型；蒸气养护及其他养护方法；混凝土的质量验收和缺陷的技术处理。

4.1 模板工程

模板是使混凝土结构和构件按设计的位置、形状、尺寸浇筑成型的模型板。模板系统包括模板和支架两部分。模板工程是对模板及其支架的设计、安装、拆除等技术工作的总称，是混凝土结构工程的重要内容之一。

模板在现浇混凝土结构施工中使用量大而面广，每 1 m^3 混凝土工程模板用量高达 $4\sim 5 \text{ m}^2$，其工程费用占现浇混凝土结构造价的 30%～35%，劳动用工量占 40%～50%。因此，正确选择模板的材料、形式和合理组织施工，对于保证工程质量、提高劳动生产率、加快施工速度、降低工程成本和实现文明施工都具有十分重要的意义。

4.1.1 模板类型

1. 木模板

木模板包括天然木板模板和胶合板模板，目前工程中应用较多的是胶合板模板，按其材质又可分为木胶合板和竹胶合板。这类模板一般为散装散拆式，也有加工成基本元件在现场拼装的。木模板拆除后可周转使用，但周转次数不多。

胶合板模板通常是将胶合板钉在木楞上构成，胶合板厚度一般为 12～21 mm，木楞一般采用 50 mm×100 mm 或 100 mm×100 mm 的方木，间距在 200～300 mm 之间。

胶合板模板具有以下优点:①板幅大、自重轻,既可减少安装工作量,又可使模板的运输、堆放、使用和管理较为方便;②板面平整光滑,可使混凝土表面平整,成型质量好,用于清水混凝土模板最为理想;③锯截方便,易加工成各种形状的模板,可用作曲面模板;④保温性能好,能防止温度变化过快,冬期施工有助于混凝土的保温。

2. 组合钢模板

组合钢模板是按预定的几种规格、尺寸设计和制作的定型模板,使用时仅需根据构件的形状和尺寸选用相应规格尺寸的定型模板加以组合即可,能满足大多数构件几何尺寸的需要。组合钢模板由一定模数的钢模板块、连接件和支承件组成。

1) 钢模板块

钢模板块的主要类型有平面模板、阴角模板、阳角模板和连接角模,常用规格见表4-1。

平面模板由面板和边框、肋组成。面板厚2.3 mm或2.5 mm,边框及肋采用—55 mm×2.8 mm的扁钢,边框上开有连接孔。平面模板可用于基础、柱、梁、板和墙等各种结构的平面部位。

转角模板的长度与平面模板相同。其中阴角模板用于墙体、梁和各种构件内角(凹角)的转角部位;阳角模板用于柱、梁和墙体等外角(凸角)的转角部位;连接角模亦用于梁、柱和墙体等外角(凸角)的转角部位。

表4-1 常用组合钢模板规格   mm

规格	平面模板	阴角模板/(mm×mm)	阳角模板/(mm×mm)	连接角模/(mm×mm)
宽度	300,250,200,150,100	150×150 50×50	150×150 50×50	50×50
长度	1500,1200,900,750,600,450			
肋高	55			

2) 钢模板连接件

组合钢模板的连接件主要有U形卡、L形插销、对拉螺栓、紧固螺栓、钩头螺栓和扣件等。相邻模板的拼接均采用U形卡;L形插销用以增强相邻两块模板接头处的刚度和保证接头处板面平整;对拉螺栓用于连接墙或梁两侧的模板;紧固螺栓用于紧固内外钢楞;钩头螺栓用于钢模板与内外钢楞的连接与紧固;扣件用于钢模板与钢楞或钢楞之间的紧固,并与其他配件一起将钢模板拼装成整体,按钢楞形状的不同,有"3"形扣件和蝶形扣件两种。

3) 钢模板支承件

组合钢模板的支承件包括钢楞、支柱、斜撑、柱箍、平面组合式桁架等。

组合钢模板的特点是:①强度、刚度大,浇筑的构件尺寸准确;②通用性强,可用于浇筑多种混凝土构件;③单块重量不大,装拆方便;④模板的周转次数多;⑤模板拼缝较多,且一次性投资较大。

3. 钢框定型模板

钢框定型模板包括钢框木胶合板模板和钢框竹胶合板模板。这两类模板是继组合钢模板后出现的新型模板,它们的构造相同,见图 4-1。钢框木胶合板模板成本略高,而钢框竹胶合板模板是利用我国丰富的竹材资源制成,其成本低、技术性能优良,有利于模板的推广应用。

钢框竹胶合板模板中,用于面板的竹胶合板主要有 3～5 层竹片胶合板、多层竹帘胶合板等不同类型。模板的钢框主要由型钢制作,边框上设有连接孔。面板镶嵌在钢框内,并用螺栓或铆钉与钢框固定,当面板损坏时,可将面板翻面使用或更换新面板。面板表面应做防水处理,制作时板面要与边框齐平。

钢框定型模板具有如下特点:①用钢量少,可比钢模板节约钢材约 1/2;②自重轻,故单块模板面积可比同重量钢模板增大 40%,使拼装工作量减小,拼缝较少;③板面材料的传热系数仅为钢模板的 1/400 左右,故保温性好,有利于冬期施工;④模板维修方便;⑤其刚度、强度较钢模板差。目前钢框定型模板已广泛应用于建筑工程中的现浇混凝土基础、柱、墙、梁、板及筒体等结构,施工效果良好。

4. 铝合金模板

铝合金模板按一定模数设计制作,由铝合金带肋面板、端板、主次肋焊接而成。组合铝合金模板分为平面模板、平模调节模板、阴角模板、阴角调节模板、阳角模板、阳角调节模板、铝梁、支撑头和专用模板等。铝合金组合模板示意见图 4-2。

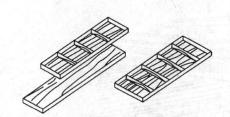

图 4-1　钢框竹(木)胶合板模板

图 4-2　铝合金组合模板

配模设计中应优先使用标准模板和标准角模,剩余部分配置一定的镶嵌模板。对于异形模板,宜采用角铝胶合板模板、木方胶合板或塑料板模板补充,力求减小非标准模板比例。

铝合金模板的常用规格如下。

平面模板:宽度 100～600 mm,长度 600～3000 mm,厚度 65 mm。

阴角模板:宽度 100～150 mm,长度 600～3000 mm。

阳角模板:65 mm×65 mm。

独立支撑常用可调长度:1900～3500 mm。

铝合金模板具有自重轻、强度高、加工精度高、单块幅面大、拼缝少、施工方便的特点;且模板周转使用次数多、摊销费用低、回收价值高,有较好的综合经济效益;并具有应用范围广、成型混凝土表面质量高、建筑垃圾少的技术优势,符合建筑工业化、环保节能要求。

铝合金模板主要适用于墙、柱、梁、板等混凝土结构支模施工,竖向结构外墙爬模与内墙及梁板支模同步施工。

5. 滑升模板

滑升模板是一种工具式模板,常用于浇筑高层建筑的竖向结构和其他高耸构筑物,如烟囱、筒仓、高桥墩、电视塔、双曲线冷却塔等。

采用滑升模板施工的方法是:在建筑物或构筑物的底部,沿结构的周边组装高 1.2 m 左右的滑升模板,随着向模板内不断地分层浇筑混凝土,用液压提升设备使模板不断沿着埋在混凝土中的支撑杆向上滑升,直到需要浇筑的高度为止。

滑升模板主要由模板系统、操作平台系统、液压提升系统三部分组成,如图 4-3 所示。模板系统包括模板、围圈、提升架;操作平台系统包括操作平台(平台桁架和铺板)和吊脚手架;液压提升系统包括支承杆、液压千斤顶、液压控制台、油路系统。

滑升模板的特点是:①可以大大节约模板和支撑材料;②减少支、拆模板用工,加快施工速度;③由于其混凝土连续浇筑,可保证结构的整体性;④模板系统一次性投资多、耗钢量大;⑤对建筑立面造型和结构断面变化有一定的限制;⑥施工时须连续作业,施工组织要求较严。

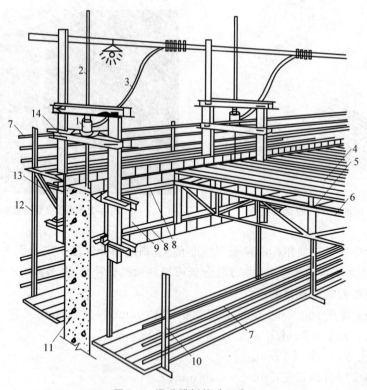

图 4-3　滑升模板构造示意

1—千斤顶;2—支撑杆;3—高压油管;4—操作平台铺板;5—搁栅;

6—操作平台桁架;7—栏杆;8—上下围圈;9—模板;10—内吊脚手架;

11—混凝土墙体;12—外吊脚手架;13—外挑脚手架;14—提升架

6. 大模板

大模板是一种用于现浇钢筋混凝土墙体的大型工具式模板,目前采用最多的是钢制大模板,它由面板、加劲肋、竖楞、穿墙螺栓、支撑桁架、稳定机构和操作平台等组成,如图 4-4 所示。大模板一般在现浇剪力墙结构施工中应用,配以吊装机械通过合理的施工组织进行机械化施工。大模板的特点是:①强度、刚度大,能承受较大的混凝土侧压力和其他施工荷载;②钢板面平整光洁,易于清理,且模板拼缝极少,有利于提高混凝土的表面质量;③重复利用率高;④重量大、耗钢量大,不保温。

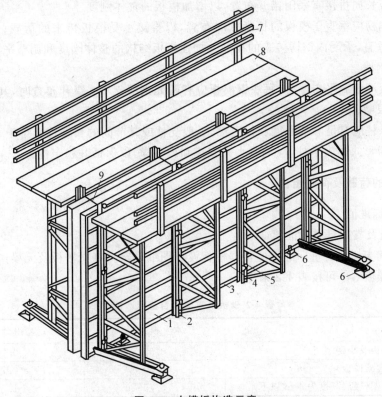

图 4-4　大模板构造示意

1—面板;2—竖楞;3—支撑桁架;4—水平加劲肋;5—穿墙螺栓;

6—调整水平度螺旋千斤顶;7—栏杆;8—脚手板;9—固定卡具

4.1.2　模板系统设计

《混凝土结构工程施工规范》(GB 50666—2011)4.1.2 条、4.3.1 条、4.3.3 条规定:对模板及支架应进行设计;模板及支架应具有足够的承载力、刚度和稳定性,应能可靠地承受施工过程中所产生的各类荷载;模板及支架应根据工程结构形式、荷载大小、地基土类别、施工设备和材料供应等条件进行设计。

模板及支架设计应包括下列内容:

(1) 模板及支架选型及构造设计;

(2) 模板及支架荷载及其效应计算;

(3) 模板及支架承载力、刚度和稳定性验算;

(4) 绘制模板及支架施工图。

1．钢模板配板的设计原则

钢模板的配板设计除应满足前述模板的各项技术要求以外,尚应遵守以下原则。

(1) 配制模板时,应优先选用通用、大块模板,使其种类和块数最少,木模镶拼量最少。设置对拉螺栓的模板时,为了减少钢模板的钻孔损耗,可在螺栓部位改用 55 mm×100 mm 的刨光方木代替,或使钻孔的模板能多次周转使用。

(2) 模板长向拼接宜采用错开布置,以增加模板的整体刚度。

(3) 内钢楞应垂直于模板的长度方向布置,以直接承受模板传来的荷载;外钢楞应与内钢楞相互垂直,承受内钢楞传来的荷载并加强模板结构的整体刚度和调整平整度,其规格不得小于内钢楞。

(4) 模板端缝齐平布置时,每块钢模板应有两处钢楞支承;错开布置时,其间距可不受端部位置的限制。

(5) 支承柱应有足够的强度和稳定性,一般支柱或其节间的长细比宜小于 110;对于连续形式或排架形式的支承柱,应配置水平支撑和剪刀撑,以保证其稳定性。

2．模板的荷载及荷载组合

1) 荷载标准值

(1) 模板及支架自重标准值(G_{1k})

模板及其支架的自重标准值应根据模板设计图纸确定。有梁楼板及无梁楼板模板及支架的自重标准值 G_{1k} 可按表 4-2 采用。

表 4-2 模板及支架的自重标准值　　　　　　　　　　　kN/m²

项 目 名 称	木 模 板	定型组合钢模板
无梁楼板的模板及小楞	0.30	0.50
有梁楼板(包含梁模板)	0.50	0.75
楼板模板及支架(楼层高度为 4 m 以下)	0.75	1.10

(2) 新浇筑混凝土自重标准值(G_{2k})

G_{2k} 可根据混凝土实际重度确定。对普通混凝土,重度可取 24 kN/m³。

(3) 钢筋自重标准值(G_{3k})

G_{3k} 应根据施工图确定。对一般梁板结构,楼板的钢筋自重可取 1.1 kN/m³,梁的钢筋自重可取 1.5 kN/m³。

(4) 新浇筑混凝土对模板侧面的压力标准值(G_{4k})

当采用内部振捣器时,新浇筑混凝土作用于模板的最大侧压力标准值 G_{4k} 可按式(4-1) 和式(4-2)计算,并应取其中的较小值:

$$F = 0.22\gamma_c t_0 \beta V^{1/4} \tag{4-1}$$

$$F = \gamma_c H \tag{4-2}$$

式中,F——新浇筑混凝土对模板的最大侧压力,kN/m³。

γ_c——混凝土的重度，kN/m^3。

t_0——新浇筑混凝土的初凝时间，h，可按实测确定；当缺乏试验资料时可采用 $t_0 =$ $200/(T+15)$ 计算，T 为混凝土的温度，℃。

β——混凝土坍落度影响修正系数。当坍落度小于 30 mm 时取 0.85；坍落度为 $50\sim$ 90 mm 时取 1.0；坍落度为 $110\sim150$ mm 时取 1.15。

V——混凝土的浇筑高度(厚度)与浇筑时间的比值，即浇注速度，m/h。

H——混凝土侧压力计算位置处至新浇筑混凝土顶面的总高度，m。

混凝土侧压力的计算分布图形如图 4-5 所示，图中 $h = F/\gamma_c$。

(5) 作用在模板及支架上的施工人员及施工设备荷载标准值(Q_{1k})

Q_{1k} 按实际情况计算，可取 3.0 kN/m^2。

(6) 施工中泵送混凝土、倾倒混凝土等未预见因素产生的水平荷载标准值(Q_{2k})

Q_{2k} 可取模板上混凝土和钢筋质量的 2% 作为标准值，并应以线荷载形式作用在模板支架上端水平方向。

(7) 风荷载标准值(Q_{3k})

Q_{3k} 可按《建筑结构荷载规范》(GB 50009—2012)的有关规定计算。

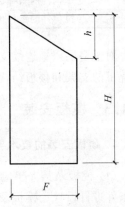

图 4-5　混凝土侧压力分布
h—有效压头高度；
H—模板内混凝土总高度；
F—最大侧压力

2) 荷载组合

混凝土水平构件的底模板及支架、高大模板及支架、混凝土竖向构件和水平构件的侧模板及支架，宜按表 4-3 的规定确定最不利的作用效应组合。承载力验算应采用基本组合，变形验算应采用标准组合。

表 4-3　最不利的效应组合

模板结构类别	最不利的作用效应组合	
	计算承载能力	变形验算
混凝土水平构件的底模板及支架	$G_1+G_2+G_3+Q_1$	$G_1+G_2+G_3$
高大模板支架	$G_1+G_2+G_3+Q_1$	$G_1+G_2+G_3$
	$G_1+G_2+G_3+Q_2$	
混凝土竖向构件或水平构件的侧面模板及支架	G_4+Q_3	G_4

3. 模板及支架设计的计算规定

模板及支架的变形限值应符合下列规定：

(1) 对结构表面外露的模板，挠度不得大于模板构件计算跨度的 1/400；

(2) 对结构表面隐蔽的模板，挠度不得大于模板构件计算跨度的 1/250；

(3) 清水混凝土模板，挠度应满足设计要求；

(4) 支架的轴向变形值或侧向弹性挠度不得大于计算高度或计算跨度的压缩变形值或弹性挠度，为相应的结构计算跨度的 1/1000。

模板支架的高宽比不宜大于3；当高宽比大于3时，应增设稳定性措施，并应进行支架的抗倾覆验算。

模板支架结构钢构件的长细比不应超过表4-4规定的容许值。

表4-4　模板支架结构钢构件容许长细比

构件类别	容许长细比
受压构件的支架立柱及桁架	180
受压构件的斜撑、剪刀撑	200
受拉构件的钢杆件	350

对于多层楼板连续支模的情况，应计入荷载在多层楼板传递的效应，宜分别验算最不利工况下的支架和楼板结构的承载力。

4.1.3　模板安装

1. 模板安装的技术要求

（1）模板及其支架应根据工程结构形式、荷载大小、地基土类别、施工设备和材料供应等条件进行设计。模板及其支架应具有足够的承载能力、刚度和稳定性，应能可靠地承受施工过程中所产生的各类荷载。

（2）模板及支架应保证工程结构和构件各部分形状、尺寸和位置准确，且应便于钢筋安装和混凝土浇筑、养护。

（3）模板应构造简单、装拆方便，并便于钢筋的绑扎与安装，符合混凝土的浇筑及养护等工艺要求。

（4）模板的接缝不应漏浆；在浇筑混凝土前，木模板应浇水湿润，但模板内不应有积水。

（5）模板与混凝土的接触面应清理干净并涂刷隔离剂，但不得采用影响结构性能或妨碍装饰工程施工的隔离剂；在涂刷模板隔离剂时，不得沾污钢筋和混凝土接槎处。

（6）对清水混凝土工程及装饰混凝土工程，应使用能达到设计效果的模板。

2. 模板的安装方法

模板经配板设计、构造设计和强度、刚度验算后，即可进行现场安装。为加快工程进度，提高安装质量，加速模板周转率，在起重设备允许的条件下，也可将模板预拼成扩大的模板块再吊装就位。

模板安装顺序是随着施工的进程来进行的，一般按照基础→柱或墙→梁→楼板的顺序进行。在同一层施工时模板安装的顺序是先柱或墙，再梁、板同时支设。下面分别介绍各部位模板的安装。

1）柱模板

柱子的特点是高度大而断面较小。因此柱模板主要解决垂直度、浇筑混凝土时的侧向稳定及抵抗混凝土的侧压力等问题，同时还应考虑方便浇筑混凝土、清理垃圾与钢筋绑扎等问题。

柱模板安装的顺序为：调整柱模板安装底面的标高→拼板就位→检查并纠偏→安装柱箍→设置支撑。

柱模板由四块拼板围成。当采用组合钢模板时，每块拼板由若干块平面钢模板组成，柱模四角用连接角模连接。采用胶合板模板时，柱模板构造见图 4-6。安装柱模板时可先将其预拼成单片、L 形和整体式三种形式。L 形即为相邻两拼板互拼，一个柱模由两个 L 形板块组成；整体式即由四块拼板全部拼成柱的筒状模板，当起重能力足够时，整体式预拼柱模的效率最高。

为了抵抗浇筑混凝土时的侧压力及保证柱子断面尺寸，必须在柱模板外设置柱箍，其间距视混凝土侧压力的大小及模板厚度通过设计计算确定。柱模板底部应留有清理孔，以便于清理安装时掉下的木屑垃圾。

柱模板安装时，应采用经纬仪或由顶部用垂球校正其垂直度，并检查其标高位置准确无误后，即用斜撑卡牢固定。

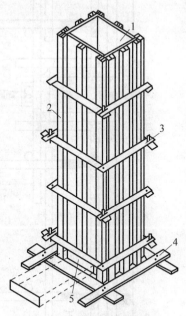

图 4-6　矩形柱胶合板模板
1—胶合板；2—木楞；3—柱箍；
4—定位木框；5—清理孔

2）梁模板安装

梁的特点是跨度较大而宽度一般不大，梁高可达 1 m 以上，工业建筑中有的高达 2 m 以上。梁的下面一般是架空的，因此梁模板既承受竖向压力，又承受混凝土的水平侧压力，这就要求梁模板及其支撑系统具有足够的强度、刚度和稳定性，不致产生超过规范允许的变形。

梁模板安装的顺序为：搭设模板支架→安装梁底模板→梁底起拱→安装侧模板→检查校正→安装梁卡具。

梁模板由三片模板组成。采用组合钢模板时，底模板与两侧模板可用连接角模连接，梁侧模板顶部也可用阴角模板与楼板模板相接，如图 4-7 所示。采用胶合板模板的构造见图 4-8、图 4-9。两侧模板之间可根据需要设置对拉螺栓，底模板常用门型脚手架或钢管脚手架作支架。

梁模板应在复核梁底标高、校正轴线位置无误后进行安装。安装模板前需先搭设模板支架。支柱（或琵琶撑）安装时应先将其下面的土夯实，放好垫板以保证底部有足够的支撑面积，并安放木楔以便校正梁底标高。支柱间距应符合模板设计要求，当设计无要求时，一般不宜大于 2 m；支柱之间应设水平拉杆、剪刀撑使之互相联结成整体以保持稳定，水平拉杆离地面 500 mm 设一道，以上每隔 2 m 设一道；当梁底距地面高度大于 6 m 时，宜搭设排架支撑，或满堂钢管模板支撑架；上下层楼板模板的支柱应安装在同一条竖向中心线上，或采取措施保证上层支柱的荷载能传递至下层的支撑结构上，以防止压裂下层构件。为防止浇筑混凝土后梁跨中底模下垂，当梁的跨度 ≥4 m 时，应使梁底模中部略微起拱，如设计无规定，起拱高度宜为全跨长度的 1/1000～3/1000。起拱时可用千斤顶顶高跨中支柱，打紧支柱下楔块或在横楞与底模板之间加垫块。

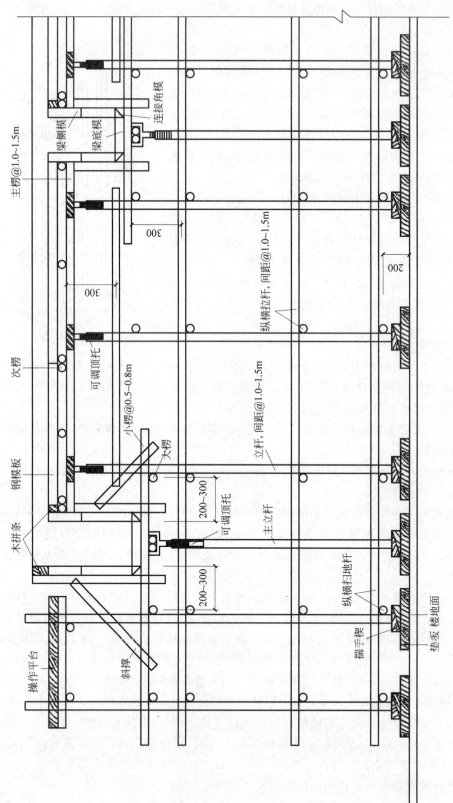

图 4-7 梁和楼板钢模板构造

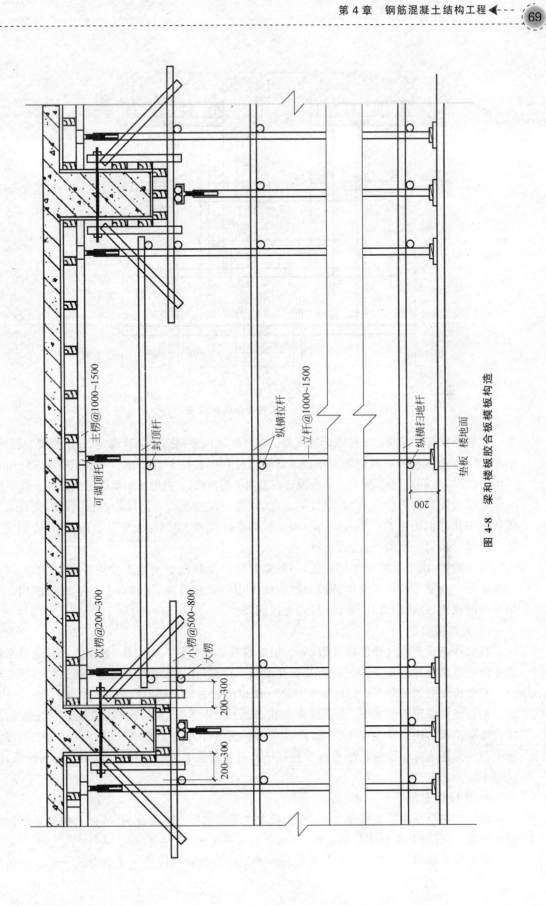

图 4-8 梁和楼板胶合板模板构造

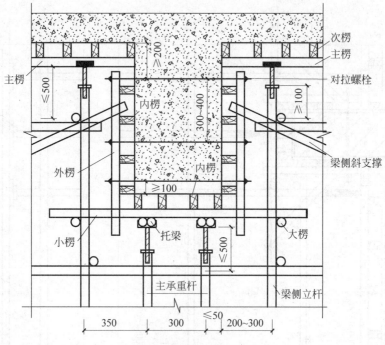

图4-9 梁胶合板模板构造

梁底模板可采用钢管支托或桁架支托。支托间距应根据荷载计算确定,采用桁架支托时,桁架之间应设拉结条,并保持桁架垂直。梁侧模可利用夹具夹紧,间距一般为600～900 mm。当梁高在600 mm以上时,侧模方向应设置穿通内部的拉杆,并应增加斜撑以抵抗混凝土侧压力。

梁模板安装完毕后,应检查梁口平直度、梁模板位置及尺寸,再吊入钢筋骨架,或在梁板模板上绑扎好钢筋骨架后落入梁内。当梁较高或跨度较大时,可先安装一面侧模,待钢筋绑扎完后再安装另一面侧模,进行支撑。

对于圈梁,由于其断面小但很长,一般除窗洞口或某些个别地方架空外,其他部位均设置在墙上。故圈梁模板主要由侧模和固定侧模用的卡具组成,底模仅在架空部分使用。如架空跨度较大,也可用支柱(或琵琶撑)支撑底模。

3) 板模板安装

板的特点是面积大而厚度一般不大,因此模板承受的侧压力很小,板模板及其支撑系统的作用主要是抵抗混凝土的竖向荷载和其他施工荷载,保证模板不变形下垂。

板模板安装的顺序为:复核板底标高→搭设模板支架→铺设模板。

楼板模板采用钢模板时,由平面模板拼装而成,其周边用阴角模板与梁或墙模板相连接。楼板模板可用钢楞及支架支撑,或者采用平面组合式桁架支撑,以扩大板下施工空间。钢模板的支柱底部应设通长垫板及木楔找平。挑檐模板必须撑牢拉紧,以防止向外倾覆,确保施工安全。

4) 墙模板安装

墙体的特点是高度大而厚度小,其模板主要承受混凝土的侧压力,因此必须加强墙体模板的刚度,并保证其垂直度和稳定性,以确保模板不变形和发生位移。

墙模板安装的顺序为:模板基底处理→弹出中心线和两边线→模板安装→校正→加撑

头或对拉螺栓→固定斜撑。

墙模板由两片模板组成,用对拉螺栓保持它们之间的间距,模板背面用横、竖钢楞加固,并设置足够的斜撑来保持其稳定。墙模板构造如图 4-10 所示。

用组合钢模板拼装时,钢模板可横拼也可竖拼,可散拼也可预拼成大板块吊装;如墙面过高,还可分层组装。安装时,首先沿墙边线抹水泥砂浆以防漏浆,并做好安装墙模板的基底处理,然后开始安装。墙的钢筋可以在模板安装前绑扎,也可以在安装好一侧的模板后设立支撑,绑扎钢筋,再竖立另一侧模板。安装对拉螺栓前须在钢模板上划线钻孔,板孔位置必须准确平直,不得错位;预拼时为了使对拉螺孔不错位,模板拼缝均不错开;安装时不允许将对拉螺栓斜拉、硬顶。为了保证墙体的厚度,模板内应加设撑头。模板安装完毕后在顶部用线锤吊直并拉线找平,最后用斜撑固定。

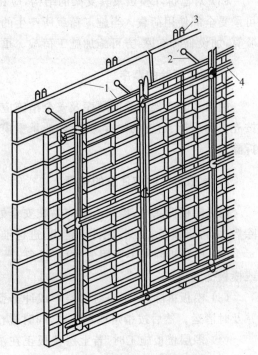

图 4-10　组合钢模板拼装的墙模板构造
1—墙模板;2—对拉螺栓;3—竖楞;4—横楞

4.1.4　模板拆除

1. 模板拆除时对混凝土强度的要求

模板和支架的拆除是混凝土工程施工的最后一道工序,对保证混凝土质量及施工安全有很大的影响。

现浇混凝土结构的模板及其支架拆除时,应符合以下规定。

(1) 当混凝土的强度能够保证其表面及棱角不受损伤时,方可拆除侧模板;当混凝土强度达到设计要求时,方可拆除底模板及支架;当设计无具体要求时,同条件养护试件的混凝土抗压强度应符合表 4-5 的规定。

表 4-5　底模拆除时的混凝土强度要求

构 件 类 型	构件跨度/m	按达到设计混凝土强度等级值的百分率计/%
板	≤2	≥50
	>2,≤8	≥75
	>8	≥100
梁、拱、壳	≤8	≥75
	>8	≥100
悬臂构件	—	≥100

(2) 多个楼层间连续支模的底层支架拆除时间,应根据连续支模的楼层间荷载分配和混凝土强度增长情况确定。

（3）对已拆除模板及其支架的结构，应在混凝土强度达到设计的混凝土强度等级后，方可承受全部使用荷载。当施工荷载所产生的效应比使用荷载的效应更为不利时，必须经过验算，加设临时支撑，方可施加施工荷载。重大复杂模板的拆除，事前应制订拆除方案。

2．模板拆除的顺序

模板及其支架拆除的顺序及安全措施应按施工技术方案执行。一般应遵循的原则是：按先支的后拆、后支的先拆，先拆除非承重模板、后拆除承重模板的顺序，并应从上而下进行拆除。

3．模板拆除时应注意的问题

（1）模板拆除时，操作人员应站在安全处，以免发生安全事故；待该片（段）模板全部拆除后，方可将模板、支架、配件等运出，进行堆放。

（2）模板拆除时不要用力过猛、过急，严禁用大锤和撬棍硬砸、硬撬，以避免混凝土表面或模板受到损坏。

（3）模板拆除时，不应对楼层形成冲击荷载。拆除的模板和支架宜在楼板上分散堆放并及时清运。然后按指定地点堆放，同时进行维修和涂刷隔离剂，以备待用。

（4）多层楼板施工时，若上层楼板正在浇筑混凝土，下一层楼板模板的支柱不得拆除，再下一层楼板模板的支柱仅可拆除一部分；跨度4 m及4 m以上的梁下均应保留支柱，其间距不得大于3 m。

（5）冬期施工时，模板与保温层应在混凝土冷却到5℃后方可拆除。当混凝土与外界温差大于20℃时，拆模后应对混凝土表面采取保温措施，如进行临时覆盖，使其缓慢冷却。

（6）在拆除模板过程中，如发现混凝土出现异常现象，有可能影响混凝土结构的质量和安全时，应立即停止拆模，经检查和妥善处理后方可继续拆模。

4.2 钢筋工程

在钢筋混凝土结构中，钢筋工程的施工质量对结构的质量起着关键性的作用，而钢筋工程又属于隐蔽工程，当混凝土浇筑后，就无法检查钢筋的质量。所以，从钢筋原材料的进场验收，到一系列的钢筋加工和连接，直至最后的绑扎安装，都必须进行严格的质量控制，才能确保整个结构的质量。

4.2.1 钢筋种类和验收

1．钢筋种类

钢筋的种类很多，土木工程中常用的钢筋一般可按以下几方面分类。

钢筋按力学性能可分为：HPB300钢筋、HRB400与HRBF400钢筋、HRB500与HRBF500钢筋、HRB500E与HRBF500E钢筋、HRB600钢筋。钢筋级别越高，其强度及硬度越高，但塑性逐级降低。

钢筋按轧制外形可分为：光圆钢筋和变形钢筋（月牙形、螺旋形、人字形钢筋）。

钢筋按供应形式可分为：盘圆钢筋(直径不大于 10 mm)和直条钢筋(直径 12 mm 及以上)，直条钢筋长度一般为 6～12 m，根据需方要求也可按订货尺寸供应。

钢筋按直径大小可分为：钢丝(直径 3～5 mm)、细钢筋(直径 6～10 mm)、中粗钢筋(直径 12～20 mm)和粗钢筋(直径大于 20 mm)。

普通钢筋混凝土结构中常用的钢筋按生产工艺可分为：热轧钢筋、带肋钢筋、余热处理钢筋、精轧螺纹钢筋等。

2. 钢筋验收

钢筋进场时，应有产品合格证、出厂检验报告，并按品种、批号及直径分批验收。验收内容包括钢筋标牌和外观检查，并按有关规定抽取试件进行钢筋性能检验。钢筋性能检验又分为力学性能检验、化学成分检验及其他专项检验。

1) 外观检查

应对钢筋进行全数外观检查。检查内容包括钢筋是否平直、有无损伤，表面是否有裂纹、油污及锈蚀等，弯折过的钢筋不得敲直后作受力钢筋使用，钢筋表面不应有影响钢筋强度和锚固性能的锈蚀或污染。

2) 钢筋性能检验

钢筋性能检验包括力学性能检验、化学成分检验及其他专项检验。

(1) 钢筋力学性能检验包括拉伸试验(屈服点、抗拉强度和伸长率的测定)和冷弯试验。

对有抗震设防要求的结构，其纵向受力钢筋的性能应满足设计要求。当设计无具体要求时应符合下列规定：①钢筋的抗拉强度实测值与屈服强度实测值的比值不应小于 1.25；②钢筋的屈服强度实测值与屈服强度标准值的比值不应大于 1.3；③钢筋的最大力下总伸长率不应小于 9%。

(2) 当发现钢筋脆断、焊接性能不良或力学性能显著不正常等现象时，应对该批钢筋进行化学成分检验或其他专项检验。

4.2.2 钢筋配料

钢筋的配料是根据结构设计中每个构件的配筋图，先绘制出该构件中各品种、规格钢筋的形状和尺寸简图，并加以编号，然后分别计算钢筋的实际下料(即切断)长度、根数及质量，填写钢筋配料单，作为钢筋备料、加工的依据。其中，钢筋下料长度的计算是关键，必须采用正确的计算方法并符合有关规定。

1. 钢筋下料长度计算

钢筋下料长度可按下列公式进行计算：

钢筋下料长度＝钢筋外包尺寸之和－钢筋中间部分弯曲调整值＋钢筋末端弯钩部分增加长度

钢筋外包尺寸＝构件外形尺寸－保护层厚度

箍筋下料长度＝箍筋周长＋箍筋调整值

1) 保护层厚度

构件中受力钢筋的保护层厚度不应小于钢筋的公称直径。最外层钢筋的保护层厚度应符合表 4-6 的规定。

表 4-6　混凝土保护层的最小厚度 c　　　　mm

环 境 类 别	板、墙、壳	梁、柱、杆
一	15	20
二 a	20	25
二 b	25	35
三 a	30	40
三 b	40	50

2) 弯曲调整值

钢筋中间部分弯曲成各种角度的圆弧形状时,其轴线长度不变,但内皮收缩、外皮延伸,而钢筋的量度方法是沿直线量取其外包尺寸,因此弯曲钢筋的量度尺寸大于轴线尺寸(即大于下料尺寸),两者之间的差值称为弯曲调整值。

根据理论计算并结合实际工程经验,弯曲调整值可按表 4-7 取值,表中 d 为钢筋直径。

表 4-7　钢筋弯曲调整值

钢筋弯曲角度	30°	45°	60°	90°
热轧光面钢筋弯曲调整值	0.30d	0.54d	0.90d	1.75d
热轧带肋钢筋弯曲调整值	0.30d	0.54d	0.90d	2.08d

3) 弯钩增加长度

钢筋末端弯钩的形式有半圆弯钩(180°)、直弯钩(90°)及斜弯钩(135°),如图 4-11 所示。它们的弯钩增加长度的计算值是:半圆弯钩为 6.25d,直弯钩为 3.5d,斜弯钩为 4.9d,其中 d 为钢筋直径。在工程实践中,对半圆弯钩也常采用经验数据,见表 4-8。

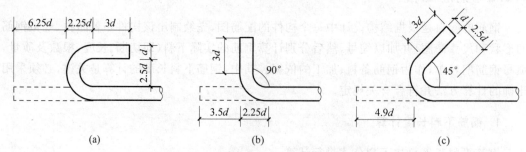

图 4-11　钢筋弯钩增加长度计算示意图
(a) 半圆弯钩;(b) 直弯钩;(c) 斜弯钩

表 4-8　半圆弯钩增加长度参考值　　　　mm

钢筋直径	≤6	8~10	12~18	20~28	32~36
弯钩增加长度	40	6d	5.5d	5d	4.5d

4）箍筋下料长度

箍筋调整值即箍筋的弯钩增加长度和弯曲调整值两项相减,应根据量度所得箍筋内皮尺寸计算。实际工程中,对 135°斜弯钩箍筋的下料长度可参考表 4-9 计算,表中 d 为箍筋直径。

表 4-9　箍筋下料长度

箍 筋 种 类	下 料 长 度
热轧光面钢筋	有抗震要求：箍筋内皮周长+27d
	无抗震要求：箍筋内皮周长+17d
热轧带肋钢筋	有抗震要求：箍筋内皮周长+28d
	无抗震要求：箍筋内皮周长+18d

2. 钢筋料牌

钢筋配料计算完毕,需填写配料单。但施工中仅有钢筋配料单还不能作为钢筋加工与安装的依据,还要按照配料单对每一编号的钢筋制作一块料牌。料牌可采用小块薄木板或塑料板等制作,料牌上应标明该编号钢筋的形状、根数、下料长度等,如图 4-12 所示。料牌在钢筋加工的各过程中依次传递,最后系在加工好的钢筋上作为安装的标志。施工中应严格校核钢筋配料单和料牌,做到准确无误,以免返工浪费。

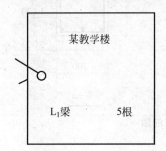
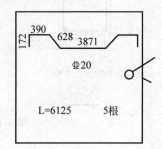

图 4-12　钢筋料牌

3. 钢筋配料单编制实例

某教学楼 L_1 梁共 5 根,配筋图如图 4-13 所示,编制简支梁 L_1 的配料单(有抗震设防要求,钢筋保护层厚度为 20 mm,钢筋中部弯折角度为 45°)。

编制步骤如下。

(1) 熟悉图纸,见图 4-13。

(2) 绘制各编号钢筋小样图,见图 4-14。钢筋小样图中的数据为计算后填入。

(3) 计算钢筋下料长度

①号钢筋Φ25：

外包尺寸：ab、cd：(200−20−8) mm=172 mm

　　　　　bc：(5100+240×2−20×2) mm=5540 mm

量度差：2.08d×2=25×2.08×2 mm=104 mm

下料长度：(172×2+5440−104) mm=5780 mm

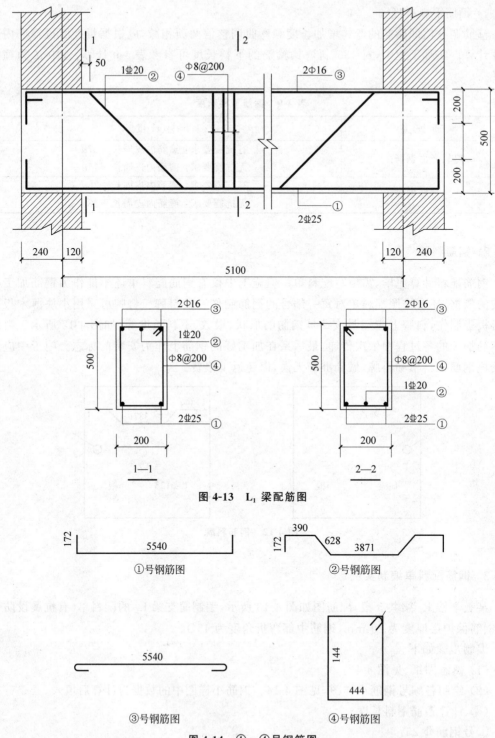

图 4-13　L₁ 梁配筋图

①号钢筋图　②号钢筋图

③号钢筋图　④号钢筋图

图 4-14　①～④号钢筋图

②号钢筋$\pm$20：

外包尺寸：ab、hg：$(200-20-8)\ \text{mm}=172\ \text{mm}$

bc、fg：$(50+120+240-20)\ \text{mm}=390\ \text{mm}$

cd、ef：$(500-20\times2-8\times2)/\sin45°$ mm $=628$ mm

de：$\{5440-[390+(500-2\times20-8\times2)\times\cot45°]\times2\}$ mm $=3871$ mm

量度差：$(2.08\times20\times2+0.54\times20\times4)$ mm $=126.40$ mm

下料长度：$[3871+(172+390+628)\times2-126.40]$ mm $=6125$ mm

③号钢筋$\phi16$：

外包尺寸：$(5100+240\times2-20\times2)$ mm $=5540$ mm

弯钩增加值：$6.25d\times2=12.5d=12.5\times16$ mm $=200$ mm

下料长度：$(5540+200)$ mm $=5740$ mm

④号钢筋$\phi8$：

水平段：$(200-20\times2-2\times8)$ mm $=144$ mm

竖直段：$(500-20\times2-2\times8)$ mm $=444$ mm

箍筋调整值：按内皮周长，27×8 mm $=216$ mm

下料长度：$[(144+444)\times2+216]$ mm $=1392$ mm

箍筋数量：$(5100+240\times2-20\times2)/200+1=28.70$，取 29 根

（4）填写和编制钢筋配料单，见表 4-10。

表 4-10　钢筋配料单

构件名称	钢筋编号	简　图	直径/mm	钢筋级别	下料长度/mm	单位根数	合计根数	质量/kg
某教学楼 L₁ 梁，共 5 根	①	172 / 5540	25	Φ	5780	2	10	222.53
	②	390 / 172 / 628 / 3871	20	Φ	6125	1	5	75.64
	③	5540	16	φ	5740	2	10	90.69
	④	144 / 444	8	φ	1392	29	145	79.73

注：各直径钢筋理论质量 D8，0.395 kg/m；D16，1.58 kg/m；D20，2.47 kg/m；D25，3.85 kg/m。钢筋 D10 以内，79.73 kg；D10 以外，388.87 kg。含钢量：167.96 kg/m³。

（5）填写钢筋料牌。

现仅表示出 L₁ 梁②号钢筋料牌的正反面内容，如图 4-12 所示。其他钢筋的料牌也应按此格式填写。

4.2.3　钢筋代换

在施工过程中，钢筋的品种、级别或规格必须按设计要求采用。但往往由于钢筋供应不及时，其品种、级别或规格不能满足设计要求时，为确保施工质量和进度，常需对钢筋进行变更代换。当需要进行钢筋代换时，应办理设计变更文件。

1. 代换原则和方法

1) 等强度代换

当结构构件的配筋受强度控制时,钢筋可按强度相等的原则代换。计算方法见式(4-3)、式(4-4):

$$A_{s1} f_{y1} \leqslant A_{s2} f_{y2} \tag{4-3}$$

$$n_1 d_1^2 f_{y1} \leqslant n_2 d_2^2 f_{y2}, \quad n_2 \geqslant \frac{n_1 d_1^2 f_{y1}}{d_2^2 f_{y2}} \tag{4-4}$$

式中,A_{s1}——原设计钢筋的计算面积;

A_{s2}——拟代换钢筋的计算面积;

d_1, n_1, f_{y1}——原设计钢筋的直径、根数和设计强度;

d_2, n_2, f_{y2}——拟代换钢筋的直径、根数和设计强度。

2) 等面积代换

当结构构件的配筋按最小配筋率控制时,钢筋可按面积相等的原则代换。计算方法见式(4-5)

$$A_{s1} \leqslant A_{s2} \tag{4-5}$$

式中符号意义同前。

3) 裂缝宽度或挠度验算

当结构构件受裂缝宽度或挠度控制时,代换后应进行裂缝宽度或挠度验算。

2. 代换注意事项

(1) 钢筋的品种、级别或规格需作变更时,应办理设计变更文件。

(2) 对某些重要构件,如吊车梁、桁架下弦等,不宜用 HPB300 级光圆钢筋代替 HRB400 级带肋钢筋。

(3) 钢筋代换后,应满足配筋的构造规定,如钢筋的最小直径、间距、根数、锚固长度等。

(4) 同一截面内可同时配有不同种类和直径的代换钢筋,但每根钢筋的拉力差不应过大(若为相同品种钢筋,直径差值一般不大于 5 mm),以免构件受力不均。

(5) 梁的纵向受力钢筋与弯起钢筋应分别代换,以保证正截面与斜截面强度。

(6) 偏心受压构件(如框架柱、有吊车厂房柱、桁架上弦等)或偏心受拉构件进行钢筋代换时,不应取整个截面的配筋量计算,而应按受力面(受压或受拉)分别代换。

(7) 当构件受裂缝宽度控制时,如以小直径钢筋代换大直径钢筋,或以强度等级低的钢筋代换强度等级高的钢筋,则可不作裂缝宽度验算。

(8) 钢筋代换后,有时由于受力钢筋直径加大或根数增多,而需要增加钢筋的排数,则构件截面的有效高度 h_0 会减小,截面强度降低,此时需复核截面强度。

4.2.4 钢筋加工

钢筋加工的基本作业有调直、除锈、下料切断、连接、弯曲成型等工序。

1. 钢筋调直

钢筋调直的方法可分为机械调直和冷拉调直。

(1) 机械调直。细钢筋一般采用机械调直,可选用钢筋调直机、双头钢筋调直联动机或数控钢筋调直切断机。机械调直机具有钢筋除锈、调直和切断三项功能,并可在一次操作中完成。其中数控钢筋调直切断机采用光电测长系统和光电计数装置，切断长度可以精确到毫米，并能自动控制切断根数。

（2）冷拉调直。粗钢筋常采用卷扬机冷拉调直，在冷拉时因钢筋伸长，其上锈皮自行脱落。冷拉调直时必须控制钢筋的冷拉率。

2. 钢筋除锈

若由于钢筋存放过久或保管不善而表面生锈时，应在使用前清除干净。可在钢筋的冷拉或调直过程中完成除锈，也可采用电动除锈机除锈，还可采用喷砂除锈、酸洗除锈和手工除锈（用钢丝刷、砂盘）等。

在除锈过程中若发现钢筋表面的锈皮鳞落现象严重并已损伤钢筋截面，或在除锈后钢筋表面有严重的麻坑、斑点伤蚀截面时，应降级使用或剔除不用。

3. 钢筋下料切断

钢筋切断常采用钢筋切断机和手动液压切断器。前者能切断直径 6～40 mm 的各种规格钢筋；后者能切断直径 16 mm 以下的钢筋，其机具体积小、重量小，便于携带。

4. 钢筋弯曲成型

根据设计要求钢筋常需弯折成一定形状。钢筋的弯曲成型一般采用钢筋弯曲机、四头弯筋机（主要用于弯制箍筋）；在缺乏机具设备的情况下，也可以采用手摇扳手弯制细钢筋，用卡盘与扳头弯制粗钢筋。对形状复杂的钢筋，在弯曲前应根据钢筋料牌上标明的尺寸画出各弯曲点。

4.2.5　钢筋连接

钢筋的连接方法通常有焊接连接、机械连接和绑扎连接三类。

1. 钢筋的焊接

钢筋采用焊接连接，可节约钢材，改善结构受力性能，保证工程质量，降低施工成本，故在工程施工中广泛应用。常用的焊接连接方法有闪光对焊、电弧焊、电渣压力焊、电阻点焊、埋弧压力焊等。

1）闪光对焊

闪光对焊是将两根钢筋沿着其轴线端面接触的连接方法。闪光对焊须在对焊机上进行，操作时使两段钢筋的端面接触，通过低电压的强电流把电能转换为热能，当钢筋加热到接近熔点时，再施加轴向压力顶锻，使两根钢筋焊合在一起，冷却后便形成对焊接头。闪光对焊原理如图 4-15 所示。

闪光对焊不需要焊药，施工工艺简单，工作效率高，焊接质量好，成本较低。它广泛用于在工厂或施工现场加工棚内进行粗钢筋的

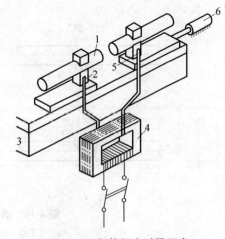

图 4-15　钢筋闪光对焊示意
1—钢筋；2—固定电极夹钳；3—机座；4—变压器；
5—可动电极夹钳；6—手动顶压机构

对接接长,由于其设备较笨重,因此不便在操作面上进行钢筋的接长。

2) 电弧焊

电弧焊是利用弧焊机在焊条与焊件之间产生高温电弧,使焊条和焊件金属熔化,待其凝固后便形成焊缝或接头。

电弧焊的应用非常广泛,常用于钢筋的接长、钢筋骨架的焊接、钢筋与钢板的焊接、装配式钢筋混凝土结构接头的焊接及各种钢结构的焊接等。用于钢筋的接长时,其接头形式有帮条焊、搭接焊、坡口焊等。

帮条焊适用于直径 10～40 mm 的 HPB300、HRB400 级钢筋。帮条焊的接头如图 4-16(a) 所示。

搭接焊适用于直径 10～40 mm 的 HPB300、HRB400 级钢筋。搭接焊的接头如图 4-16(b) 所示。

坡口焊适用于直径 16～40 mm 的钢筋,多用于装配式框架结构中现浇接头的钢筋焊接。坡口焊分为坡口平焊和坡口立焊两种,如图 4-16(c) 所示。

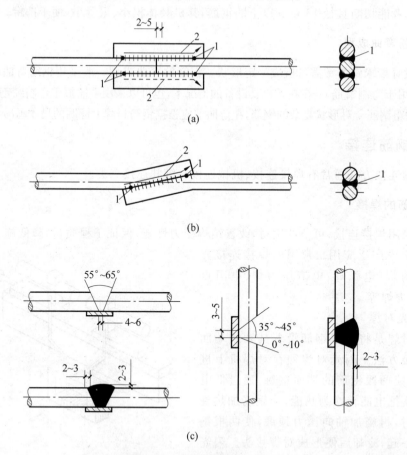

图 4-16　钢筋电弧焊接头形式

(a) 帮条焊;(b) 搭接焊;(c) 坡口焊

1—定位焊缝;2—弧坑拉出方位

3）电渣压力焊

电渣压力焊是利用电流通过渣池产生的电阻热将钢筋端部熔化，然后施加压力使钢筋焊合。电渣压力焊的主要设备有焊接电源、焊接夹具和焊剂盒等，见图 4-17。焊接夹具的上下钳口同心，将钢筋固定。焊剂盒由两个半圆形铁皮组成，铁皮内径为 80～100 mm，与所焊钢筋的直径相应。焊接时，在焊剂盒内装满焊剂后，接通电源使钢筋端部和焊剂熔化，从而形成渣池。然后将上部钢筋缓缓插入渣池中，当钢筋端部熔化到一定程度时断电并迅速加压顶锻、挤出熔渣，形成焊接接头。焊接完成后，冷却 1～3 min 即可打开焊剂盒，回收焊剂，卸下夹具和清除焊渣。

电渣压力焊主要用于现浇混凝土结构中直径为 14～40 mm 的 HPB300、HRB400 级的竖向或斜向（倾斜度在 4∶1 内）钢筋的接长。这种焊接方法操作简单、工作条件好、工效高、成本低，它与电弧焊接头相比可节电 80％以上，节约钢筋 30％，提高工效 6～10 倍。

4）电阻点焊

电阻点焊是将交叉的钢筋叠合在一起，放在两个电极间预压夹紧，然后通电使接触点处产生电阻热，钢筋加热熔化并在压力下形成紧密连接点，冷凝后即得牢固焊点，如图 4-18 所示。

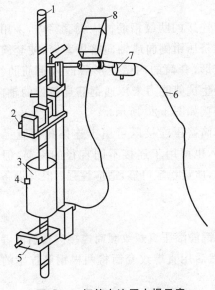

图 4-17　钢筋电渣压力焊示意

1—钢筋；2—活动夹具；3—焊剂盒；

4—焊剂盒扣环；5　固定夹具；6—控制电缆；

7—操作手柄；8—监控仪表

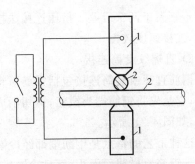

图 4-18　钢筋电阻点焊示意

1—电极；2—钢筋或钢丝

电阻点焊用于焊接钢筋网片或骨架，适于直径 6～14 mm 的 HPB300 级钢筋及直径 3～5 mm 的钢丝。它生产效率高、节约材料、应用广泛。常用的点焊机有单点点焊机、多头点焊机（一次可焊数点，用于焊接钢筋网）、悬挂式点焊机（可焊钢筋骨架或钢筋网）和轻便的手提式点焊机等。

5）埋弧压力焊

埋弧压力焊是将钢筋与钢板安放成 T 形连接形式，利用埋在接头处焊剂层下的高温电弧熔化两焊件的接触部位形成熔池，然后加压顶锻使两焊件焊合，如图 4-19 所示。

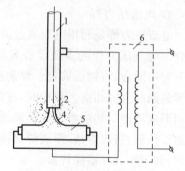

埋弧压力焊工艺简单，比电弧焊工效高、质量好（焊缝强度高且钢板不易变形）、成本低（不用焊条），施工中广泛用于制作钢筋预埋件。

2. 钢筋的机械连接

钢筋机械连接的优点很多：其设备简单，技术易掌握，工作效率高；接头性能可靠，节约钢筋，适用于钢筋在任何位置与方向（竖向、横向、环向及斜向等）的连接；作业不受气候条件影响，尤其在易燃、易爆、高空等施工条件下作业安全可靠。虽然机械连接的成本

图 4-19　预埋件钢筋埋弧压力焊示意

1—钢筋；2—焊剂；3—电弧；4—熔池；
5—钢板；6—焊接变压器

较高，但其综合经济效益与技术效果显著，目前已在各种现浇混凝土结构中广泛用于粗钢筋的连接。钢筋机械连接的方法主要有套筒挤压连接、直螺纹套筒连接，这些连接方法均适用于直径为 16 mm 以上的 HRB400、RRB400 级以上钢筋。

1) 套筒挤压连接

钢筋套筒挤压连接的基本原理是：将两根待连接的肋纹钢筋插入钢套筒内，采用专用

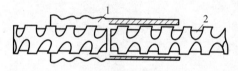

图 4-20　钢筋套筒挤压连接

1—钢套筒；2—肋纹钢筋

的液压挤压钳侧向或轴向挤压套筒，使套筒产生塑性变形，套筒的内壁变形后嵌入钢筋肋纹中，从而产生抗剪能力来传递钢筋连接处的轴向力。挤压连接如图 4-20 所示。

套筒挤压连接既可用于连接相同直径的肋纹钢筋，也可用于连接不同直径的钢筋，但直径相差不宜大于两个级差。挤压连接法接头强度高，质量稳定可靠，适应性强；但其设备移动不便，连接速度较慢。

2) 直螺纹套筒连接

钢筋直螺纹套筒连接包括钢筋镦粗直螺纹和钢筋滚压直螺纹套筒连接。目前前者采用较多，它是先将钢筋端头镦粗，再切削成直螺纹，然后用直螺纹套筒将两根钢筋拧紧的连接方法，如图 4-21 所示。

这种工艺的特点是钢筋端部经冷镦后不仅直径增大，使套丝后丝扣底部的横截面面积不小于钢筋原横截面面积，而且冷镦后钢材强度得到提高，因而使接头的强度大大提高。直螺纹连接可靠性高，操作方便，施工速度快。

3. 钢筋的绑扎连接

钢筋绑扎连接主要是使用规格为 20～22 号的镀锌铁丝或专用于绑扎钢筋的火烧丝将两根钢筋搭接绑扎在一起。其工艺简单、工效高，不需要连接设备；但因需要有一定的搭接长度而增加钢筋用量，且接头的受力性能不如焊接连接和机械连接。

绑扎连接必须满足规范的规定，其主要内容如下：

(1) 纵向受力钢筋绑扎搭接接头的最小搭接长度应符合规范的规定；

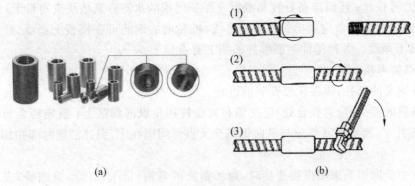

图 4-21　钢筋直螺纹套筒连接

(a) 直螺纹套筒外形；(b) 直螺纹套筒连接钢筋的过程

(1) 套筒连接至钢筋；(2) 钢筋连接至套筒；(3) 按规定扭矩或规定预留丝扣数拧紧

(2) 当受拉钢筋直径大于 28 mm、受压钢筋直径大于 32 mm 时，不宜采用绑扎搭接接头；

(3) 轴心受拉及小偏心受拉杆件的纵向受力钢筋、直接承受动力荷载结构中的纵向受力钢筋，均不得采用绑扎搭接接头。

同一构件中相邻纵向受力钢筋的绑扎搭接接头宜相互错开。绑扎搭接接头中钢筋的横向净距 s 不应小于钢筋直径，且不宜小于 25 mm。

纵向受力钢筋绑扎搭接接头连接区段的长度应为 $1.3l_l$（l_l 为搭接长度，见图 4-22）。同一连接区段内，纵向受拉钢筋绑扎搭接接头面积百分率应符合下列规定。

(1) 梁、板类构件不宜超过 25%，基础筏板不宜超过 50%。

(2) 柱类构件，不宜超过 50%。

(3) 当工程中确有必要增大接头面积百分率时，对梁类构件，不应大于 50%；对其他构件，可根据实际情况放宽。

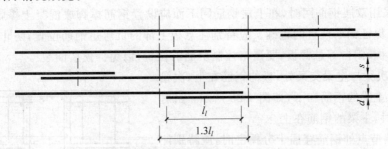

图 4-22　钢筋绑扎搭接接头连接区段及接头面积百分率

注：图中所示搭接接头同一连接区段内的搭接钢筋为两根，当各钢筋直径相同时，接头面积百分率为 50%。

4.2.6　钢筋安装

1. 钢筋的现场绑扎

钢筋绑扎前，应做好各项准备工作。首先须核对钢筋的钢号、直径、形状、尺寸及数量是否与配料单和钢筋加工料牌相符，如有错漏，应纠正增补；准备好钢筋绑扎用的铁丝，一般采用20~22号铁丝;还需准备好控制混凝土保护层用的水泥砂浆垫块或塑料卡;为保证钢筋位置的准确性,绑扎前应画出钢筋的位置线,板和墙的钢筋可在模板上画线,柱和梁的箍筋应在纵筋上画线。各种构件钢筋绑扎的施工要点如下。

1) 柱钢筋绑扎

(1) 柱钢筋的绑扎,应在模板安装前进行。

(2) 箍筋的接头(弯钩叠合处)应交错布置在柱四角纵向钢筋上;箍筋转角与纵向钢筋交叉点均应扎牢,箍筋平直部分与纵向钢筋交叉点可间隔扎牢,绑扎箍筋时绑扣相互间应成八字形。

(3) 柱中竖向钢筋采用搭接连接时,角部钢筋的弯钩(指 HPB300 级钢筋)应与模板成45°(多边形柱为模板内角的平分角,圆形柱应与模板切线垂直),中间钢筋的弯钩应与模板成90°。如果用插入式振捣器浇注小型截面柱时,弯钩与模板的角度不得小于15°。

(4) 柱中竖向钢筋采用搭接连接时,下层柱的钢筋露出楼面部分,宜用工具式柱箍将其收进一个柱筋直径,以利上层柱的钢筋搭接。当柱截面有变化时,其下层柱钢筋的露出部分必须在绑扎梁的钢筋之前先行收缩准确。

(5) 框架梁、牛腿及柱帽等钢筋应放在柱的纵向钢筋内侧。

2) 梁、板钢筋绑扎

(1) 当梁的高度较小时,梁的钢筋可架空在梁顶模板上绑扎,然后再下落就位;当梁的高度较大(≥1.0 m)时,梁的钢筋宜在梁底模板上绑扎,然后再安装梁两侧或一侧模板。板的钢筋在梁的钢筋绑扎后进行。

(2) 梁纵向受力钢筋采用双层排列时,两排钢筋之间应垫以直径≥25 mm 的短钢筋,以保持其设计距离。箍筋的接头(弯钩叠合处)应交错布置在两根架立钢筋上,其余同柱。

(3) 板的钢筋网绑扎时,四周两行钢筋交叉点应每点扎牢,中间部分交叉点可相隔交错绑扎,但必须保证受力钢筋不产生位移。双向主筋的钢筋网,则须将全部钢筋相交点扎牢。绑扎时应注意相邻绑扎点的绑扣要成八字形,以免网片歪斜变形。

(4) 板采用双层钢筋网时,在上层钢筋网下面应设置钢筋撑脚或混凝土撑脚,每隔 1 m放置一个,以保证钢筋位置的正确。应特别注意板上部的负弯矩钢筋位置,防止被踩下;尤其是雨篷、挑檐、阳台等悬臂板,要严格控制负筋的位置,以免拆模后断裂。

(5) 板、次梁与主梁交叉处,板的钢筋在上,次梁的钢筋居中,主梁的钢筋在下,如图 4-23 所示;当有圈梁或垫梁时,主梁的钢筋在上。

(6) 框架节点处钢筋穿插十分稠密时,应特别注意使梁顶面纵筋之间至少保持 30 mm 的净距,以利于混凝土的浇注。

(7) 梁板钢筋绑扎时,应防止水电管线影响钢筋的位置。

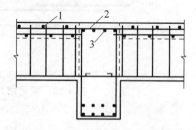

图 4-23　板、次梁与主梁交接处钢筋

1—板的钢筋;2—次梁的钢筋;3—主梁的钢筋

3) 墙钢筋绑扎

(1) 墙钢筋的绑扎也应在模板安装前进行。

(2) 墙的钢筋可在基础钢筋绑扎之后浇筑混凝土前插入基础内。

(3) 墙的竖向钢筋每段长度不宜超过 4 m(钢筋直径≤12 mm 时)或 6 m(钢筋直径>

12 mm 时),或层高加搭接长度;水平钢筋每段长度不宜超过 8 m,以利绑扎。

(4)墙的钢筋网绑扎同板的钢筋,钢筋的弯钩应朝向混凝土内。

(5)墙采用双层钢筋网时,在两层钢筋网间应设置撑铁或绑扎架,以固定钢筋的间距。撑铁可用直径 6～10 mm 的钢筋制成,长度等于两层网片的净距,如图 4-24 所示,其间距约为 1 m,相互错开排列。

2.钢筋网与钢筋骨架的安装

为了加快施工速度,常常把单根钢筋预先绑扎或焊接成钢筋网片或钢筋骨架,再运至现场进行安装。焊接钢筋网应符合如下规定。

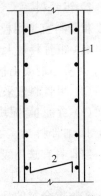

图 4-24　墙钢筋的撑铁
1—钢筋网;2—撑铁

(1)焊接钢筋网运输时应捆扎整齐、牢固,每捆质量不超过 2 t,必要时应加刚性支撑或支架。焊接网进场后应按施工要求堆放,并应有明显的标志。

(2)焊接钢筋网采用搭接连接时,搭接接头不宜位于构件的最大弯矩处,搭接长度应满足要求。

(3)两张钢筋网片搭接连接时,在搭接区中心及两端应采用铁丝绑扎牢固,在附加钢筋与焊接网连接的每个接点处均应绑扎牢固。

4.3　混凝土工程

混凝土工程质量的好坏直接影响到结构的承载能力、耐久性与整体性。对混凝土的质量要求是:应具有正确的外形尺寸,并应获得良好的强度、密实性、均匀性和整体性。施工中应对每一个环节都采取正确的施工方法和合理的措施,以确保混凝土工程的质量。混凝土的施工过程为:制备→运输→浇筑→密实成型→养护,各施工过程紧密联系又相互影响。

4.3.1　混凝土配制

为了使混凝土达到设计要求的强度等级,并满足抗渗性、抗冻性等耐久性要求,同时还要满足施工操作对混凝土拌合物和易性的要求,施工中必须执行混凝土的设计配合比。由于组成混凝土的各种原材料直接影响到混凝土的质量,所以必须对原材料加以控制。而各种材料的温度、湿度和体积又经常在变化,同体积的材料有时质量相差很大,所以拌制混凝土的配合比应按质量计量,才能保证配合比准确、合理,使拌制的混凝土质量达到要求。

1.对原材料的要求

组成混凝土的原材料包括水泥、砂、石、水、掺合料和外加剂。

1)水泥

水泥的选用应符合下列规定。

(1)水泥品种与强度等级应根据设计、施工要求以及工程所处环境条件确定。

(2)普通混凝土结构宜选用通用硅酸盐水泥;有特殊需要时,也可选用其他品种水泥。

(3)对于有抗渗、抗冻融要求的混凝土,宜选用硅酸盐或普通硅酸盐水泥。

(4) 处于潮湿环境的混凝土结构,当使用碱活性骨料时,宜采用低碱水泥。

2) 粗骨料

粗骨料宜选用粒形良好、质地坚硬的洁净碎石或卵石,并应符合下列规定。

(1) 粗骨料最大粒径不应超过构件截面最小尺寸的1/4,且不应超过钢筋最小净间距的3/4;对实心混凝土板,粗骨料的最大粒径不宜超过板厚的1/3,且不应超过40 mm。

(2) 粗骨料宜采用连续粒级,也可用单粒级组合成满足要求的连续粒级。

(3) 含泥量、泥块含量指标应符合相关规定。

3) 细骨料

细骨料宜选用级配良好、质地坚硬、颗粒洁净的天然砂或机制砂,并应符合相关规定。

4) 矿物掺合料

矿物掺合料的品种和等级应根据设计、施工要求以及工程所处环境条件确定,并应符合国家现行有关标准的规定。矿物掺合料的掺量应通过试验确定。

5) 外加剂

外加剂的种类繁多,按其主要功能可归纳为四类:①改善混凝土流变性能的外加剂,如减水剂、引气剂和泵送剂等;②调节混凝土凝结、硬化时间的外加剂,如早强剂、速凝剂、缓凝剂等;③改善混凝土耐久性能的外加剂,如引气剂、防冻剂和阻锈剂等;④改善混凝土其他性能的外加剂,如膨胀剂等。商品外加剂往往是兼有几种功能的复合型外加剂。外加剂的选用应根据混凝土原材料、性能要求、施工工艺、工程所处环境条件和设计要求等因素通过试验确定,并应符合相关规定。

6) 水

混凝土拌合及养护用水应符合现行行业标准《混凝土用水标准》(JGJ 63—2006)的有关规定。

未经处理的海水严禁用于钢筋混凝土结构和预应力混凝土结构中混凝土的拌制和养护。

2. 混凝土设计配合比

混凝土配合比设计应符合下列要求,并应经试验确定。

(1) 应在满足混凝土强度、耐久性和工作性要求的前提下,减少水泥和水的用量。

(2) 当有抗冻、抗渗、抗氯离子侵蚀和化学腐蚀等耐久性要求时,尚应符合现行国家标准《混凝土结构耐久性设计规范》(GB/T 50476—2019)的有关规定。

(3) 应计入环境条件对施工及工程结构的影响。

(4) 试配所用的原材料应与施工实际使用的原材料一致。

3. 混凝土施工配合比

1) 施工配合比的计算

混凝土设计配合比,是在实验室内根据完全干燥的砂、石材料确定的,但施工中使用的砂、石材料都含有一些水分,而且含水量随气候的改变而发生变化,所以,在拌制混凝土前应测定砂、石骨料的实际含水量,并根据测试结果将设计配合比换算为施工配合比。

若混凝土的实验室配合比为水泥：砂：石：水 $=1:S:G:W$,现场实测砂的含水量为 ω_s、石子的含水量为 ω_g,则施工配合比按式(4-6)计算：

$$1 : S(1+\omega_s) : G(1+\omega_g) : (W-S\omega_s-G\omega_g) \tag{4-6}$$

【例 4-1】　已知混凝土设计配合比为 $1 : S : G : W = 1 : 1.289 : 2.738 : 0.439$，水泥用量为 439 kg，经测定砂子的含水量为 3%，石子的含水量为 1%。计算每立方米混凝土材料的实际用量。

【解】

施工配合比为

$1 : S(1+\omega_s) : G(1+\omega_g) : (W-S\omega_s-G\omega_g)$

$= 1 : 1.289 \times (1+3\%) : 2.738 \times (1+1\%) : (0.439-1.289 \times 3\% -2.738 \times 1\%)$

$= 1 : 1.328 : 2.765 : 0.373$

每立方米混凝土中各种材料用量：

水泥：439 kg

砂子：439×1.328 kg $= 582.99$ kg

石子：439×2.765 kg $= 1213.84$ kg

水：439×0.373 kg $= 163.75$ kg

2）施工配料

施工配合比确定后，还须根据工地搅拌机的出料容量计算各种材料的每次投料量。

【例 4-2】　接上题，若选用 JZC350 型双锥自落式搅拌机，其出料容量为 350 L，计算每搅拌一次（即一盘）的投料数量。

【解】

每搅拌一次（一盘）的投料数量：

水泥：439×0.35 kg $= 153.65$ kg，取用 150 kg（即三袋水泥）。

砂子：150×1.328 kg $= 199.20$ kg

石子：150×2.765 kg $= 414.75$ kg

水：150×0.373 kg $= 55.95$ kg

4.3.2　混凝土拌制

混凝土搅拌机按其搅拌原理分为自落式搅拌机和强制式搅拌机两类。根据其构造的不同，又可分为若干种，如表 4-11 所示。自落式搅拌机主要是利用材料的重力机理进行工作，适用于搅拌塑性混凝土和低流动性混凝土。强制式搅拌机主要是利用剪切机理进行工作，适用于搅拌干硬性混凝土及轻骨料混凝土。

表 4-11　混凝土搅拌机类型

自　落　式		强　制　式				
双锥式		立轴式				卧轴式 （单轴、双轴）
反转出料	倾翻出料	涡桨式	行星式		盘转式	
			定盘式	盘转式		

混凝土搅拌机一般是以出料容积(升)标定其规格的,常用的有 250 L、350 L、500 L 型等。选择搅拌机型号时,要根据工程量大小、混凝土的坍落度要求和骨料尺寸等确定,既要满足技术上的要求,亦要考虑经济效益和节约能源。

混凝土宜采用强制式搅拌机搅拌,并应搅拌均匀。混凝土搅拌的最短时间可按表 4-12 采用。当能保证搅拌均匀时可适当缩短搅拌时间。搅拌强度等级 C60 及以上混凝土时,搅拌时间应适当延长。

表 4-12　混凝土搅拌的最短时间　　　　　　　　　　　　　　　　　　s

混凝土坍落度/mm	搅拌机类型	搅拌机出料量/L		
		<250	250~500	>500
≤30	强制式	60	90	120
>40 且<100	强制式	60	60	90
≥100	强制式	60		

注:(1) 当掺有外加剂与矿物掺合料时,搅拌时间应适当延长;

(2) 采用自落式搅拌机时,搅拌时间宜延长 30s;

(3) 当采用其他形式的搅拌设备时,搅拌的最短时间也可按设备说明书的规定或经试验确定。

4.3.3　混凝土运输

1. 对混凝土运输的要求

混凝土自搅拌机中卸出后,应及时运至浇筑地点。为了保证混凝土工程的质量,对混凝土运输的基本要求如下:

(1) 混凝土运输过程中要能保持良好的均匀性,不分层、不离析、不漏浆;

(2) 保证混凝土浇筑时具有规定的坍落度;

(3) 保证混凝土在初凝前有充分的时间进行浇筑并捣实完毕;

(4) 保证混凝土浇筑工作能连续进行;

(5) 转送混凝土时,应注意使拌合物能直接对正倒入装料运输工具的中心部位,以免骨料离析。

2. 混凝土的运输工具

混凝土运输分为地面水平运输、垂直运输和高空水平运输三种情况。

地面水平运输常用的工具有双轮手推车、机动翻斗车、混凝土搅拌运输车和自卸汽车。当混凝土需要量较大,运距较远或使用商品混凝土时,多采用混凝土搅拌运输车和自卸汽车。混凝土搅拌运输车如图 4-25 所示。它是将锥形倾翻出料式搅拌机装在载重汽车的底盘上,可以在运送混凝土的途中继续搅拌,以防止在运距较远的情况下混凝土产生分层离析现象;在运输距离很长时,还可将配好的混凝土干料装入筒内,在运输途中加水搅拌,这样能减少由于长途运输而引起的混凝土坍落度损失。

混凝土的垂直运输,多采用塔式起重机、井架运输机或混凝土泵等。用塔式起重机时一般均配有料斗。如垂直运输采用塔式起重机,可将料斗中的混凝土直接卸到浇筑点;如采用井架运输机,则以双轮手推车为主;如采用混凝土泵,则用布料机布料。

混凝土高空水平运输时应采取措施保证模板和钢筋不变位。

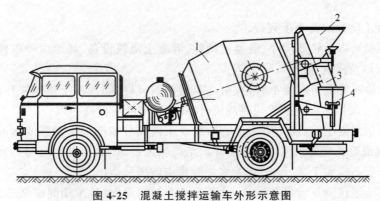

图 4-25　混凝土搅拌运输车外形示意图

1—搅拌筒；2—进料斗；3—固定卸料溜槽；4—活动卸料斗

3. 混凝土输送泵运输

混凝土输送宜采用泵送方式。

混凝土输送泵是一种机械化程度较高的混凝土运输和浇筑设备，它以泵为动力，将混凝土沿管道输送到浇筑地点，可一次完成地面水平、垂直和高空水平运输。该套设备包括混凝土泵、输送管和布料装置。按其移动方式可分为固定式混凝土泵(见图 4-26)和混凝土汽车泵(或称移动泵车)。混凝土输送泵具有输送能力大、效率高、作业连续、节省人力等优点，目前已广泛应用于建筑工程中。

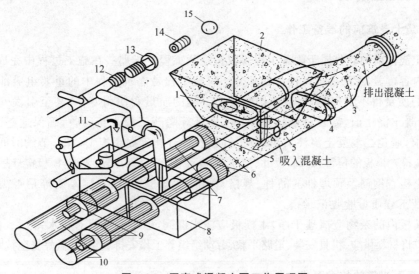

图 4-26　固定式混凝土泵工作原理图

1—吸入端平片阀；2—受料斗；3—Y形输送管；4—排出端竖片阀；5—混凝土缸；
6—混凝土活塞；7—活塞杆；8—水箱；9—液压活塞；10—液压缸；11—水洗装置换向阀；
12—水洗用高压软管；13—水洗用法兰；14—清洗活塞；15—海绵球

采用泵送的混凝土必须具有良好的可泵性。为减小混凝土与输送管内壁的摩阻力，混凝土粗骨料最大粒径不大于 25 mm 时，可采用内径不小于 125 mm 的输送泵管；混凝土粗骨料最大粒径不大于 40 mm 时，可采用内径不小于 150 mm 的输送泵管。为提高混凝土的流动性，混凝土内宜掺入适量外加剂，主要有泵送剂、减水剂和引气剂等。

泵送混凝土浇筑应符合下列规定。

（1）宜根据结构形状及尺寸、混凝土供应、混凝土浇筑设备、场地内外条件等划分每台输送泵浇注区域及浇筑顺序。

（2）采用输送管浇筑混凝土时，宜由远及近浇筑，以便随混凝土浇筑工作的逐步完成，逐步拆除管道。采用多根输送管同时浇筑时，其浇筑速度宜保持一致。

（3）在泵送混凝土前，应先用适量的与混凝土内成分相同的水泥浆或水泥砂浆湿润输送管内壁。润滑输送管的水泥砂浆用于湿润结构施工缝时，水泥砂浆应与混凝土浆液成分相同；接浆厚度不应大于 30 mm，多余水泥砂浆应收集后运出。

（4）混凝土泵送浇筑应保持连续；若混凝土供应不及时，应采用间歇泵送方式。

（5）输送泵管安装接头应严密，输送泵管转向宜平缓。

（6）泵的受料斗内应经常有足够的混凝土，防止吸入空气引起阻塞。

（7）预计泵送的间歇时间超过初凝时间或混凝土出现离析现象时，应立即用压力水冲洗管内残留的混凝土。

（8）混凝土浇筑后，应按要求完成输送泵和输送管的清理。

4. 混凝土的运输时间

混凝土应以最少的转运次数和最短的时间从搅拌地点运至浇筑地点，并在初凝前浇筑完毕。

4.3.4 混凝土浇筑

1. 混凝土浇筑前的准备工作

混凝土浇注前的验收属于隐蔽工程验收。隐蔽工程是指那些在施工过程中完成后，将被其他工程内容覆盖，无法再进行检查的部分。隐蔽工程是建筑工程中的重要组成部分，如果隐蔽工程的质量得不到保障，将直接影响整个工程的质量和使用寿命，甚至引发安全事故。因此，在混凝土浇注前，需要对钢筋、预埋件、模板等隐蔽工程进行验收，确保这些部分的质量符合要求，避免在混凝土浇注后出现质量问题，也有利于提高施工效率，节约时间和成本。

（1）应检查模板的位置、标高、尺寸、强度、刚度等各方面是否满足要求，模板接缝是否严密；

（2）应检查钢筋及预埋件的品种、规格、数量、摆放位置、保护层厚度等是否满足要求，并做好隐蔽工程质量验收记录；

（3）模板内的杂物应清理干净，木模板应浇水湿润，但不允许留有积水；

（4）应将材料供应、机具安装、道路平整、劳动组织等工作安排就绪，并做好安全技术交底。

2. 混凝土浇筑的技术要求

1）混凝土浇筑的一般要求

（1）混凝土浇筑应保证混凝土的均匀性和密实性。混凝土宜一次连续浇筑。

（2）柱、墙混凝土设计强度等级高于梁、板混凝土设计强度等级时，混凝土浇筑应符合下列规定。

① 柱、墙混凝土设计强度比梁、板混凝土设计强度高一个等级时，柱、墙位置梁、板高度范围内的混凝土经设计单位同意，可采用与梁、板混凝土设计强度等级相同的混凝土进行浇筑。

② 柱、墙混凝土设计强度比梁、板混凝土设计强度高两个等级及以上时，应在交界区域采

取分隔措施。分隔位置应在低强度等级的构件中,且距高强度等级构件边缘不应小于 500 mm。

③ 宜先浇筑高强度等级混凝土,后浇筑低强度等级混凝土。

(3) 混凝土拌合物运至浇筑地点后,应立即浇筑入模。如发现拌合物的坍落度有较大变化或有离析现象,应及时处理。

(4) 混凝土应在初凝前浇筑完毕,如已有初凝现象,则应进行一次强力搅拌,使其恢复流动性后方可浇筑。

(5) 为防止混凝土浇筑时产生分层离析现象,在竖向结构柱、墙模板内的混凝土浇筑倾落高度应符合表 4-13 的规定;当不能满足要求时,应加设串筒、溜管、溜槽等装置(见图 4-27)。

(6) 浇筑竖向结构(如墙、柱)的混凝土之前,底部应先浇入 50～100 mm 厚与混凝土成分相同的水泥砂浆。

表 4-13　柱、墙模板内混凝土浇筑倾落高度限值　　　　　　　　　　　　　　m

条　　件	浇筑倾落高度限值
粗骨料粒径大于 25 mm	≤3
粗骨料粒径小于 25 mm	≤6

注:当有可靠措施能保证混凝土不产生离析时,混凝土的倾落高度可不受本表限制。

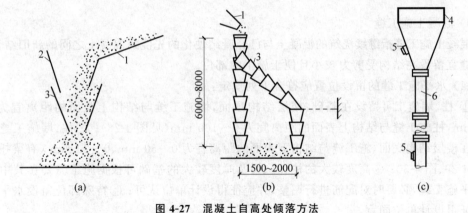

图 4-27　混凝土自高处倾落方法

(a) 溜槽;(b) 串筒;(c) 振动串筒

1—溜槽;2—挡板;3—串筒;4—漏斗;5—振动器;6—溜管

2) 浇筑层厚度

混凝土浇筑过程应分层进行,分层浇筑应符合表 4-14 规定的分层振捣厚度要求,上层混凝土应在下层混凝土初凝之前浇筑完毕。

表 4-14　混凝土分层振捣的最大厚度

振捣方法	混凝土分层振捣最大厚度
振动棒	振捣器作用部分长度的 1.25 倍
平板振动器	200 mm
附着振动器	根据设置方式,通过试验确定

3) 浇筑间歇时间

混凝土运输、浇筑及间歇的全部时间不应超过混凝土的初凝时间,若超过初凝时间必须留置施工缝。

混凝土运输、输送入模的过程宜连续进行,从运输到输送入模的延续时间不宜超过表 4-15 的规定,且不应超过表 4-16 的限值规定。

掺早强型减水外加剂、早强剂的混凝土以及有特殊要求的混凝土,应根据设计及施工要求,通过试验确定允许时间。

表 4-15　运输到输送入模的延续时间　　　　　　　　min

条　件	气　温	
	≤25℃	>25℃
不掺外加剂	90	60
掺外加剂	150	120

表 4-16　运输、输送入模及其间歇总的时间限值　　　　　　　　min

条　件	气　温	
	≤25℃	>25℃
不掺外加剂	180	150
掺外加剂	240	210

4) 混凝土施工缝

混凝土施工缝指继续浇筑的混凝土与已经凝结硬化的先浇筑混凝土之间的新旧结合面。施工缝宜留设在结构受剪力较小且便于施工的部位。

(1) 水平施工缝的留设位置应符合下列规定:

① 柱、墙施工可留设在基础、楼层结构顶面,墙施工缝与结构上表面的距离宜为 0～300 mm,柱施工缝与结构上表面的距离宜为 0～100 mm(见图 4-28);②柱、墙施工缝也可留设在楼层结构底面,施工缝与结构下表面的距离宜为 0～50 mm、0～20 mm (有梁托时),见图 4-29、图 4-30;③高度较大的柱、墙、梁及厚度较大的基础可根据施工需要在其中部留设水平施工缝,必要时对配筋进行调整,并应征得设计单位认可;④特殊部位留设水平施工缝应征得设计单位同意。

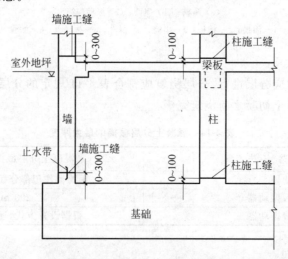

图 4-28　基础、楼层顶面留设水平施工缝示意图(单位:mm)

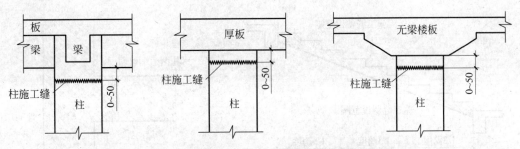

图 4-29 柱在楼层结构底面留设水平施工缝示意图（单位：mm）

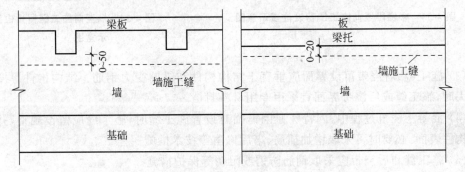

图 4-30 墙在楼层结构底面留设水平施工缝示意图（单位：mm）

（2）竖向施工缝和后浇带的留设位置应符合下列规定：

①有主次梁的楼板施工缝应留设在次梁跨度中间的 1/3 范围内（见图 4-31）；②单向板施工缝留设在平行于板短边的任意位置（见图 4-32）；③楼梯段施工缝宜设置在梯段跨度端部的 1/3 范围内（见图 4-33）；④墙的施工缝宜设置在门洞口过梁跨中 1/3 范围内，也可留设在纵横交接处（图 4-34）；⑤后浇带留设位置应符合设计要求；⑥双向受力的板、大体积混凝土结构、拱、穹拱、薄壳、多层刚架及其他结构复杂的工程，施工缝的位置应按设计要求留置；⑦特殊结构部位留设竖向施工缝应征得设计单位同意。

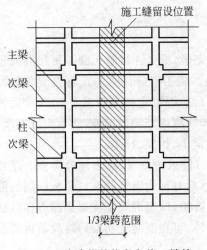

图 4-31 主次梁结构竖向施工缝的
留设位置示意图

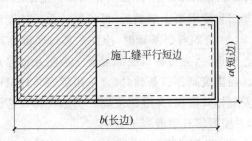

图 4-32 单向板竖向施工缝留设位置示意图

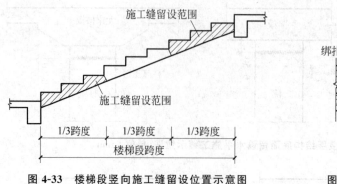

图 4-33 楼梯段竖向施工缝留设位置示意图 图 4-34 墙竖向施工缝留设位置示意图

（3）施工缝、后浇带留设界面应垂直于结构构件和纵向受力钢筋。结构构件厚度或高度较大时，施工缝或后浇带界面宜采用专用材料封挡。

（4）混凝土浇筑过程中，因特殊原因需临时设置施工缝时，施工缝应留设规整，并宜垂直于构件表面，必要时可采取增加插筋、事后修凿等技术措施。

（5）施工缝和后浇带应采取钢筋防锈或阻锈等保护措施。

施工缝或后浇带处浇筑混凝土应符合下列规定。

（1）结构面应采用粗糙面。结合面应清除浮浆、疏松石子、软弱混凝土层，并应清理干净。

（2）结构面处应采用洒水方法进行充分湿润，并不得有积水。

（3）施工缝处已浇筑混凝土的强度不应低于 1.2 MPa。

（4）柱、墙水平施工缝水泥砂浆接浆层厚度不应大于 30 mm，接浆层水泥砂浆应与混凝土同成分。

（5）从施工缝处继续浇筑混凝土时需仔细振捣密实，使新旧混凝土结合紧密。

3. 现浇混凝土结构的浇筑方法

1）基础的浇筑

（1）浇筑台阶式基础时，可按台阶分层一次浇筑完毕，不允许留施工缝。每层混凝土的浇筑顺序是先边角后中间，使混凝土能充满模板边角。施工时应注意防止垂直交角处混凝土出现脱空（即吊脚）、蜂窝现象。其措施是：将第一台阶混凝土捣固下沉 2～3 cm 后暂不填平，继续浇筑第二台阶时，先用铁锹沿第二台阶模板底圈内外均做成坡，然后再分层浇筑，待第二台阶混凝土灌满后，再将第一台阶外圈混凝土铲平、拍实、抹平。

（2）浇筑杯形基础时，应注意杯口底部标高和杯口模板的位置，防止杯口模板上浮和倾斜。浇筑时，先将杯口底部混凝土振实并稍停片刻，然后对称均衡浇筑杯口模板四周的混凝土。当浇筑高杯口基础时，宜采用后安装杯口模板的方法，即当混凝土浇捣到接近杯口底时再安装杯口模板，并继续浇捣。为加快杯口芯模的周转，可在混凝土初凝后终凝前将芯模拔出，并随即将杯壁混凝土划毛。

（3）浇筑锥形基础时，应注意斜坡部位混凝土的捣固密实，在用振动器振捣完毕后，再用人工将斜坡表面修正、拍实、抹平，使其符合设计要求。

（4）浇筑柱下基础时，应特别注意柱子插筋位置的准确，防止其移位和倾斜。在浇筑开始时，先满铺一层 5～10 cm 厚的混凝土并捣实，使柱子插筋下端和钢筋网片的位置基本固定，然后再继续对称浇筑，并在下料过程中注意避免碰撞钢筋，有偏差时应及时纠正。

（5）浇筑条形基础时，应根据基础高度分段分层连续浇筑，一般不留施工缝。每段浇筑长度控制在 2～3 m，各段各层间应相互衔接，呈阶梯形向前推进。

（6）浇筑设备基础时，一般应分层浇筑，并保证上下层之间不出现施工缝，分层厚度为 20～30 cm，并尽量与基础截面变化部位相符合。每层浇筑顺序宜从低处开始，沿长边方向自一端向另一端推进，也可采取自中间向两边或自两边向中间推进的顺序。对一些特殊部位，如地脚螺栓、预留螺栓孔、预埋管道等，浇筑时要控制好混凝土上升速度，使两边均匀上升，同时避免碰撞，以免发生歪斜或移位。对螺栓锚板及预埋管道下部的混凝土要仔细振捣，必要时采用细石混凝土填实。对于大直径地脚螺栓，在混凝土浇筑过程中宜用经纬仪随时观测，发现偏差及时纠正。预留螺栓孔的木盒应在混凝土初凝后及时拔出，以免硬化后再拔出损坏预留孔附近的混凝土。

2）主体结构的浇筑

（1）柱混凝土浇筑

①柱混凝土浇筑宜在梁板模板安装完毕、钢筋尚未绑扎之前进行，以便利用梁板模板稳定柱模板，并作为浇筑柱混凝土的操作平台；②浇筑一排柱子的顺序，应从两端同时开始向中间推进，不宜从一端推向另一端，以免因浇筑混凝土后模板吸水膨胀而产生横向推力，致使最后的柱弯曲变形；③柱子应沿高度分层浇筑、分层振捣，其分层厚度应符合表 4-14 的规定。

（2）墙混凝土浇筑

①墙体应沿高度分段浇筑，每段的高度不应大于 3 m。②浇注剪力墙时应采取长条流水作业，分区段分层浇筑振捣，均匀上升，每层浇筑厚度控制在 60 cm 左右。③浇筑墙体中门窗洞口部位时，应在洞口两侧同时浇筑，且使两侧混凝土高度大体一致，以防止门窗洞口部位的模板移动；窗口部位应先浇筑窗台下部混凝土，稍停片刻后再浇筑窗间墙处。④浇筑剪力墙、薄墙等窄深结构时，为避免混凝土浇筑至一定高度后，由于积聚大量浆水而可能造成混凝土强度不均的现象，宜在浇筑到适当高度时适量减少混凝土的配合比用水量。

（3）梁、板混凝土浇筑

①梁与板的混凝土一般同时浇筑。浇筑时先将梁的混凝土分层浇筑成阶梯形，当达到板底位置时即与板的混凝土一起浇筑，随着阶梯形的不断延长，板的浇筑也不断向前推进。②当梁的高度大于 1 m 时，可先单独浇筑梁，在距板底以下 2～3 cm 处留置水平施工缝。③当浇筑柱与梁、主次梁交叉处的混凝土时，一般钢筋较密集，特别是上部负弯矩钢筋既粗又多，造成混凝土下料困难。必要时，这部分可改用细石混凝土浇筑，同时振捣棒头可改用片式并辅以人工捣固配合。④在浇筑与柱、墙连成整体的梁、板时，应在柱、墙的混凝土浇筑完毕后停歇 1～1.5 h，使其初步沉实，排出泌水后，再继续浇筑梁、板的混凝土。

3）大体积混凝土的浇筑

大体积混凝土指混凝土结构物实体尺寸不小于 1 m 的大体量混凝土，或预计会因混凝土中胶凝材料水化引起的温度变化和收缩而导致有害裂缝产生的混凝土。

大体积混凝土结构浇筑应符合下列规定。

（1）用多台输送泵接输送泵管浇筑时，输送泵管布料点间距不宜大于 10 m，并由远而近浇筑。

（2）用汽车布料机输送浇筑时，应根据布料机工作半径确定布料点数量，各布料点浇筑速度应保持均衡。

（3）宜先浇筑深坑部分，再浇筑大面积基础部分。

（4）大体积混凝土浇筑最常用的方法为斜面分层法；如果是对混凝土流淌距离有特殊要求的工程，可采用全面分层或分块分层的浇筑方法。

斜面分层浇筑方法见图4-35；全面分层浇筑方法见图4-36；分块分层浇筑方法见图4-37。在保证各层混凝土连续浇筑的条件下，层与层之间的间歇时间应尽可能缩短，以满足整个混凝土浇筑过程连续。

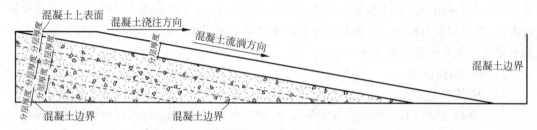

图 4-35　大体积混凝土斜面分层浇筑方法示意图

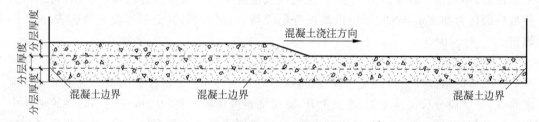

图 4-36　大体积混凝土全面分层浇筑方法示意图

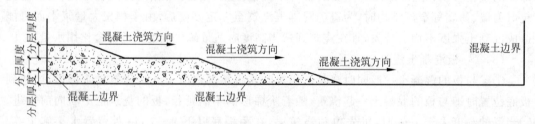

图 4-37　大体积混凝土分块分层浇筑方法示意图

（5）混凝土分层应采用自然流淌形成斜坡，并应沿高度均匀上升，分层厚度不宜大于500 mm。混凝土每层的厚度 H 应符合表4-17的规定，以保证混凝土能够振捣密实。

（6）混凝土浇筑后，在混凝土初凝前和终凝前宜分别对混凝土裸露表面进行抹面处理，抹面次数宜适当增加。

（7）大体积混凝土施工由于采用流动性大的混凝土进行分层浇筑，上下层施工的间隔时间较长，经过振捣后上涌的泌水和浮浆易顺着混凝土坡面流到坑底，所以基础大体积混凝土结构浇筑应有排出积水或混凝土泌水的有效措施。

表 4-17 大体积混凝土的浇筑层厚度

	混凝土振捣方法		混凝土浇筑层厚度/mm
混凝土	插入式振捣		振动作用半径的 1.25 倍
	表面振捣		200
	人工振捣	(1) 在基础、无筋混凝土或配筋稀疏构件中	250
		(2) 在梁、墙板、柱结构中	240
		(3) 在配筋稠密结构中	150
轻骨料混凝土	插入式振捣		300
	表面振捣(振动时需加荷)		200

混凝土温度裂缝的产生原因及防治措施如下：

大体积混凝土在凝结硬化过程中会产生大量的水化热。在混凝土强度增长初期，积蓄在内部的大量热量不易散发，致使其内部温度显著升高，而表面散热较快，这样就形成较大的内外温差。该温差使混凝土内部产生压应力，而混凝土外部产生拉应力，当温差超过一定程度后，就易在混凝土表面产生裂缝。在浇筑后期，当混凝土内部逐渐散热冷却产生收缩时，由于受到基岩或混凝土垫层的约束，接触处将产生很大的拉应力。一旦拉应力超过混凝土的极限抗拉强度，便会在约束接触处产生裂缝，甚至形成贯穿整个断面的裂缝。这将严重破坏结构的整体性，对于混凝土结构的承载能力和安全极为不利，在施工中必须避免。

为了有效地控制温度裂缝，应设法降低混凝土的水化热和降低混凝土的内外温差，一般将温差控制在 20～25℃ 以下时，不会产生温度裂缝。降低混凝土水化热的措施有：选用低水化热水泥配置混凝土，如矿渣水泥、火山灰水泥等；尽量选用粒径较大、级配良好的粗细骨料，控制砂石含泥量，以减少水泥用量，并可减小混凝土的收缩量；掺加粉煤灰等掺合料和减水剂，改善混凝土的和易性，以减少用水量，相应可减少水泥用量；掺加缓凝剂以降低混凝土的水化反应速度，可控制其内部的升温速度。降低混凝土内外温差的措施有：降低混凝土拌合物的入模温度，如夏季可采用低温水(地下水)或冰水搅拌，对骨料用水冲洗降温，或对骨料进行覆盖或搭设遮阳装置以避免暴晒；必要时可在混凝土内部预埋冷却水管，通入循环水进行人工导热；冬季应及时对混凝土覆盖保温、保湿材料，避免其表面温度过低而造成内外温差过大；扩大浇注面和散热面，减小浇筑层厚度和适当放慢浇筑速度，以便在浇筑过程中尽量多地释放出水化热，从而可降低混凝土内部的温度。

此外，为了控制大体积混凝土裂缝的开展，在某些情况下，可在施工期间设置作为临时伸缩缝的"后浇带"，将结构分为若干段，以有效降低温度收缩应力。待混凝土经过一段时间的养护收缩后，再在后浇带中浇筑补偿收缩混凝土，将分段的混凝土连成整体。在正常的施工条件下，后浇带的间距一般为 20～30 m，带宽 0.7～1.0 m，混凝土浇筑 30～40 d 后用比原结构强度等级提高 1～2 个等级的混凝土填筑，并保持不少于 15 d 的潮湿养护。

4) 水下混凝土的浇筑

在钻孔灌注桩、地下连续墙等基础工程以及水利工程施工中常需要直接在水下浇筑混凝土，而且灌注桩与地下连续墙是在泥浆中浇筑混凝土。水下或泥浆中浇筑混凝土一般采用导管法，其特点是：利用导管输送混凝土并使其与环境水或泥浆隔离，依靠管中混凝土自重挤压导管下部管口周围的混凝土，使其在已浇筑的混凝土内部流动、扩散，边浇筑边提升导管，直至混凝土浇筑完毕。采用导管法，不但可以避免混凝土与水或泥浆的接触，而且可保证混凝土中骨料和水泥浆不分离,从而保证了水下浇筑混凝土的质量。

导管法浇筑水下混凝土的主要设备有金属导管、盛料漏斗和提升机具等(见图 4-38)。导管一般由钢管制成,管径为 200～300 mm,每节管长 1.5～2.5 m。导管下部设有球塞,球塞可用软木、橡胶、泡沫塑料等制成,其直径比导管内径小 15～20 mm。盛料漏斗固定在导管顶部,起着盛混凝土和调节导管中混凝土量的作用,盛料漏斗的容积应足够大,以保证导管内混凝土具有必需的高度。盛料漏斗和导管悬挂在提升机具上,常用的提升机具有卷扬机、起重机、电动葫芦等,可操纵导管的下降和提升。

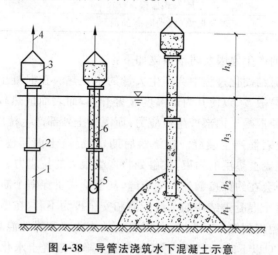

图 4-38   导管法浇筑水下混凝土示意
1—导管;2—接头;3—盛料漏斗;4—提升吊索;5—球塞;6—铁丝

施工时,先将导管沉入水中,底部距水底约 100 mm 处,导管内用铁丝或麻绳将球塞悬吊在水位以上 0.2 m 处,然后向导管内浇筑混凝土。待导管和盛料漏斗装满混凝土后即可剪断吊绳,水深 10 m 以内时可立即剪断,水深大于 10 m 时可将球塞降到导管中部或接近管底时再剪断吊绳。此时混凝土靠自重推动球塞下落,冲出管底后向四周扩散,形成一个混凝土堆,并将导管底部埋于混凝土中。当混凝土不断从盛料漏斗灌入导管并从其底部流出扩散后,管外混凝土面不断上升,导管也相应地进行提升。每次提升高度应控制在 150～200 mm 范围内,以保证导管下端始终埋在混凝土内,其最小埋置深度见表 4-18,最大埋置深度不宜超过 5 m,以保证混凝土的浇筑顺利进行。

表 4-18   导管的最小埋入深度   m

混凝土水下浇筑深度	导管埋入混凝土的最小深度	混凝土水下浇筑深度	导管埋入混凝土的最小深度
≤10	0.8	15～20	1.3
10～15	1.1	>20	1.5

当混凝土从导管底部向四周扩散时,靠近管口的混凝土均匀性较好、强度较高,而离管口较远的混凝土易离析,强度有所下降。为保证混凝土的质量,导管作用半径取值不宜大于 4 m,多根导管共同浇筑时,导管间距不宜大于 6 m,每根导管浇筑面积不宜大于 30 m²。当采用多根导管同时浇筑时,应从最深处开始,并保证混凝土面水平、均匀地上升,相邻导管下口的标高差值不应超过导管间距的 1/20～1/15。

混凝土的浇筑工作应连续进行,不得中断。应保证混凝土的供应量大于管内混凝土必须保持的高度所需要的混凝土量。

采用导管法浇筑时,由于与水接触的表面一层混凝土结构松软,故在浇筑完毕后应予以清除。软弱层的厚度,在清水中至少按 0.2 m 取值,在泥浆中至少按 0.4 m 取值。因此,浇筑混凝土时的标高控制,应比设计标高超出此值。

4.3.5　混凝土密实成型

混凝土密实成型应能使模板内各个部位混凝土密实、均匀,不应漏振、欠振、过振。

混凝土浇筑入模后,由于骨料间的摩阻力和水泥浆的黏滞力,使其不能自行填充密实,内部有一定体积的空洞和气泡,不能达到所要求的密实度,这将会影响混凝土的强度和耐久性。因此,必须对混凝土进行密实成型,使其充满模板,以保证构件的外形及尺寸正确、表面平整、强度和其他性能符合设计及使用要求。

混凝土密实成型的方法目前多采用机械振动成型,必要时可采用人工辅助振捣。

常用的混凝土振动机械按其工作方式分为插入式振捣棒、平板振动器、附着振动器和振动台,如图 4-39 所示。

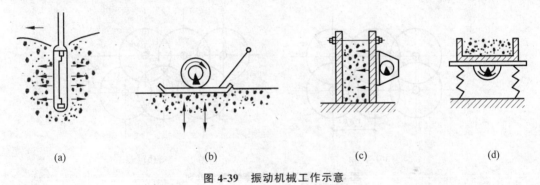

(a)　　　　　　　(b)　　　　　　　(c)　　　　　　　(d)

图 4-39　振动机械工作示意

(a) 插入式振捣棒;(b) 平板振动器;(c) 附着振动器;(d) 振动台

1. 插入式振捣棒施工

插入式振捣棒又称插入式振动器,常用的有电动软轴插入式振捣棒(见图 4-40)和直联插入式振捣棒(见图 4-41)。电动软轴插入式振捣棒由电动机、软轴、振动棒、增速器等组成,其振捣效果好,且构造简单、使用方便、使用寿命长,是建筑工程施工中应用最广泛的一种振动器。插入式振捣棒主要用于振捣大体积混凝土、基础、柱、梁、墙、厚板等结构。

使用插入式振捣棒时一般应垂直插入。分层浇筑混凝土时,为使上、下层混凝土互相结合,应将振捣棒插入下层尚未初凝的混凝土中不小于 50 mm,如图 4-42 所示。

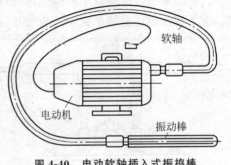

图 4-40　电动软轴插入式振捣棒

软轴

电动机

振动棒

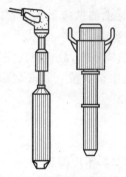

图 4-41　直联插入式振捣棒

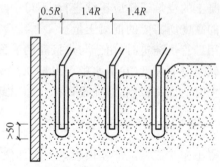

图 4-42　插入式振捣棒插入深度

用插入式振捣棒作业时,要做到快插与慢拔。快插是为了防止先将表面混凝土振实,与下部混凝土发生分层离析现象;慢拔是为了使混凝土填满振捣棒抽出时形成的空洞。振捣棒的插点要均匀排列,可采用行列式和交错式排列,如图 4-43 所示。插点间距不应大于 $1.4R$(R 为振捣棒的作用半径),插点与模板距离不应大于 $0.5R$。振捣中应避免碰振钢筋、模板及预埋件等。若混凝土表面无明显塌陷、有水泥浆出现、不再冒气泡时,可结束该部位振捣。

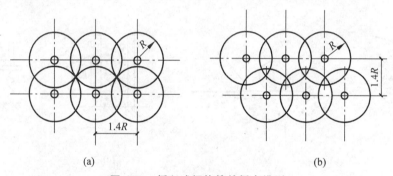

(a)　　　　　　　　　　　　　　　　　　(b)

图 4-43　插入式振捣棒的插点排列

(a) 行列式;(b) 交错式

2. 平板振动器施工

平板振动器是将振动器固定在一块底板上而成,如图 4-44 所示。它适用于振动平面面积大、表面平整而厚度较小的构件,如楼板、垫层和薄壳等构件。平板振动器的有效作用深度,在无筋及单层配筋平板中约为 200 mm,在双层配筋平板中约为 120 mm。

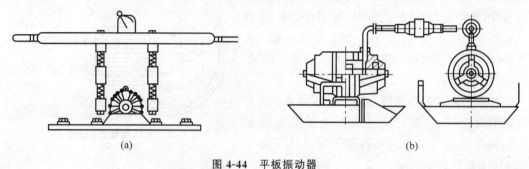

(a)　　　　　　　　　　　　　　　　　　(b)

图 4-44　平板振动器

(a) 有缓冲弹簧的振动器;(b) 带槽形平板的振动器

使用平板振动器时应将混凝土浇筑区划分为若干排,依次按排平拉慢移,顺序前进。移动间距应使振动器的平板覆盖已振完混凝土的边缘 30～50 mm,以防漏振。振动倾斜表面时,应由低处逐渐向高处移动,以保证混凝土振实。平板振动器在每一位置上的振动延续时间一般为 25～40 s,以混凝土表面平整、停止下沉并均匀出现浆液为止。

3．附着振动器施工

附着振动器附着在模板外侧,不与混凝土直接接触,通过模板将振动作用间接地传递到混凝土中,如图 4-39(c)所示。它适用于振实钢筋较密、厚度较小以及不宜使用插入式振捣棒的结构构件。

4．振动台施工

振动台是一个支承在弹性支座上的平台,平台下安装有振动机械,平台上固定模板,如图 4-39(d)所示。大型振动台常用于预制构件厂内振实干硬性混凝土,小型振动台常用于实验室内制作试块和小型构件。

4.3.6　混凝土养护

混凝土浇筑后应及时进行保湿养护,保湿养护可采用洒水、覆盖、喷涂养护剂等方式。养护方式应根据现场条件、环境温湿度、构件特点、技术要求、施工操作等因素确定。

（1）混凝土养护时间的相关规定:

① 采用硅酸盐水泥、普通硅酸盐水泥或矿渣硅酸盐水泥拌制的混凝土,养护时间不得少于 7 d;采用其他品种水泥时,养护时间应根据水泥性能确定。

② 采用缓凝型外加剂、大掺量矿物掺合料配制的混凝土,养护时间不应少于 14 d。

③ 抗渗混凝土、强度等级 C60 及以上混凝土,养护时间不应少于 14 d。

④ 后浇带混凝土养护时间不应少于 14 d。

⑤ 地下室底层墙、柱和上部结构首层墙、柱,宜适当增加养护时间。

⑥ 大体积混凝土的养护时间应根据施工方案确定。

（2）洒水养护的相关规定:

① 洒水养护宜在混凝土裸露表面覆盖麻袋或草帘后进行,也可采用直接洒水、蓄水等养护方式;洒水养护应保证混凝土表面处于湿润状态。

② 混凝土养护用水,应符合现行行业标准《混凝土用水标准》(JGJ 63—2006)的有关规定。

③ 当日最低气温低于 5℃时,不应采用洒水养护。

（3）覆盖养护的相关规定:

① 覆盖养护宜在混凝土裸露表面覆盖塑料薄膜、塑料薄膜加麻袋、塑料薄膜加草帘进行。

② 塑料薄膜应紧贴混凝土裸露表面,塑料薄膜内应保持有凝结水。

③ 覆盖物应严密,覆盖物的层数应按施工方案确定。

（4）喷涂养护剂养护的相关规定:

① 应在混凝土裸露表面喷涂覆盖致密的养护剂进行养护。

② 养护剂应均匀喷涂在结构构件表面,不得漏喷;养护剂应具有可靠的保湿效果,保湿效果可通过试验检验。

③ 养护剂使用方法应符合产品说明书的有关要求。

(5) 基础大体积混凝土裸露表面应采用覆盖养护方式;当混凝土外界的温度与混凝土核心的温度的差值小于25℃时,可结束覆盖养护。覆盖养护结束但尚未达到养护时间要求的,可采用洒水养护方式直至养护结束。

(6) 柱、墙混凝土养护方法的相关规定:

① 地下室底层和上部结构首层柱、墙混凝土带模养护时间,不宜少于3 d;带模养护结束后可采用洒水养护方式继续养护,必要时也可采用覆盖养护或喷涂养护剂养护方式继续养护。

② 其他部位柱、墙混凝土可采用洒水养护,也可采用覆盖养护或喷涂养护剂养护。

(7) 混凝土强度达到1.2 MPa前,不得在其上踩踏、堆放物料、安装模板及支架。

(8) 同条件养护试件的养护条件应与实体结构部位养护条件相同,并应妥善保管。

(9) 施工现场应具备混凝土标准试件制作条件,并应设置标准试件养护室或养护箱。标准试件养护应符合国家现行有关标准的规定。

4.3.7　混凝土质量验收和缺陷的技术处理

1. 混凝土质量验收

混凝土的质量验收包括施工过程中的质量检查和施工后的质量验收。

1) 施工过程中混凝土的质量检查

(1) 混凝土拌制过程中应检查其组成材料的质量和用量。当遇雨天或含水量有显著变化时,应增加含水量检测次数,并及时调整水和骨料的用量。

(2) 应检查混凝土在拌制地点及浇筑地点的坍落度。

(3) 当混凝土配合比由于外界影响有变动时,应及时进行检查。

(4) 对混凝土的搅拌时间也应随时进行检查。

2) 施工后混凝土的质量验收

施工后混凝土的质量验收,主要包括对混凝土强度和耐久性的检验、外观质量和结构构件尺寸的检查。

(1) 混凝土的强度等级必须符合设计要求。用于检查结构构件混凝土强度的试件,应在混凝土的浇筑地点随机抽取。每次取样应至少留置一组标准养护试件,同条件养护试件的留置组数应根据实际需要确定。

(2) 对有抗渗要求的混凝土结构,其混凝土试件应在浇筑地点随机取样。同一工程、同一配合比的混凝土取样不应少于一次,留置组数可根据实际需要确定。

(3) 混凝土结构拆模后,应对其外观质量进行检查,即检查其外观有无质量缺陷。

(4) 混凝土结构拆模后,还应对其外观尺寸进行检查。

2. 混凝土缺陷的技术处理

在对混凝土结构进行外观质量检查时,若发现缺陷,应分析其原因,并采取相应的技术处理措施。常见缺陷的原因及处理方法见表 4-19。

表 4-19　混凝土工程常见缺陷的原因及处理方法

缺　陷	原　因	处理方法
数量不多的小蜂窝、麻面	模板接缝处漏浆;模板表面未清理干净,或钢模板未满涂隔离剂,或木模板湿润不够;振捣不够密实	先用钢丝刷或压力水清洗表面,再用 1∶2~1∶2.5 的水泥砂浆填满、抹平并加强养护
蜂窝或露筋	混凝土配合比不准确,浆少石多;混凝土搅拌不均匀,或和易性较差,或产生分层离析;配筋过密,石子粒径过大使砂浆不能充满钢筋周围;振捣不够密实	先去掉薄弱的混凝土和突出的骨料颗粒,然后用钢丝刷或压力水清洗表面,再用比原混凝土强度等级高一级的细石混凝土填满,仔细捣实并加强养护
大蜂窝和孔洞	混凝土产生离析,石子成堆;混凝土漏振	在彻底剔除松软的混凝土和突出的骨料颗粒后,用压力水清洗干净并保持湿润状态 72 h,然后用水泥砂浆或水泥浆涂抹结合面,再用比原混凝土强度等级高一级的细石混凝土浇注、振捣密实,并加强养护
裂缝	构件产生裂缝的原因比较复杂,如:养护不好,表面失水过多;冬季施工中,拆除保温材料时温差过大而引起的温度裂缝,或夏季烈日暴晒后突然降雨而引起的温度裂缝;模板及支撑不牢固,产生变形或局部沉降;拆模不当,或拆模过早使构件受力过早;大面积现浇混凝土的收缩和温度应力过大等	处理方法应根据具体情况确定:对于数量不多的表面细小裂缝,可先用水将裂缝冲洗干净后,再用水泥浆抹补;如裂缝较大较深(宽 1 mm 以内),应沿裂缝凿成凹槽,用水冲洗干净,再用 1∶2~1∶2.5 的水泥砂浆或用环氧树脂胶泥抹补;对于会影响结构整体性和承载能力的裂缝,应采用化学灌浆或压力水泥灌浆的方法补救

4.4　混凝土冬期施工

4.4.1　混凝土冬期施工的基本概念

《建筑工程冬期施工规程》(JGJ/T 104—2011)规定:根据当地多年气温资料统计,当室外日平均气温连续 5 d 稳定低于 5℃即进入冬期施工,当室外平均气温连续 5 d 高于 5℃即解除冬期施工。

在冬期施工期间,混凝土工程应采取相应的冬期施工措施。

1. 温度与混凝土硬化的关系

温度的高低对混凝土强度的增长有很大影响。在湿度合适的条件下,温度越高,水泥水化作用就越迅速、完全,强度就越高;当温度较低时,混凝土硬化速度较慢,强度就较低;当温度降至 0℃以下时,混凝土中的水会结冰,水泥颗粒不能和冰发生化学反应,水化作用几乎停止,强度也就无法增长。

2.冻结对混凝土质量的影响

混凝土在初凝前或刚初凝时遭受冻结,此时水泥来不及水化或水化作用刚刚开始,本身尚无强度,水泥受冻后处于"休眠"状态。恢复正常养护后,其强度可以重新发展直到与未受冻的基本相同,几乎没有强度损失。

若混凝土在初凝后本身强度很小时遭受冻结,此时混凝土内部存在两种应力:一种是水泥水化作用产生的黏结应力;另一种是混凝土内部自由水结冻,体积膨胀8%~9%所产生的冻胀应力。当黏结应力小于冻胀应力时,已形成的水泥石内部结构就很容易被破坏,产生一些微裂纹,这些微裂纹是不可逆的;而且冰块融化后会形成孔隙,严重降低了混凝土的密实度和耐久性。在混凝土解冻后,其强度虽然能继续增长,但已不可能达到原设计的强度等级,因此会极大地影响结构的质量。

3.混凝土受冻临界强度

混凝土受冻临界强度指冬期浇筑的混凝土在受冻以前必须达到的最低强度。

若混凝土达到某一强度值以上后再遭受冻结,此时其内部水化作用产生的黏结应力足以抵抗自由水结冰产生的冻胀应力,则解冻后强度还能继续增长,可达到原设计强度等级,只不过是增长缓慢而已。因此,为避免混凝土遭受冻结所带来的危害,必须使混凝土在受冻前达到这一强度值,这一强度值通常称为混凝土受冻临界强度。临界强度与水泥的品种、混凝土强度等级及施工方法等有关。

(1)采用蓄热法、暖棚法、加热法等施工的普通混凝土,采用硅酸盐水泥、普通硅酸盐水泥配制时,其受冻临界强度不应小于设计混凝土强度等级值的30%;采用矿渣硅酸盐水泥、粉煤灰硅酸盐水泥、火山灰质硅酸盐水泥、复合硅酸盐水泥时,其受冻临界强度不应小于设计混凝土强度等级值的40%。

(2)当室外最低气温不低于−15℃时,采用综合蓄热法、负温养护法施工的混凝土受冻临界强度不应小于4.0 MPa;当室外最低气温不低于−30℃时,采用负温养护法施工的混凝土受冻临界强度不应小于5.0 MPa。

(3)对于强度等级等于或高于C50的混凝土,其受冻临界强度不宜小于设计混凝土强度等级值的30%。

(4)对有抗渗要求的混凝土,其受冻临界强度不宜小于设计混凝土强度等级值的50%。

(5)对有抗冻耐久性要求的混凝土,其受冻临界强度不宜小于设计混凝土强度等级值的70%。

(6)当采用暖棚法施工的混凝土中掺入早强剂时,可按综合蓄热法确定受冻临界强度。

(7)当施工需要提高混凝土强度等级时,应按提高后的强度等级确定受冻临界强度。

4.4.2 混凝土冬期施工方法

1.混凝土材料的选择及要求

混凝土的配制宜选用硅酸盐水泥或普通硅酸盐水泥,并应符合下列规定:

（1）当采用蒸汽养护时，宜选用矿渣硅酸盐水泥；

（2）混凝土最小水泥用量不宜低于 280 kg/m³，水胶比不应大于 0.55；

（3）大体积混凝土的最小水泥用量，可根据实际情况决定；

（4）强度等级不大于 C15 的混凝土，其水胶比和最小水泥用量可不受以上限制。

拌制混凝土所用骨料应清洁，不得含有冰、雪、冻块及其他易冻裂物质。掺加含有钾、钠离子的防冻剂混凝土，不得采用活性骨料或在骨料中混有此类物质的材料。

冬期施工混凝土选用外加剂应符合现行国家标准《混凝土外加剂应用技术规范》（GB 50119—2013）的相关规定。非加热养护法混凝土施工，所选用的外加剂应含有引气组分或掺入引气剂，含气量宜控制在 3.0%～5.0%。

钢筋混凝土掺用氯盐类防冻剂，氯盐掺量不得大于水泥质量的 1.0%。掺用氯盐的混凝土应振捣密实，且不宜采用蒸汽养护。禁止使用氯盐的情况和部位应严格按照相关规定执行。

模板外和混凝土表面覆盖的保温层不应采用潮湿状态的材料，也不应将保温材料直接铺盖在潮湿的混凝土表面，新浇混凝土表面应铺一层塑料薄膜。

2. 混凝土原材料的加热

冬期施工中要保证混凝土结构在受冻前达到临界强度，这就需要混凝土早期具备较高的温度，以满足强度较快增长的需要。温度升高所需要的热量，一部分来源于水泥的水化热，另外一部分则只有采用加热材料的方法获得。加热材料最有效、最经济的方法是加热水，当加热水不能获得足够的热量时，可加热粗、细骨料，一般采用蒸汽加热。任何情况下都不得直接加热水泥，可在使用前把水泥运入暖棚，使其缓慢均匀地升高一定温度。

混凝土原材料加热宜采用加热水的方法。当加热水仍不能满足要求时，可对骨料进行加热。水、骨料加热的最高温度应符合表 4-20 的规定。

当水和骨料的温度仍不能满足热工计算要求时，可提高水温到 100℃，但水泥不得与 80℃以上的水直接接触。

表 4-20 拌合水及骨料加热最高温度   ℃

水泥强度等级	拌 合 水	骨 料
小于 42.5	80	60
42.5、42.5R 及以上	60	40

3. 混凝土的搅拌、运输和浇注

混凝土搅拌前，应用热水或蒸汽冲洗搅拌机。投料顺序为先投入骨料和已加热的水，再投入水泥，以避免水泥"假凝"。

混凝土搅拌的最短时间应符合表 4-21 的规定。

表 4-21　混凝土搅拌的最短时间

混凝土坍落度/mm	搅拌机容积/L	混凝土搅拌最短时间/s
≤80	<250	90
	250～500	135
	>500	180
>80	<250	90
	250～500	90
	>500	135

混凝土在运输、浇筑过程中的温度和覆盖的保温材料应进行热工计算后确定，且入模温度不应低于5℃。当不符合要求时，应采取措施进行调整。

混凝土运输与输送机具应进行保温或具有加热装置。泵送混凝土在浇筑前应对泵管进行保温，并应采用与施工混凝土同配比砂浆进行预热。

混凝土浇筑前，应清除模板和钢筋上的冰雪和污垢。

冬期不得在强冻胀性地基土上浇筑混凝土；在弱冻胀性基础土上浇筑混凝土时，地基土不得受冻；在非冻胀性地基土上浇筑混凝土时，混凝土受冻临界强度应符合4.4.1节中3.的规定。

大体积混凝土分层浇筑时，已浇筑层的混凝土在未被上一层混凝土覆盖前温度不应低于2℃。采用加热法养护混凝土时，养护前的混凝土温度也不得低于2℃。

4.混凝土冬期的养护方法

混凝土浇筑后应采用适当的方法进行养护，保证混凝土在受冻前至少已达到临界强度，才能避免其强度损失。冬期施工中的混凝土养护方法主要有蓄热法、综合蓄热法、混凝土蒸汽养护法、电加热法、暖棚法、负温养护法等。

1) 蓄热法和综合蓄热法

蓄热法是利用原材料预热的热量及水泥水化热，通过适当的保温措施延缓混凝土的冷却，保证混凝土在冻结前达到所要求强度的一种冬期施工方法。

综合蓄热法施工的混凝土中应掺入早强剂或早强型复合外加剂，并应具有减水、引气作用。

蓄热法养护具有施工简单、不需外加热源、节能、费用低等特点，因此，在混凝土冬期施工时应优先考虑采用。只有当确定蓄热法不能满足要求时，才考虑选择其他方法。

2) 混凝土蒸汽养护法

蒸汽养护法可采用棚罩法、蒸汽套法、热模法、内部通气法等方法进行。

蒸汽养护的混凝土，采用普通硅酸盐水泥时最高养护温度不得超过80℃，采用矿渣硅酸盐水泥时可提高到85℃。但采用内部通气法时，最高加热温度不应超过60℃。

整体浇筑的结构采用蒸汽加热养护时，升温和降温速度不得超过表4-22的规定。

表 4-22　蒸汽加热养护混凝土升温和降温速度

结构表面系数/m⁻¹	升温速度/(℃/h)	降温速度/(℃/h)
≥6	15	10
>6	10	5

蒸汽养护应包括升温、恒温、降温三个阶段,各阶段加热延续时间可根据养护结束时要求的强度确定。

采用蒸汽养护的混凝土,可掺入早强剂或非引气型减水剂。

蒸汽加热养护混凝土时,应排除冷凝水,并应防止其渗入地基土中。当有蒸汽喷出时,喷嘴与混凝土外露面的距离不得小于 300 mm。

4.5　预应力混凝土工程

4.5.1　预应力混凝土概述

普通钢筋混凝土结构具有很多优点,但它也存在一些缺点,如开裂过早、刚度较小、不能充分利用高强度材料等,从而影响了钢筋混凝土结构在建筑工程中的应用。为了克服上述缺点,目前最好的方法是对混凝土施加预应力。即:在构件承受荷载之前,对构件受拉区域通过张拉钢筋的方法将钢筋的回弹力施加给混凝土,使得混凝土获得预压应力。这样,在构件承受荷载后,此预压应力就可以抵消荷载在混凝土中所产生的大部分或全部拉应力,从而延缓了裂缝的产生,抑制了裂缝的开展。

预应力混凝土与普通钢筋混凝土相比,其优点是:构件抗裂性高、刚度大、耐久性好;可充分利用高强度钢筋和高强度等级的混凝土;可减小构件截面尺寸,减轻自重,节约材料;可扩大混凝土结构的使用功能,综合经济效益好。但是,预应力混凝土的施工需要专门的机械设备;工艺比较复杂,要求技术水平较高;对材料也要求严格。当然,随着施工技术的不断发展,预应力混凝土的施工工艺也将进一步成熟和完善。目前,在建筑工程中,预应力混凝土除在屋架、吊车梁、大型屋面板和大跨度空心楼板等单个构件上应用之外,还成功地应用于现浇框架结构体系、现浇楼板结构体系、整体预应力装配式板柱结构体系等整体结构中。

预应力混凝土按施加预应力的方法不同可分为先张法预应力和后张法预应力。先张法是在混凝土浇筑前张拉钢筋,依靠钢筋与混凝土之间的黏结力将钢筋中的预应力传递给混凝土;后张法是在浇筑混凝土并达到一定强度后张拉钢筋,依靠锚具传递预应力。

4.5.2　先张法预应力混凝土施工

先张法是指在台座或模板上先张拉预应力筋并用夹具临时固定,再浇筑混凝土,待混凝土达到一定强度后放张预应力筋,通过预应力筋与混凝土的黏结力使混凝土产生预压应力的施工方法。先张法生产过程如图 4-45 所示。这种方法广泛用于中小型预制构件的生产。

1. 先张法预应力筋和施工设备、机具

1) 预应力筋

在先张法构件生产中,目前常采用的预应力筋为钢丝和钢绞线。钢丝是消除应力钢丝,并采用其中的螺旋肋钢丝和刻痕钢丝,以保证钢丝与混凝土的黏结力。钢绞线按捻制结构的不同分为 1×3 钢绞线和 1×7 钢绞线;按深加工的不同又分为标准型钢绞线和刻痕钢绞线,后者是由刻痕钢丝捻制而成,增加了钢绞线与混凝土的黏结力。

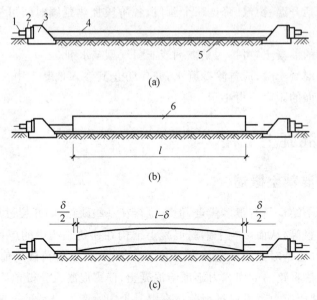

(a)

(b)

(c)

图 4-45　先张法生产示意

（a）张拉预应力筋；（b）制作混凝土构件；（c）放张预应力筋

1—夹具；2—横梁；3—台座；4—预应力筋；5—台面；6—混凝土构件

2）台座

台座是先张法生产中的主要设备之一，它承受预应力筋的全部张拉力。因此，台座应具有足够的强度、刚度和稳定性，以免因台座的变形、倾覆和滑移而造成预应力的损失。台座按构造不同可分为墩式台座和槽式台座两类。

墩式台座由承力台墩、台面与横梁组成（见图 4-46），其长度宜为 50～150 m，宽度一般不大于 2 m。槽式台座由通长的钢筋混凝土压杆、端部上下横梁及台面组成，如图 4-47 所示。台座的长度一般不超过 50 m，宽度随构件外形及制作方式而定，一般不小于 1 m。在台座上加砌砖墙，并加盖后还可以进行蒸汽养护。

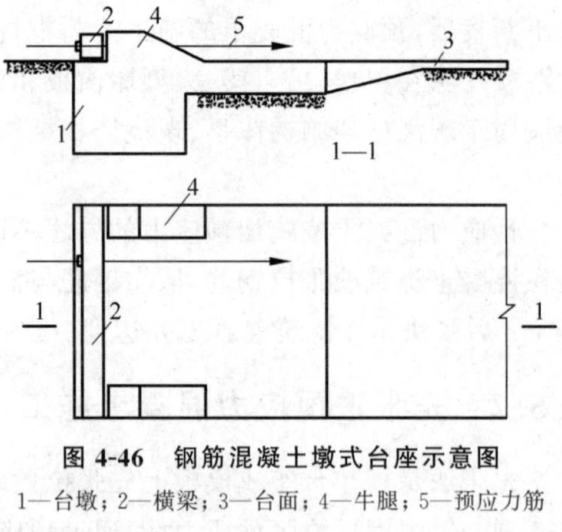

图 4-46　钢筋混凝土墩式台座示意图

1—台墩；2—横梁；3—台面；4—牛腿；5—预应力筋

3）夹具

在先张法施工中，夹具是进行预应力筋张拉和临时锚固的工具。夹具应工作可靠、构造简单、施工方便。

（1）单根钢丝夹具

单根钢丝夹具有多种。图 4-48 所示为锥销夹具，锥销夹具由套筒与锚塞组成，锚塞为倒齿形，它适用于夹持单根直径 4～5 mm 的钢丝。图 4-49 所示为夹片夹具，夹片夹具由套筒与夹片组成，其中图 4-49（a）所示夹具用于固定端，图 4-49（b）所示夹具用于张拉端，其套筒内装有弹簧圈，可将夹片顶紧以确保张拉时夹片不滑脱，它适用于夹持单根直径 5 mm 的钢丝。预应力钢丝的固定端常采用镦头夹具，见图 4-50，其镦头可采用冷镦法制作，它适用于固定直径 7 mm 的钢丝。

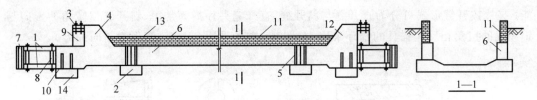

图 4-47 钢筋混凝土槽式台座示意图

1—下横梁；2—基础板；3—上横梁；4—张拉端柱；5—卡环；6—中间传力柱；7—钢横梁；
8、9—垫块；10—连接板；11—砖墙；12—锚固端柱；13—砂浆嵌缝；14—支座底板

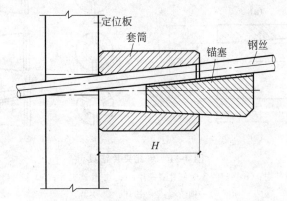

图 4-48 单根钢丝锥销夹具

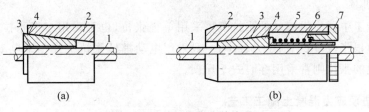

(a)　　　　　　　　　　　　　　(b)

图 4-49 单根钢丝夹片夹具

(a) 固定端夹片夹具；(b) 张拉端夹片夹具

1—钢丝；2—套筒；3—夹片；4—钢丝圈；5—弹簧圈；6—顶杆；7—顶盖

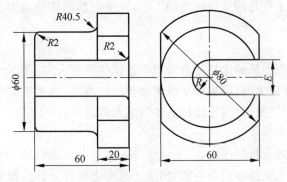

图 4-50 单根镦头夹具

(2) 单根钢绞线夹具

先张法中的钢绞线均采用单孔夹片锚具,它由锚环与夹片组成,见图 4-51。夹片的种类按片数可分为三片式和二片式,二片式夹片的背面上部常开有一条弹性槽,以提高锚固性

能；夹片按开缝形式可分为直开缝与斜开缝,直开缝夹片最为常用,斜开缝偏转角的方向与钢绞线的扭角相反。锚具的锚环采用45号钢;夹片采用合金钢,齿形为斜向细齿。

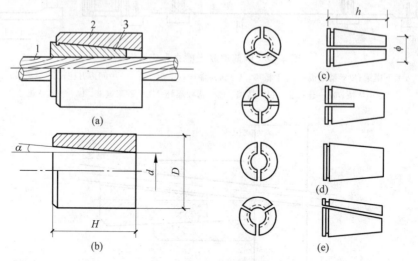

图 4-51　单孔夹片锚具

(a)组装图；(b)锚环；(c)三片式夹片；(d)二片式夹片；(e)斜开缝夹片

1—钢绞线；2—锚环；3—夹片

4) 张拉机具

先张法施工中预应力钢丝的张拉既可采用单根张拉,也可采用多根张拉。在台座上生产时多进行单根张拉,由于张拉力较小,一般采用电动螺杆张拉机或小型电动卷扬张拉机。预应力钢绞线的张拉则常采用穿心式千斤顶。

2. 先张法预应力混凝土施工工艺

先张法预应力混凝土构件在台座上生产时,一般工艺流程如图 4-52 所示。

1) 预应力筋的张拉

预应力筋的张拉工作是施工中的关键工序,预应力筋的张拉应力应严格按照设计要求加以控制。

(1) 张拉方法

先张法生产中预应力筋的张拉一般采用单根张拉的方法。当预应力筋数量较多且密集布筋,张拉设备拉力亦较大时,可采用多根成组张拉的方法,此时应先调整各预应力筋的初应力,使其长度和松紧一致,以保证张拉后各预应力筋的应力一致。

(2) 张拉顺序

在确定预应力筋的张拉顺序时,应考虑尽可能减小台座的倾覆力矩和偏心力。预制空心板梁的张拉顺序为先张拉中间的一根,再逐步向两边对称张拉。预制梁的张拉顺序应为左右对称进行,如梁顶预拉区配有预应力筋,则应先进行张拉。

(3) 张拉程序

预应力钢丝的张拉,由于张拉工作量大,宜采用一次张拉的程序,参见式(4-7):

$$0 \rightarrow 1.03 \sim 1.05\sigma_{con} \text{锚固}$$

$$(4\text{-}7)$$

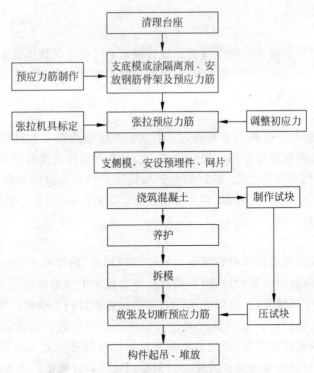

图 4-52　先张法预应力混凝土施工工艺流程

其中，σ_{con} 为设计规定的张拉控制应力；$1.03 \sim 1.05$ 是考虑弹簧测力计的误差、台座横梁或定位板刚度不足、台座长度不符合设计取值、工人操作影响等而采用的系数。

预应力钢绞线的张拉，当采用普通松弛钢绞线时宜采取超张拉；当采用低松弛钢绞线时，可采取一次张拉。张拉程序参见式(4-8)和式(4-9)。

超张拉：

$$0 \to 1.05\sigma_{con} \xrightarrow{\text{持荷 2min}} \sigma_{con} \text{锚固} \tag{4-8}$$

一次张拉：

$$0 \to \sigma_{con} \text{锚固} \tag{4-9}$$

2）混凝土的浇筑与养护

预应力筋张拉完毕后，应尽快进行非预应力筋的绑扎、侧模的安装及混凝土的浇筑工作。在确定混凝土配合比时，应采用低水灰比，并控制水泥用量和采用良好级配的骨料，以尽量减少混凝土的收缩和徐变，从而减少由此引起的预应力损失。混凝土的浇筑必须一次完成，不允许留设施工缝。浇筑中振动器不得碰撞预应力筋，并保证混凝土振捣密实，尤其是构件端部更应确保浇筑质量，以使混凝土与预应力筋之间具有良好的黏结力，保证预应力的传递。

混凝土可采用自然养护或湿热养护，但在台座上进行预应力构件的湿热养护时，应采取正确的养护制度，以减少由温差引起的预应力损失。通常可采取二次升温制，即初次升温的养护温度与张拉钢筋时的温度之差不超过 20℃，当混凝土强度达到 $7.5 \sim 10$ MPa 后再继续升温养护。

3）预应力筋的放张

（1）放张要求

预应力筋放张时，混凝土的强度应符合设计要求；当设计无具体要求时，不应低于设计强度等级值的75%，且不应低于30 MPa。放张前应拆除侧模，使构件放张时能自由回缩，以免损坏模板或构件开裂。

（2）放张顺序

预应力筋的放张顺序应符合下列规定：①宜采取缓慢放张工艺进行逐根或整体放张；②对轴心受压构件，所有预应力筋宜同时放张；③对受弯构件或偏心受压构件，应先同时放张预压应力较小区域的预应力筋，再同时放张预压应力较大区域的预应力筋；④当不能按照上述规定放张时，应分阶段、对称、相互交错放张；⑤放张后，预应力筋的切断顺序宜从张拉端开始逐次切向另一端。

（3）放张方法

总的来说，在预应力筋放张时宜缓慢地放松锚固装置，使各根预应力筋同时缓慢放松。对于配有数量不多钢丝的板类构件，钢丝的放张可直接用钢丝钳或氧-乙炔焰切断。放张工作宜从长线台座的中间处开始，以减少预应力筋的回弹量且利于脱模；对每一块板，应从外向内对称切割，以免构件扭转而端部开裂。若构件中的钢丝数量较多，所有钢丝应同时放张，不允许采用逐根放张的方法，否则最后的几根钢丝将因受力过大而突然断裂，导致构件端部开裂。对于配筋量较多且张拉力较大的钢绞线也应同时放张。多根钢丝或钢绞线的放张，可采用砂箱整体放张法和楔块整体放张法。砂箱装置（见图4-53）或楔块装置（见图4-54）均放置在台座与横梁之间，可以起到控制放张速度的作用，且工作可靠、施工方便。

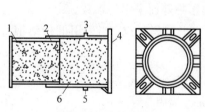 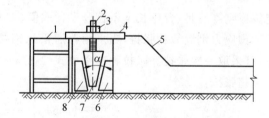

图 4-53　砂箱构造　　　　　　　图 4-54　楔块放张示意
1—活塞；2—钢套箱；3—进砂口；　　　1—横梁；2—螺杆；3—螺母；4—承力板；
4—钢套箱底板；5—出砂口；6—砂　　　5—台座；6、8—钢块；7—钢楔块

4.5.3　后张法有黏结预应力混凝土施工

后张法有黏结预应力混凝土，是指在混凝土达到一定强度的构件或结构中，张拉预应力筋并用锚具永久固定，使混凝土产生预压应力的施工方法。其生产过程如图4-55所示。后张法有黏结预应力施工不需要台座设备，灵活性大，广泛用于施工现场生产大型预制预应力混凝土构件和现浇预应力混凝土结构。

1. 后张法有黏结预应力筋和施工设备、机具

1）有黏结预应力筋

在后张法有黏结预应力施工中，目前预应力钢材主要采用消除应力光面钢丝和1×7钢

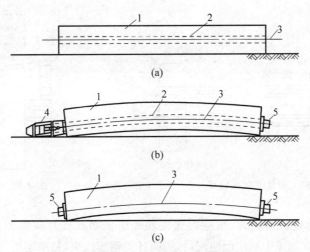

图 4-55　后张法生产示意

(a) 制作构件预留孔道；(b) 张拉预应力筋；(c) 锚固和孔道灌浆

1—混凝土构件；2—预留孔道；3—预应力筋；4—千斤顶；5—锚具

绞线,有时也采用精轧螺纹钢筋,在低预应力构件中也可采用热轧 HRB400 和 RRB400 级钢筋。预应力钢丝按力学性能不同分为普通松弛钢丝和低松弛钢丝。预应力钢绞线则又可分为标准型钢绞线和模拔钢绞线。精轧螺纹钢筋是用热轧方法在整根钢筋表面上轧出无纵肋而横肋为不连续的螺纹,该钢筋在任意截面处都能用带内螺纹的连接器接长或用螺母进行锚固,具有无须焊接、锚固简便的特点。

以上各种预应力钢材在有黏结预应力结构或构件中的应用可归纳为三种类型,即钢丝束、钢绞线束和单根粗钢筋。

2) 锚具

在后张法结构或构件中,锚具是为保持预应力筋拉力并将其传递到混凝土上的永久性锚固装置。锚具应具有可靠的锚固能力,且应构造简单、操作方便、体形较小、成本较低。锚具按所锚固预应力筋的类型不同,可分为钢丝束锚具、钢绞线锚具和粗钢筋锚具,现分别介绍如下。

(1) 钢丝束锚具

① 镦头锚具

镦头锚具是利用钢丝两端的镦粗头来锚固预应力钢丝束的一种锚具。镦头锚具分为 A 型与 B 型,如图 4-56 所示。A 型由锚杯与螺母组成,用于张拉端；B 型为锚板,用于固定端。钢丝采用液压冷镦器镦头。此种锚具加工简便、张拉方便、锚固可靠、成本较低,但对钢丝束的等长要求较严。

② 钢质锥形锚具

钢质锥形锚具由锚环和锚塞组成,用于锚固以锥锚式千斤顶张拉的钢丝束,如图 4-57 所示。

(2) 钢绞线锚具

① 多孔夹片锚具

多孔夹片锚具是在一块多孔的锚板上利用每个锥形孔装一副夹片,夹持一根钢绞线。其优点是：任何一根钢绞线锚固失效都不会引起整体锚固失效,因而锚固可靠。多孔夹片

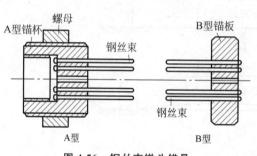

图 4-56　钢丝束镦头锚具

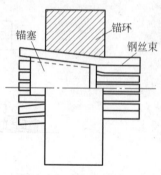

图 4-57　钢质锥形锚具

锚具与锚垫板(也称铸铁喇叭管、锚座)、螺旋筋等组成多孔夹片锚固体系,如图 4-58 所示。此种锚固体系目前在施工中被广泛应用,可锚固各类钢绞线束,每束钢绞线的根数不受限制。

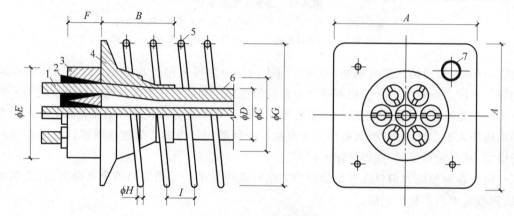

图 4-58　多孔夹片锚固体系

1—钢绞线;2—夹片;3—锚板;4—锚垫板;5—螺旋筋;6—金属波纹管;7—灌浆孔

② 固定端锚具

钢绞线用固定端锚具有挤压锚具、压花锚具等。

挤压锚具是在钢绞线端部安装异形钢丝衬圈和挤压套,利用专用挤压机将挤压套挤过模孔后,使套筒变细而握紧钢绞线,形成可靠的锚固头。挤压锚具下设钢垫板与螺旋筋,形成锚固体系,如图 4-59 所示。

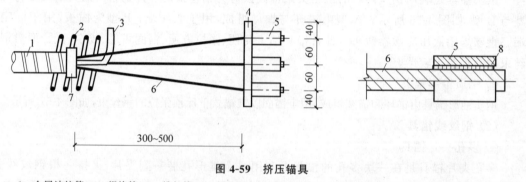

图 4-59　挤压锚具

1—金属波纹管;2—螺旋筋;3—排气管;4—锚垫板;5—挤压锚具;6—钢绞线;7—约束圈;8—异形钢丝衬圈

压花锚具是利用专用压花机将钢绞线端头压成梨形散花头并埋入混凝土内的一种握裹式锚具,如图 4-60 所示。压花锚具要求混凝土强度不应低于 C30,多根钢绞线的梨形头应分排埋置在混凝土内。

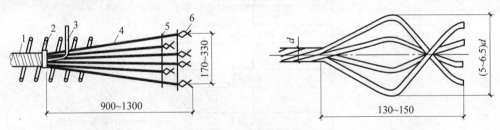

图 4-60　压花锚具
1—金属波纹管;2—螺旋筋;3—排气管;4—钢绞线;5—构造筋;6—压花锚具

（3）粗钢筋锚具

预应力筋中的粗钢筋目前采用的是精轧螺纹钢筋。精轧螺纹钢筋锚具是利用与该钢筋的螺纹相匹配的特制螺母进行锚固的一种支承式锚具,螺母下有垫板,形成锚固体系。

3）张拉设备

在后张法预应力混凝土施工中,预应力筋的张拉均采用液压张拉千斤顶,并配有电动油泵和外接油管,还需装有测力仪表。液压张拉千斤顶按机型不同可分为拉杆式千斤顶、穿心式千斤顶、锥锚式千斤顶等;按使用功能不同可分为单作用千斤顶和双作用千斤顶(即利用双液缸具有张拉预应力筋和顶压锚具的双作用);按张拉吨位大小可分为小吨位(≤250 kN)、中吨位(>250 kN,<1000 kN)和大吨位(≥1000 kN)千斤顶。

2. 后张法有黏结预应力混凝土施工工艺

后张法有黏结预应力混凝土的施工工艺流程见图 4-61。

1）孔道留设

（1）预埋金属螺旋管留孔

预埋金属螺旋管留孔法是目前在有黏结预应力混凝土施工中应用最广泛的一种方法,尤其在现浇预应力混凝土结构中应用更为普遍。金属螺旋管又称波纹管,是用冷轧钢带或镀锌钢带经压波后螺旋咬合而成。它具有质量小、刚度好、连接简便、摩擦系数小、与混凝土黏结良好等优点,可在构件中布置成直线、曲线和折线等各种形状的孔道,是留设孔道的理想材料。

螺旋管外形按照相邻咬口之间的凸出部(即波纹)的数量分为单波纹和双波纹(见图 4-62(a)、(b));按照截面形状分为圆形和扁形(见图 4-62(c));按照径向刚度分为标准型和增强型。标准型圆形螺旋管用途最广,扁形螺旋管仅用于板类构件中。

螺旋管安装时,应事先按设计图中预应力筋的直线或曲线位置在箍筋上画线标出,以螺旋管底标高为准将钢筋支托焊在箍筋上,支托间距为 0.8～1.2 m,箍筋底部要用垫块垫实,螺旋管在托架上安装就位后必须用铁丝绑牢,以防浇筑混凝土时螺旋管上浮而造成质量事故。

（2）抽拔芯管留孔

① 钢管抽芯法。钢管抽芯法用于制作预制构件。该方法的原理是:在预应力筋的位

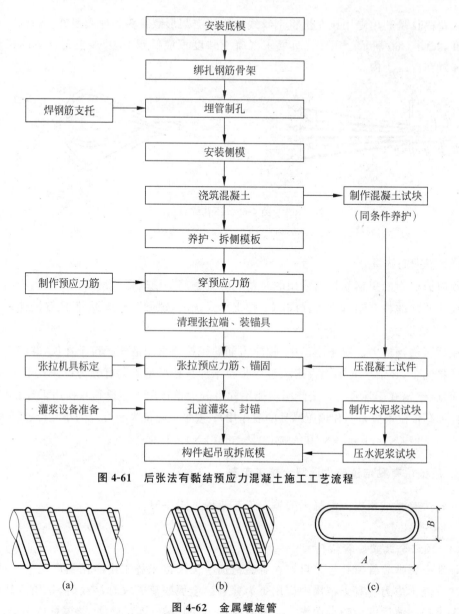

图 4-61　后张法有黏结预应力混凝土施工工艺流程

图 4-62　金属螺旋管

（a）圆形单波纹管；（b）圆形双波纹管；（c）扁形管

置预先埋设钢管，当混凝土浇筑后每隔一定时间缓慢转动钢管，使之不与混凝土黏结，待混凝土初凝后、终凝前抽出钢管即形成孔道。钢管抽芯法仅适用于留设直线形孔道。

②胶管抽芯法。胶管抽芯法也用于制作预制构件。该方法的原理是：在预应力筋的位置预先埋设帆布胶管，浇筑混凝土前向胶管内充入压缩空气或压力水使管径增大约 3 mm，待混凝土初凝后、终凝前放出空气或水，管径则缩小使管与混凝土脱离，即可拔出胶管形成孔道。胶管抽芯法可用于留设直线形或曲线形孔道。

2）预应力筋张拉

（1）张拉要求

预应力筋的张拉是后张法预应力施工中的关键。张拉时构件或结构的混凝土强度应符合设计要求；当设计无具体要求时，不应低于设计强度等级值的 75%。张拉前，应将构件端部预埋钢板与锚具接触处的焊渣、毛刺、混凝土残渣等清除干净。

（2）张拉方式

① 一端张拉。一端张拉的方式适用于长度不大于 30 m 的直线形预应力筋。当同一截面中有多根一端张拉的预应力筋时，张拉端宜分别设置在结构的两端。

② 两端张拉。两端张拉的方式适用于曲线形预应力筋和长度大于 30 m 的直线形预应力筋。两端张拉时，可在结构两端安置设备同时张拉同一束预应力筋，张拉后宜先将一端锚固，再将另一端补足张拉力后进行锚固；也可先在结构一端安置设备，张拉并锚固后再将设备移至另一端，补足张拉力后锚固。

（3）张拉顺序

当结构或构件配有多束预应力筋时，需进行分批张拉。分批张拉的顺序应符合设计要求；当设计无具体要求时，应遵循对称张拉的顺序，以避免构件在偏心压力下出现侧弯或扭转。对于在施工现场平卧重叠制作的构件，其张拉顺序宜先上后下逐层进行。

（4）张拉操作程序

预应力筋的张拉操作程序主要根据构件类型、张拉锚固体系、松弛损失等因素确定。

① 采用普通松弛预应力筋时，为减少预应力筋的应力松弛损失，应采用下列超张拉程序进行操作。

对镦头锚具等可卸载锚具，张拉操作程序参见式（4-10）：

$$0 \rightarrow 1.05\sigma_{con} \xrightarrow{\text{持荷 2min}} \sigma_{con} \text{ 锚固} \tag{4-10}$$

对夹片锚具等不可卸载锚具，张拉操作程序参见式（4-11）：

$$0 \rightarrow 1.03\sigma_{con} \text{ 锚固} \tag{4-11}$$

② 采用低松弛钢丝和钢绞线时，可采取一次张拉，张拉操作程序参见式（4-12）：

$$0 \rightarrow \sigma_{con} \text{ 锚固} \tag{4-12}$$

3）孔道灌浆和封锚

预应力筋张拉、锚固完成后，应立即进行孔道灌浆工作。孔道灌浆可保护预应力筋以免锈蚀；可使预应力筋能与构件混凝土有效地黏结在一起。有黏结预应力可控制构件裂缝的开展，并减轻梁端锚具的负荷，因此必须重视孔道灌浆的质量。

（1）灌浆材料

灌浆用水泥浆的原材料除应符合国家现行有关标准的规定外，尚应符合下列规定：①水泥宜采用强度等级不低于 42.5 的普通硅酸盐水泥；②水泥浆中氯离子含量不应超过水泥质量的 0.06%；③拌合用水和掺加的外加剂不应含有对预应力筋或水泥有害的成分。

水泥浆应具有较大的流动性、较小的干缩性和泌水性。为改善水泥浆性能，可掺入适量减水剂或微膨胀剂，但严禁掺入含氯化物或对预应力筋有腐蚀作用的外加剂。

（2）灌浆施工

灌浆前应全面检查预应力筋孔道及灌浆孔、泌水孔、排气孔是否洁净、畅通。对抽拔芯管所成孔道，可采用压力水冲洗、湿润孔道；对预埋金属螺旋管所成孔道，必要时可采用压缩空气清孔。

灌浆用水泥的性能应符合下列规定：①采用普通灌浆工艺时稠度宜控制在 12～20 s，

采用真空灌浆工艺时稠度宜控制在18～25 s;②水胶比不应大于0.45;③自由泌水率宜为0,且不应大于1%,泌水应在24 h内全部被水泥浆吸收;④自由膨胀率不应大于10%;⑤边长70.7 mm的立方体水泥浆试块28 d标准养护的抗压强度不应低于30 MPa;⑥所采用的外加剂应与水泥做配合比试验并确定掺量后使用。

灌浆用水泥浆应采用高速搅拌机进行搅拌,搅拌时间不应超过5 min;水泥浆使用前应经筛孔尺寸不大于1.2 mm×1.2 mm的筛网过滤;搅拌后不能在短时间内灌入孔道的水泥浆,应保持缓慢搅动;水泥浆拌合后至灌浆完毕的时间不宜超过30 min。

灌浆设备可采用电动或手动灰浆泵。

灌浆的顺序宜先灌注下层孔道,再灌注上层孔道。灌浆连续进行,直至排气管排除的浆体稠度与注浆孔处相同且没有出现气泡后,再顺浆体流动方向将排气孔依次封闭;全部封闭后,宜继续加压0.5～0.7 MPa,并稳压1～2 min后封闭灌浆孔。当泌水较大时,宜进行二次灌浆或泌水重力补浆。因故停止灌浆时,应用压力水将孔道内已注入的水泥浆冲洗干净。

孔道灌浆应填写灌浆记录。

(3) 端头封锚

预应力筋锚固后的外露长度应不小于30 mm,且钢绞线长度不宜小于其直径的1.5倍,多余部分宜用砂轮锯切割。孔道灌浆后应及时用混凝土将锚具封闭保护。封锚混凝土宜采用比构件设计强度高一等级的细石混凝土,其尺寸应大于预埋钢板尺寸,锚具的保护层厚度不应小于50 mm。锚具封闭后与周边混凝土之间不得有裂纹。

4.5.4 后张法无黏结预应力混凝土施工

无黏结预应力混凝土是后张法预应力技术的发展与重要分支,它是指配有无黏结预应力筋并完全依靠锚具传递预应力的一种混凝土结构。无黏结预应力的施工过程是:将无黏结预应力筋如同普通钢筋一样铺设在模板内,然后浇筑混凝土,待混凝土达到设计规定的强度后张拉预应力筋并锚固。这种预应力工艺的特点是:①无须留孔与灌浆,施工简便;②张拉时摩擦力较小;③预应力筋易弯成曲线形状,最适于曲线配筋的结构;④由于预应力只能永久地依靠锚具传递给混凝土,故对锚具要求较高。目前,无黏结预应力技术在单、双向大跨度连续平板和密肋楼板中应用较多,也比较经济合理;在多跨连续梁中也有发展前途。

1. 后张法无黏结预应力筋和施工设备、机具

1) 无黏结预应力筋

无黏结预应力筋由钢绞线、涂料层和外包层组成,如图4-63所示。

钢绞线一般采用1×7结构,直径有9.5 mm、12.7 mm、15.2 mm和15.7 mm等几种。涂料层的作用是使预应力筋与混凝土隔离,减少张拉时的摩擦力,并防止预应力筋腐蚀。涂料层多采用防腐润滑油脂。对其性能的要求是:①具有良好的化学稳定性,对周围材料无侵蚀作用;②不透水、不吸湿;③抗腐蚀性能好;④润滑性能好、摩阻力小;⑤在−20～+70℃温度范围内高温不流淌、低温不变脆,并有一定韧性。无黏结预应力筋的外包层常采用高密度聚乙烯塑料制作,因其具有足够的抗拉强度、韧性和抗磨性,能保证预应力筋在运

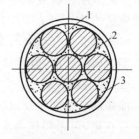

图4-63 无黏结预应力筋
1—钢绞线;2—涂料层;3—外包层

输、储存、铺设和浇筑混凝土的过程中不发生破损。

无黏结预应力筋在工厂制作成型后整盘供应。现场存放时应堆放在通风干燥处,露天堆放应搁置在板架上,并加以覆盖。使用时可按所需长度及锚固形式下料和铺设。

2）锚具

无黏结预应力单根钢绞线张拉端的锚固多采用单孔夹片锚具。单孔夹片锚具的组成与类型见图 4-51。在后张法施工中,此种锚具与承压钢板、螺旋筋共同组成单孔夹片锚固体系,如图 4-64 所示。它常用于锚固直径为 $\phi12.7$ 或 $\phi15.2$ 的钢绞线。

无黏结预应力单根钢绞线固定端的锚固可采用挤压锚具,见图 4-59。

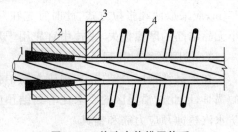

图 4-64　单孔夹片锚固体系
1—钢绞线；2—单孔夹片锚具；
3—承压钢板；4—螺旋筋

3）张拉设备

用于张拉后张法无黏结预应力筋的液压张拉千斤顶,可采用穿心式千斤顶,也可采用前置内卡式千斤顶。后者是一种将工具锚安装在千斤顶前部的穿心式千斤顶,其优点是可减小预应力筋的外伸长度,从而节约钢材,且使用方便、效率高。

2. 后张法无黏结预应力混凝土施工工艺

1）无黏结预应力筋的铺设

在无黏结预应力筋铺设前应仔细检查其外包层,对局部轻微破损处可用防水胶带缠绕补好,严重破损的应予剔除。

（1）铺设顺序

无黏结预应力筋的铺设应严格按照设计要求的曲线形状就位。在单向连续板中,无黏结筋的铺设比较简单,与非预应力筋基本相同。在双向板中,由于无黏结筋需配制成两个方向的悬垂曲线,两个方向的钢筋相互穿插,给施工操作带来困难。因此,必须事先逐根对各交叉点处相应的两个标高进行比较,编制出无黏结筋的铺设顺序。

无黏结预应力筋的铺设通常在底部普通钢筋铺设后进行,水电管线铺设宜在无黏结筋铺设后进行,支座处非预应力负弯矩筋则在最后铺设。

（2）就位固定

无黏结预应力筋的竖向位置宜用支撑钢筋控制,其间距为 1～2 m,以保证无黏结筋的曲率符合设计要求,板类结构中其矢高的允许偏差为 ±5 mm。无黏结筋的水平位置应保持顺直。在对无黏结筋的竖向、水平位置检查无误后,要用铅丝将其与非预应力钢筋及支撑钢筋绑扎牢固,避免在浇筑混凝土的过程中发生位移和变形。

（3）端部固定

张拉端的无黏结筋应与承压钢板垂直,固定端的挤压锚具应与承压钢板贴紧。曲线段的起始点至端部锚固点应有不小于 300 mm 的直线段。当张拉端采用凹入式方法时,可采用塑料穴模、泡沫塑料、木块等形成凹口。

2）无黏结预应力筋的张拉

（1）张拉顺序

无黏结预应力混凝土楼盖结构总体的张拉顺序是先张拉楼板,后张拉楼面梁。板中的无黏结筋可单根依次张拉,梁中的无黏结筋宜对称张拉。

（2）张拉程序和方式

无黏结筋张拉操作的程序与有黏结后张法基本相同。当无黏结筋的长度小于35 m时,可采取一端张拉的方式,但张拉端应交错设置在结构的两端。若无黏结筋的长度超过35 m,应采取两端张拉方式,此时宜先在一端张拉锚固,再在另一端补足张拉后锚固。为减小无黏结筋的摩擦损失,张拉中宜先用千斤顶往复抽动1～2次,再张拉至所需的张拉力。

3）锚固区密封处理

在无黏结预应力结构中,预应力筋中张拉力的保持和向混凝土的传递完全依靠其端部的锚具,因此对锚固区的要求比有黏结预应力更高。锚固区必须有严格的密封防腐措施,严防水汽锈蚀预应力筋和锚具。

无黏结预应力筋锚固后的外露长度不小于30 mm,多余部分宜用手提砂轮锯切割。为了使无黏结筋端头全封闭,在锚具与垫板表面应涂防水涂料,外露无黏结筋和锚具端头涂防腐润滑油脂后,罩上封端塑料盖帽。对凹入式锚固区,经上述处理后,再用微膨胀混凝土或低收缩防水砂浆将锚固处密封;对凸出式锚固区,可采用外包钢筋混凝土圈梁封闭。

锚固区密封构造,如图4-65所示无黏结预应力筋全密封构造所示,对锚固区混凝土或砂浆净保护层厚度的要求是:梁中不小于25 mm,板中不小于20 mm。

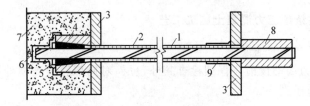

图4-65　无黏结预应力筋全密封构造
1—外包层;2—钢绞线;3—承压钢板;4—锚环;5—夹片;6—塑料帽;
7—封头混凝土;8—挤压锚具;9—塑料套管或黏胶带

思考题

1. 模板安装的技术要求有哪些?
2. 试分析不同结构模板(柱、梁、板、墙)的特点。模板安装中各应注意什么问题,如何解决?
3. 现浇结构模板拆除时对混凝土强度的要求有哪些?拆模时应注意哪些问题?
4. 常用的普通钢筋按力学性能分为哪几种?钢筋进场验收的主要内容有哪些?
5. 如何进行钢筋下料长度的计算?
6. 试述钢筋代换的原则和方法。
7. 钢筋加工时有哪几道基本工序?
8. 钢筋的连接方法通常有哪些?如何进行合理的选择?
9. 混凝土配制中对粗骨料的最大粒径有哪些要求?
10. 简述混凝土常用外加剂的种类。
11. 混凝土配料时为什么要进行施工配合比的计算,如何计算?
12. 对混凝土的运输有何基本要求?泵送混凝土浇筑应符合哪些规定?

13. 混凝土浇筑前应做好哪些准备工作？

14. 什么是施工缝？其留设原则及具体留设位置是什么？

15. 施工缝或后浇带处继续浇筑混凝土应符合哪些规定？

16. 如何进行主体结构（柱、墙、梁与板）混凝土的浇筑？

17. 简述大体积混凝土的浇筑方案。如何有效地控制混凝土温度裂缝？

18. 如何进行水下混凝土的浇筑？

19. 常用的混凝土振动机械按其工作方式分类有哪些？如何使混凝土振捣密实？

20. 试述混凝土自然养护的概念。

21. 混凝土的质量验收主要包括哪几方面的内容？

22. 试述混凝土冬期施工的概念，什么是混凝土的受冻临界强度？

23. 混凝土冬期施工中，对混凝土的各施工工艺有何特殊要求？

24. 混凝土冬期施工中常用的养护方法有哪几类？如何进行蓄热法养护？

25. 施加预应力的方法有哪几种？各自如何传递预应力？

26. 先张法预应力混凝土施工中需要哪些设备和机具？简述其主要施工工艺流程。

27. 先张法预应力筋的张拉程序有哪几种？何时可以放张预应力筋？放张方法是什么？

28. 后张法有黏结预应力混凝土施工中预应力筋张拉时对混凝土的强度要求是什么？试述其张拉方式和张拉顺序。

29. 后张法有黏结预应力混凝土施工中需要哪些设备和机具？简述其主要施工工艺流程。

30. 后张法有黏结预应力混凝土施工中，孔道留设的方法有哪几种？

31. 后张法有黏结预应力混凝土施工中，有黏结预应力筋张拉后为什么应及时进行孔道灌浆？

32. 试述后张法无黏结预应力混凝土施工的工艺特点，铺设无黏结预应力筋时应注意哪些问题？

习题

1. 某框架结构现浇钢筋混凝土楼板，厚度为 100 mm，其支模尺寸为 3.3 m×4.95 m，楼层高度为 4.5 m。采用组合钢模板及钢管支架支模。试进行配板设计及模板结构布置与验算。

2. 某框架结构抗震设防等级为 Ⅲ 级，框架柱混凝土强度 C40，框架梁混凝土强度 C35。框架梁、柱保护层厚度均为 20 mm。框架梁纵筋在端部弯折时，伸至柱外侧钢筋内侧。直条钢筋供货长度 12 m，柱、梁纵向钢筋连接均采用直螺纹套筒连接方式。试完成图 4-66 中 KL1 主要钢筋下料长度计算。

3. 已知混凝土设计配合比为 $1:S:G:W=1:1.280:2.720:0.450$，经测定砂子的含水量为 3%，石子的含水量为 2%，试完成下列计算。

(1) 计算混凝土施工配合比；

(2) 计算每立方米混凝土各种材料用量；

(3) 若选用 JZC350 型双锥自落式搅拌机，计算每搅拌一次混凝土各种材料用量。

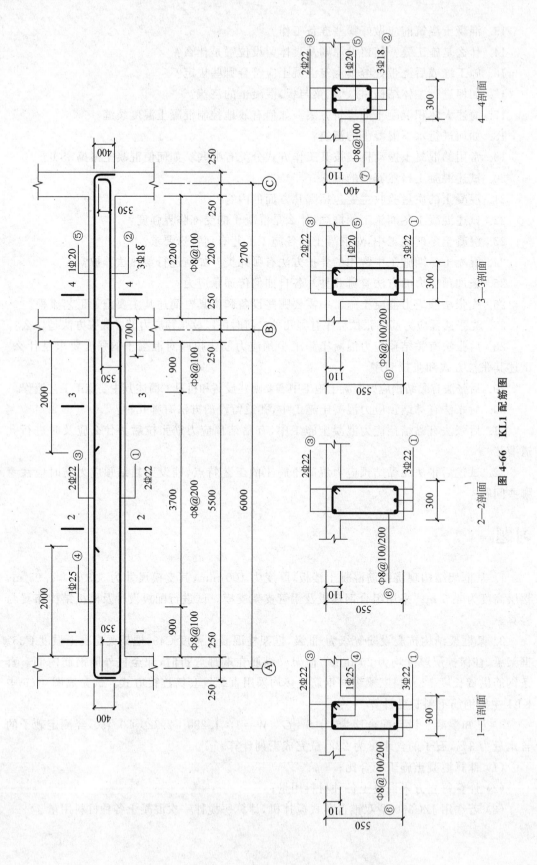

图 4-66 KL1 配筋图

第 5 章

结构安装工程

【本章要点】

掌握：履带式起重机的三个主要参数以及它们之间的制约关系；塔式起重机的类型；装配式钢筋混凝土结构构件的安装工艺。

熟悉：自行杆式起重机的类型、技术性能和特点；装配式框架结构安装前的准备工作；结构吊装方案的选择。

了解：装配式墙板结构的安装；钢结构构件的连接。

结构安装工程是使用吊装机械将预制的结构构件安装到设计位置，并进行连接以形成整体结构，这种结构称为装配式结构。按结构的类型可分为装配式钢筋混凝土结构和钢结构。结构安装工程的特点是：构件的重量大、类型多；构件在吊装中的应力状态变化大，且与建筑物使用时的受力状态不同；吊装机械和吊装方法对施工进度和质量的影响大；高空作业多，施工安全问题较突出。因此，施工中必须制定合理的施工方案和采取必要的安全措施。

5.1 结构吊装机械

5.1.1 自行杆式起重机

自行杆式起重机是一种自身能行驶的起重机械，其适用范围很广，除可用于结构吊装之外，也常用于结构构件或其他货物运输时的装卸。建筑工程中常用的自行杆式起重机有履带式起重机、汽车式起重机两类。

1. 履带式起重机

1) 履带式起重机的构造和特点

履带式起重机是一种自行式全回转起重机械。它由行驶装置、回转机构、机身及起重臂等部分组成，如图 5-1 所示。行驶装置为两条链式履带；回转机构为装在底盘上的转盘，使机身可回转 360°；机身内部有动力装置、卷扬机及操纵系统；起重臂下端铰接于机身，随机身回转，其顶端设有两套滑轮组（起重及变幅滑轮组），用钢丝绳通过滑轮组连接到机身内的卷扬机上，起重臂可分节制作并接长。常用的履带式起重机起重量为 50～200 t，目前最大的起重量可达 300 t，最大起重高度可达 120 m。

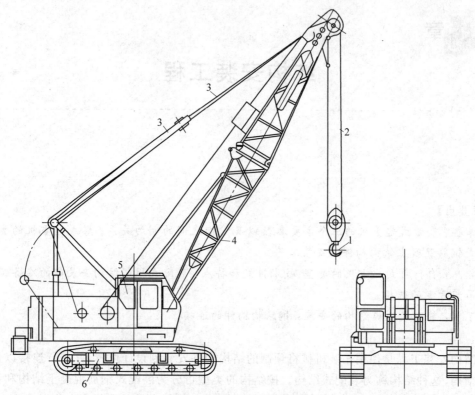

图 5-1　履带式起重机外形图

1—吊钩；2—起升钢丝绳；3—变幅钢丝绳；4—起重臂；5—主机房；6—履带行走装置

履带式起重机的优点是：操作灵活，行驶方便；臂长可以更换或接长，起重能力大；在平坦坚实的道路上可吊载行驶等。但其行驶速度较慢，且履带易损坏路面，故进行长距离转移时需用平板拖车运输。履带式起重机经改造后还可用作挖土机或打桩架，是一种多功能的起重机械。它广泛用于单层厂房和多层建筑结构的安装工程中。

2) 履带式起重机的技术性能

履带式起重机的技术性能包括三个主要参数：起重量 Q、起重高度 H 和起重半径 R。这三个参数之间相互制约，且与起重臂的长度 L 及其仰角大小有关。当起重臂长 L 一定时，随着仰角的增加，起重量 Q 和起重高度 H 增加，而起重半径 R 减小；当起重臂仰角不变时，随着起重臂长 L 的增加，则起重半径 R 和起重高度 H 增加，而起重量 Q 减小。部分履带式起重机的技术性能如表 5-1 所示。

表 5-1　部分履带式起重机的技术性能

参　数	型　号				
	QUY35	QUY50	QUY100	QUY150	QUY300
最大额定起重量/t	35	50	100	150	300
最大起重力矩/(t·m)	294.92	1815	5395	8240	14 715
主臂长度/m	10~40	13~52	18~72	19~82	24~72
主臂变幅角/(°)	30~80	0~80	0~80	−3~82	−3~84
副臂长度/m	9.15~15.25	9.15~15.25	12~24	12~30	24~60

2. 汽车式起重机

汽车式起重机是将起重机构安装在普通载重汽车或专用汽车底盘上的一种自行式全回转起重机械,其行驶的驾驶室与起重操纵室是分开的,如图 5-2 所示。汽车式起重机按起重臂的构造形式分有桁架臂和箱形伸缩臂两种,目前普遍使用的是液压伸缩臂起重机;按起重量大小分为轻型(起重量≤20 t)、中型(起重量 20～50 t)和重型(起重量≥50 t)。

汽车式起重机的特点是:行驶速度快,对路面损伤小,长距离转移时方便,特别适于流动性大、经常变换地点的作业;但其吊装作业时需伸出四个支腿,且支腿下需安放枕木,以支承所吊重物的重量,因此不能负载行驶,也不适合在松散或泥泞的地面上作业。它广泛用于单层厂房和多层建筑结构的安装工程中。

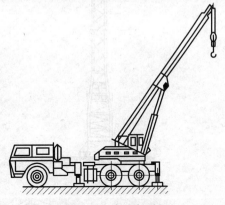

图 5-2　汽车式起重机

5.1.2　塔式起重机

塔式起重机是一种塔身直立,起重臂安装在塔身顶部并可作 360°回转的起重机械。其优点是:具有较大的起重高度、工作幅度和起重能力;能吊运各类施工用材料、预制构件及设备;能同时进行起升和回转作业,即能同时完成水平运输和垂直运输作业,工作速度快,生产效率高;机械运转安全可靠,且操作和装拆方便。塔式起重机除用于多层及高层建筑的结构安装工程之外,也广泛用作施工中的垂直运输机械。

塔式起重机的类型很多,按其在工程中使用和架设方法的不同分为轨道式起重机、固定式起重机、附着式起重机和内爬式起重机四种,如图 5-3 所示。

1. 轨道式塔式起重机

轨道式塔式起重机是一种在轨道上行驶的塔式起重机(见图 5-3(a))。该起重机在直线或曲线轨道上均能运行,且能负荷行驶,生产效率高;服务范围大,作业面为两倍起重幅度的宽度与轨道长度构成的矩形面积;但它安装时需铺设轨道,占用施工场地较多,装、拆、转移不够方便。轨道式塔式起重机一般用于多层建筑的施工。

2. 固定式塔式起重机

固定式塔式起重机的塔身固定在混凝土基础上(见图 5-3(c))。它安装方便,安装位置灵活,占用施工场地小;但起升高度不大,一般在 50 m 以内。固定式塔式起重机适用于多层建筑的施工。

3. 附着式塔式起重机

附着式塔式起重机是固定在建筑物近旁钢筋混凝土基础上的自升式塔式起重机(见图 5-3(d))。它可随着建筑物的升高,利用液压系统逐步将塔顶部顶升、塔身接高,为了保

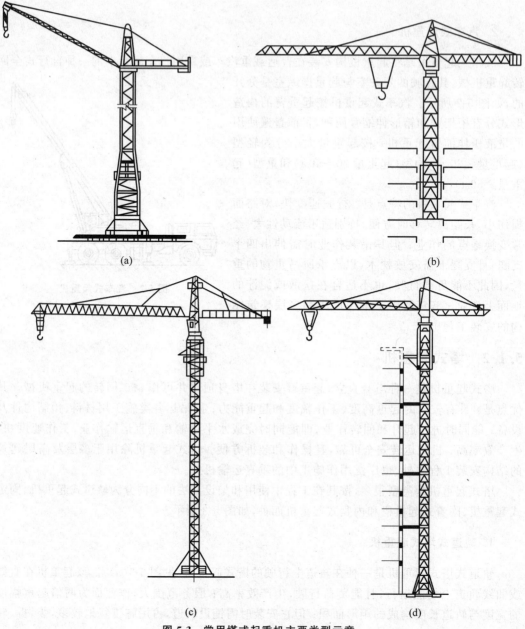

图 5-3　常用塔式起重机主要类型示意
(a) 轨道式；(b) 内爬式；(c) 固定式；(d) 附着式

证塔身的稳定，每隔 20 m 左右将塔身与建筑物用锚固装置相连。该起重机起升高度大，一般为 70～100 m，某些型号可高达 160 m；占用场地小，特别适宜在较狭窄的现场施工；但其塔身固定，服务范围受到限制。附着式塔式起重机广泛用于高层建筑的施工。

4. 内爬式塔式起重机

内爬式塔式起重机是安装在建筑物内部结构上(常利用电梯井或特设开间)，借助爬升机构随建筑物的升高而向上爬升的起重机(见图 5-3(b))。这种起重机一般每隔 1～3 个楼层便爬升一次，其特点是：塔身短，用钢量省，造价低；不需要轨道和附着装置，不占用施工场地；但其全部荷载由建筑结构承受，因而必须对相应的支承结构进行加固；拆卸时需在屋面架设辅助起重设备，不便拆卸。内爬式塔式起重机适用于施工场地非常狭小的高层建筑施工；或当建筑平面面积较大时，可配合附着式塔式起重机作业，以扩大服务范围。

5.2　装配式钢筋混凝土结构安装工程

我国在 2020 年 9 月提正式提出 2030 年实现碳达峰、2060 年实现碳中和的目标，并在 2021 年 10 月发布《2030 年前碳达峰行动方案》。2022 年 10 月，党的二十大报告中指出，"协同推进降碳、减污、扩绿、增长，推进生态优先、节约集约、绿色低碳发展"，这是实现"双碳"目标的战略路径和重点任务。传统的建筑业具有高能耗、高碳排放量的特点，其碳排放量远远高于交通运输业和生产制造业。而装配式建筑以其低碳节能的特性，成为推进建筑业向绿色化、工业化、智能化转型发展的有力抓手。2022 年 3 月，住建部印发《"十四五"建筑节能与绿色建筑发展规划》，制定大力发展装配式建筑、装配化装修、完善装配式建筑标准化设计和生产体系的重要举措，为装配式建筑一体化协同发展指明方向。

5.2.1　装配式框架结构安装

在多层民用建筑和工业厂房中采用装配式钢筋混凝土结构可大大减少现场的作业量，减少施工用地；可节约劳动力，节省模板，缩短工期；可提高建筑工业化、机械化水平。但因预制构件的类型多、数量大，各类构件接头处理复杂、技术要求较高。所以，施工中应做好安装前的准备工作，并着重解决构件安装工艺和接头的施工。

1. 安装前的准备工作

结构安装之前应做好各项准备工作，包括：场地清理和道路的修筑，基础准备，构件的运输、堆放和加固，构件的检查、弹线、编号等。其施工要点如下。

1）基础准备

框架结构的底层柱可采用预制柱插入杯形基础杯口内的做法。杯形基础的准备工作包括杯口弹线和杯底找平。在杯口顶面需弹出纵、横定位轴线，作为柱子对位、校正的依据。杯底找平是用细石混凝土或水泥砂浆找平至需要的标高处，以保证柱安装后标高的准确。

2）构件的检查、弹线、编号

构件吊装之前，应对所有构件进行外观质量检查和混凝土强度的检查，其强度必须达到设计要求的吊装强度。然后在构件上按吊装要求弹出中心线、吊装准线等墨线，以便进行构件的定位和校正。同时依据设计图纸对构件进行编号，并写在构件上明显的部位。

2. 构件安装工艺

1）框架柱安装工艺

（1）预制框架柱的长度

预制框架柱的长度一般取 1~2 个层高为一节，也可 3~4 层为一节，视吊装机械的性能而定。对总高 4~5 层的框架结构，当采用履带式起重机时，柱长也可采用一节到顶的方案。柱与柱的接头宜设置在弯矩较小处，或梁与柱的节点位置，并应考虑方便施工。每节柱的接头宜布置在同一高度处，以便统一构件规格，减少构件型号。

(2) 框架柱的起吊、临时固定

由于框架柱的长细比较大,起吊时的受力状态与使用时的受力状态不同,因此必须合理选择柱的吊点位置和吊装方法,必要时应进行吊装应力和抗裂度验算。一般情况下,当柱长在 12 m 以内时可采用一点起吊,当柱长超过 12 m 时则应采用两点起吊,应尽量避免多点起吊。柱安装时,底层柱与基础杯口间可用硬木楔或钢楔临时固定,上部柱的临时固定可采用钢管式斜支撑,较重的上层柱应采用缆风绳进行临时固定。

(3) 柱的校正

柱的校正需要进行 2～3 次。首先在松开吊钩后柱接头钢筋电焊前进行初校;在电焊后进行二校,观测电焊时钢筋因受热收缩不均而引起的偏差;在梁和楼板安装后再校正一次,以消除梁柱接头电焊产生的偏差。

柱在校正时,应力求下节柱安装准确,以免造成上节柱的偏差累积。但当下节柱经最后校正仍存在一定偏差,且偏差值在允许范围内时可不再进行调整。此情况下吊装上节柱时,一般应使上节柱的底部中心线对准下节柱顶部中心线与标准轴线之间的中点,即图 5-4 中的 $a/2$ 处,而上节柱的顶部在校正时仍以标准轴线为准,以此类推。在柱的校正过程中,当垂直度和水平位移均有偏差时,如垂直度偏差较大,则应先校正垂直度,然后校正水平位移,以减少柱倾覆的可能性。

此外,对多层框架长柱,由于阳光照射的温差会使柱产生侧向弯曲变形,对垂直度有一定影响,因此在校正过程中需采取适当措施以免发生此种情况。

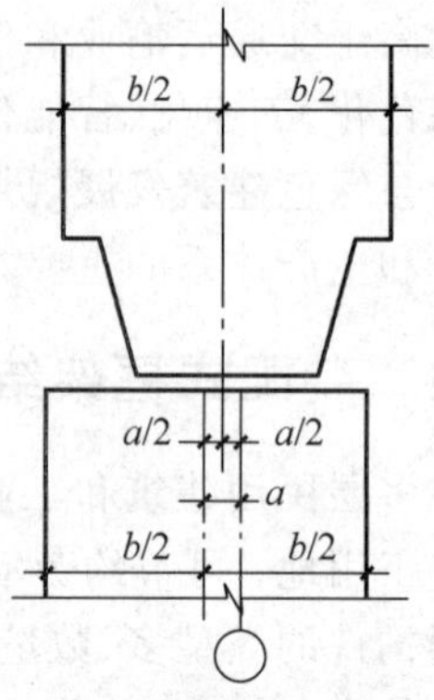

图 5-4 上下节柱校正时中心线偏差的调整示意

a—下节柱顶部中心线偏差;

b—柱宽

2) 框架梁安装工艺

框架梁与柱的接头形式有明牛腿式、暗牛腿式、齿槽式和浇整体式等多种(详见下文构件接头施工)。不同的接头形式,梁的安装方法不尽相同。

安装明牛腿式、暗牛腿式接头的框架梁时,只需将梁就位于柱牛腿上,经校正并将梁端预埋钢板与柱牛腿上的预埋钢板相互焊接后即可松开吊钩,梁上部钢筋与柱上预留钢筋的焊接可随后进行。

安装齿槽式接头的框架梁时(见图 5-5),梁需搁置在临时支托上。因此,支托应安装牢固,梁就位后应有足够的搁置长度,并应焊接必要数量的上下连接钢筋后方能松开吊钩。

安装浇注整体式接头的框架梁时(见图 5-6),也须在梁就位后,保证梁在柱接头处有足够的搁置长度,并根据构件设计要求焊接一定数量的连接钢筋或预埋件后方可松开吊钩。

3. 构件接头施工

底层柱的安装是在校正后在柱与基础杯口的空隙间灌注细石混凝土,进行最后固定。上下两节柱的接头以及梁与柱的接头施工是多层框架结构安装的关键,它直接影响到结构的整体刚度和稳定性。

1) 柱与柱接头

柱与柱的接头形式有榫式接头、浆锚接头、插入式接头等。

(1) 榫式接头

榫式接头如图 5-7(a)所示。其做法是:将上节柱的下端做成榫头状,以承受施工荷载;安装时,将上节柱搁置在下节柱柱顶,并将上下柱外露的钢筋用电焊连接,然后用比柱子混凝土强度等级高 25% 的细石混凝土或膨胀混凝土浇注接头；待接头混凝土达到 75% 强度后，再吊装上层构件。这种接头整体性好，安装校正方便，耗钢量少，施工质量有保证；但钢筋容易错位，混凝土浇注量较大，混凝土硬化后在接缝处易形成收缩裂缝。

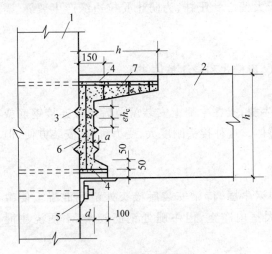

图 5-5　齿槽式梁柱接头

1—柱；2—梁；3—齿槽；4—钢筋焊接；5—临时支托；

6—附加箍筋；7—后浇细石混凝土

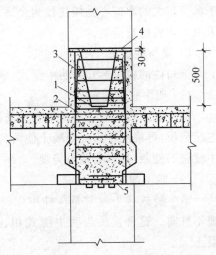

图 5-6　浇注整体式接头

1—定位预埋件；2—定位箍筋；3—上下柱钢筋焊接；

4—捻干硬性混凝土；5—梁底锚固钢筋焊接

（2）浆锚接头

浆锚接头如图 5-7（b）所示。其做法是：在上节柱底部伸出 4 根长度为 300～700 mm 的锚固钢筋，下节柱顶部预留 4 个深度为 350～750 mm、孔径为 2.5～4 倍锚固钢筋直径的浆锚孔；安装时，孔内灌入 M40 快凝砂浆，且下柱顶面铺筑 10～15 mm 厚砂浆垫层，将上节柱的锚固钢筋插入孔内，即可使上下柱连成整体。这种接头构造简单，不需电焊，安装固定较快；但钢筋根数不宜多于 4 根，故应用时局限性较大。

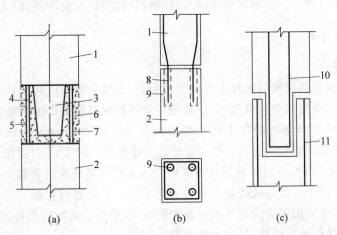

图 5-7　柱接头形式

（a）榫式接头；（b）浆锚接头；（c）插入式接头

1—上柱；2—下柱；3—上柱榫头；4—上柱外伸钢筋；5—下柱外伸钢筋；6—坡口焊；

7—后浇接头混凝土；8—上柱外伸锚固钢筋；9—浆锚孔；10—榫头纵向钢筋；11—下柱钢筋

（3）插入式接头

插入式接头如图5-7(c)所示。其做法是：将上节柱做成榫头状，而下节柱顶部做成杯口状，上节柱插入杯口后用水泥砂浆填实成整体。这种接头不用电焊，安装方便，造价低，用于截面较大的小偏心受压柱较为合适，但对于大偏心受压柱，为防止受拉边缘产生裂缝，需采取相应的构造措施。

2）梁与柱接头

梁与柱的接头形式有明牛腿式、暗牛腿式、齿槽式和浇注整体式等。

（1）明牛腿式接头

明牛腿式接头是柱本身带有钢筋混凝土牛腿，梁在牛腿上安装就位后焊接连接钢筋或连接钢板，再浇注接头处混凝土使两者成为整体。这种接头刚度大，受力可靠，安装方便，但牛腿施工复杂，且影响室内美观。

（2）暗牛腿式接头

暗牛腿式接头通常是在柱中先设置好型钢牛腿，待梁安装后接头处浇注混凝土使牛腿不外露。这种接头与明牛腿式相比可增大室内净空，但牛腿处钢筋较密，不便浇注混凝土。

（3）齿槽式接头

齿槽式接头形式如图5-5所示。这种接头施工简单，可节约钢材和水泥，但安装时需设置临时支托，待接缝混凝土达到一定强度后才能承担上部荷载，多用于承受中等荷载的结构中。

（4）浇注整体式接头

浇注整体式接头形式如图5-6所示，其应用最为广泛，基本做法是：柱为每层一节，梁搁置在柱上，梁底钢筋按锚固长度要求上弯或焊接；绑扎节点处柱子附加箍筋后，浇注混凝土至楼板面；待混凝土强度达到 10 N/ mm² 时即可安装上节柱，上下柱连接与榫式接头相似；然后第二次浇注混凝土至上柱的榫头上方并留 35 mm 空隙，用干硬性细石混凝土捻缝，以形成梁柱刚性接头。这种接头整体性好，抗震性能高，安装方便，但工序较多。

4．结构安装方案

1）吊装机械的选择

多层建筑结构吊装机械的选择应根据工程特点，如建筑物的层数和总高度，平面形状和尺寸，构件的大小、重量和安装位置等，以及现场条件和现有吊装机械的性能等因素确定。

一般情况下，5层以下的民用建筑及高度在 18 m 以下的工业厂房或外形不规则的厂房，选用自行杆式起重机较为适宜；多层房屋总高度在 25 m 以下、宽度在 25 m 以内、构件重量在 2～3 t 及以下时，一般可选用轨道式塔式起重机或固定式塔式起重机；10层以上的高层装配式结构，可采用爬升式或附着式塔式起重机。有时也可根据工程的具体特点选用两种类型的机械，如采用履带式起重机吊装底层柱，而用塔式起重机吊装梁、板及上层柱，这样可充分发挥两种机械的性能，提高吊装效率。

确定起重机类型后，其型号的选择需根据吊装构件的重量、吊装时所需的起重半径和起重高度确定。

2）结构安装方法与安装顺序

多层装配式框架结构的安装方法有分件安装法和综合安装法。

（1）分件安装法（又称流水安装法）

分件安装法按其施工流水方式不同，又可分为分层分段流水安装法和分层大流水安装法。

① 分层分段流水法

分层分段流水法的安装顺序如图 5-8（a）所示。它是将框架结构划分为若干施工层，每个施工层再划分为若干施工段。起重机在每层、每段内往返开行数次，每开行一次仅安装一种类型构件，即按照先安装该段内全部柱、再全部梁、最后全部板的顺序分次进行安装，直至该段内的构件安装完毕，再转移到另一段去。待一个施工层内各施工段构件全部安装完毕并最后固定之后，再安装上一层构件。

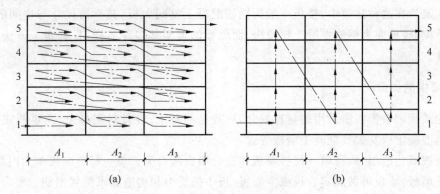

图 5-8　多层框架结构安装方法

（a）分层分段流水安装法；（b）综合安装法

施工层的划分主要与预制柱的长度有关。当柱子长度为一个楼层高度时，以一个楼层为一个施工层；当柱子长度为两个楼层高度时，以两个楼层为一个施工层。施工层数目越多，柱的接头数量越多，安装速度就越慢。因此，在起重机吊装能力满足的情况下应尽量增加柱子的长度，减少施工层数。

施工段的划分主要取决于建筑物平面形状和尺寸、起重机的性能及其布置方案、完成各工序所需时间和临时固定设备的数量等，应使吊装、校正、焊接、接头灌缝等工序之间易于配合，并应保证结构安装时的稳定性。框架结构的施工段一般以 4～8 个节间为宜。

② 分层大流水安装法

分层大流水安装法是指每个施工层内不再划分施工段，而按整个施工层组织各工序的流水。该方法需要的临时固定支撑较多，适用于面积不大的框架结构安装工程。

分件安装法是装配式框架结构常用的方法，其特点是：每次安装的构件基本为同一类型，吊装机械不需要频繁更换吊具，安装速度快；可利用更换起重臂长度的方法分别满足不同高度处构件的吊装，如采用较短起重臂吊装低层构件，接长起重臂后吊装较高层构件，以充分发挥其机械效能；构件校正、固定的时间较充分，且安装中结构的整体稳定性较好；构件的供应、现场的平面布置容易组织；但起重机行走频繁、开行路线长，适用于行走方便的起重机械。

（2）综合安装法

综合安装法（又称节间安装法）的安装顺序如图5-8（b）所示。它是以一个节间或若干节间为一个施工段，以房屋的全高为一个施工层，组织各工序的流水。起重机将一个施工段内的构件安装至房屋的全高后，再转移到下一个施工段安装。

综合安装法的特点是：起重机开行路线短，停机点位置少；要求起重机的臂长需一次满足安装最高处构件的要求，不能充分发挥起重机的技术性能；安装中吊具更换频繁，操作多变，影响生产效率；构件校正和固定的时间紧张，且安装中结构的稳定性、整体性较差；构件供应、平面布置复杂，使施工组织、管理工作复杂。

5.2.2 装配式墙板结构安装

装配式墙板结构是将墙壁、楼板、楼梯等结构构件在预制厂预制，然后装配成整体结构的一种建筑。在这种建筑中，楼板一般为钢筋混凝土整间大板，其平面尺寸与房间的开间、进深相适应，楼梯亦为钢筋混凝土梯段板，而墙板的类型却多种多样，且其施工方法也有一定特殊性。

1. 墙板的类型

装配式预制墙板按所采用的材料划分，有普通混凝土、轻骨料混凝土、粉煤灰或矿渣等工业废料混凝土以及加气混凝土墙板等。

墙板按其构造划分，有单一材料墙板和复合墙板两大类。单一材料墙板多为内墙板，也可以是外墙板，墙板可做成实心板或空心板，板中按受力和构造要求配置钢筋。复合材料墙板是由两种或两种以上按功能要求所选用的材料组合而成，一般用于住宅建筑的外墙板。复合材料墙板按其构造分为：结构层（内层），主要起承重及结构连接作用；保温隔热层（中层），主要起保温隔热作用；面层（外层），主要起装饰、防水等作用。墙板安装后室内墙面一般不需抹灰，只需刮腻子喷浆即可，外墙板也可预先做好外饰面（如贴面砖）和安装好门窗，以大大减少现场作业量、缩短施工周期、提高建筑工业化程度。

目前在住宅建筑中，墙板的宽度即等于房间的开间或进深尺寸，高度等于房间的层高，厚度与所采用材料、气候条件及构造要求有关。

2. 墙板的运输与堆放

墙板的运输有立运法和平运法两种。立运法是在运输车上设立支架，把墙板立放在支架上。平运法要求墙板间必须在吊点位置设方木支垫，支垫与受力主筋相垂直，且各层支垫须在同一竖向垂线上。

墙板在现场堆放的方法有插放法和靠放法。插放法是将墙板安插在特制的插放架上，插放时不受型号限制，可按吊装顺序进行，以便于吊装时查找板号，但占用场地较多。靠放法是将同型号的多块墙板靠放在靠放架上，各墙板之间用方木隔开，占用场地较小。

3. 墙板安装

墙板安装的施工要点如下。

（1）安装前准备。墙板安装前，应准确定出各楼层标高和水平控制线，复核墙板的轴线、两侧边线、墙板节点线和门窗洞口位置线，检查墙板型号并进行编号，同时需检查预埋件数量和位置。

（2）吊装机械。墙板的吊装机械主要采用塔式起重机和履带式起重机。塔式起重机多用于尺寸较小的民用建筑墙板安装；履带式起重机多用于尺寸较大的工业建筑墙板安装。

（3）安装顺序。墙板的安装顺序一般采用逐间封闭法，即先安装内墙板，后安装外墙板，逐间封闭，随即焊接。这种顺序可减少误差累积，施工时结构稳定性好，且临时固定简单方便。当房屋较长时，墙板安装宜由房屋中间开始，先安装一个节间，构成中间结构，称作标准间，然后再分别向房屋两端安装，如图 5-9 所示。当房屋长度较小时，可由房屋一端的第二个节间开始安装，并使其闭合后形成一个稳定结构，作为其他开间安装时的依靠。

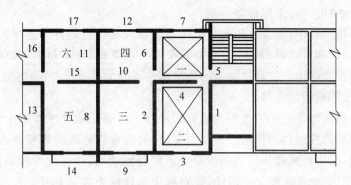

图 5-9　墙板安装顺序示意

1、2、3……—墙板安装顺序号；一、二、三……—逐间封闭顺序号；⊠—标准间（即首先安装的房间）

（4）就位与校正。墙板就位时应对准墙板的边线，尽量一次就位，以减少撬动。墙板就位后，应检查墙板之间的距离、墙板的垂直度、相邻两块墙板接缝处的平整度，并进行相应的校正。

（5）临时固定。墙板安装的临时固定设备有操作平台、工具式斜撑、水平拉杆、转角固定器等。在安装标准间时，用操作平台或工具式斜撑来固定墙板和调整墙板的垂直度。对其他开间或楼梯间等不适宜放置操作平台的房间，可用水平拉杆和转角固定器进行临时固定。

（6）连接与最后固定。墙板与墙板的连接一般为预留钢筋互相焊接。墙板、楼板等构件经临时固定和校正后，应随即进行焊接，然后拆除临时固定装置，并用水泥砂浆或细石混凝土进行灌缝和墙板下部塞缝，使结构形成整体。

5.3　钢结构安装工程

钢结构是用钢板、型钢和圆钢等通过一定连接方式装配成的结构。钢结构构件是在专业钢结构加工厂内进行一系列加工制作成型，并经过拼装、成品矫正检验、成品表面处理后，再运至施工现场，然后进行安装形成钢结构建筑。钢结构具有强度高、构件截面小、自重较轻、节点连接可靠、抗震性能好、施工速度快等优点，因而适用于多种结构形式，广泛用于工业厂房、高层和超高层建筑以及大跨度建筑结构中。

5.3.1 钢结构构件的连接

钢结构构件的连接方式主要是焊接连接和螺栓连接,有时也会采用铆钉、抽芯铆钉(拉铆钉)、焊钉和自攻螺钉等其他连接方式,但只在某些特殊情况下采用。本书仅介绍焊接连接和螺栓连接的方式。

1. 焊接连接

焊接连接是目前钢结构的主要连接方式。其突出的优点是构造简单,不受构件外形尺寸的限制,不削弱构件截面,节约钢材,加工方便,易于采用自动化操作,连接的密封性好,刚度大等;但缺点是焊接残余应力和残余变形对结构有不利影响。除不宜用于直接承受动力荷载的结构,其他情况均可采用焊接连接。

在建筑钢结构工程中,通常使用的是电弧焊。按焊接过程的自动进行程度的不同可分为手工焊、半自动焊和自动焊,其中,以药皮焊条手工电弧焊、自动和半自动埋弧焊、CO_2 气体保护焊的应用最为广泛。按焊接接头的连接部位可分为对接接头、角接接头、T 形及十字形接头、搭接接头和塞焊接头等。

焊接是一种局部加热的工艺过程。被焊构件将不可避免地产生焊接应力和焊接变形,会不同程度地影响焊接结构的性能。因此,在焊接时应合理地选择焊接方法、条件、顺序和预热等工艺措施,尽可能把焊接应力和焊接变形控制到最小,以保证焊接质量。例如,通常合理的焊接顺序是:有对称截面的构件,宜对称于构件的中性轴焊接;有对称连接杆件的节点,宜对称于节点轴线同时对称焊接;对长焊缝,宜采用分段退焊法或同时运用多人对称焊接法;还可采用跳焊法,以避免构件局部热量集中。

钢结构焊接质量检查的内容,包括焊缝外观检查和焊缝内部缺陷的检测。外观检查主要采用目视检查,辅以磁粉探伤、渗透探伤,检查焊缝的外形尺寸以及表面和近表面缺陷。内部缺陷的检测一般可采用超声波探伤和射线探伤,且宜首选超声波探伤。

2. 螺栓连接

螺栓连接也称为紧固件连接,钢结构中使用的螺栓分为普通螺栓和高强度螺栓两种。普通螺栓一般用 HPB300 钢制成,其施工简单、装拆方便;高强度螺栓用合金钢制成,其制作工艺精确、操作工序多、质量要求高。目前,这两种螺栓连接在工业厂房、多层及高层建筑和大跨度结构中均广泛采用。

1) 普通螺栓连接

普通螺栓按照形式可分为六角头螺栓、双头螺栓、沉头螺栓和地脚螺栓等。常用螺栓连接的形式有平接连接(需用单面或双面连接钢板)、搭接连接和 T 形连接(钢板与角钢或槽钢等的连接)等。普通螺栓连接的施工中应注意以下事项。

(1) 普通螺栓可采用普通扳手紧固,螺栓紧固的程度应能使被连接件接触面、螺栓头和螺母与构件表面密贴。

(2) 螺栓在钢结构连接中的排列主要有并列和交错排列两种形式,螺栓紧固的次序应从中间开始,对称向两边进行。对于大型接头宜采用复拧,即两次紧固的方法,以保证接头内各个螺栓能均匀受力。

（3）普通螺栓作为永久性连接螺栓时,紧固连接应符合下列规定。

① 螺栓头和螺母侧应分别放置平垫圈,以增大承压面积。螺栓头侧放置的垫圈不应多于两个,螺母侧放置的垫圈不应多于一个。

② 承受动力荷载或重要部位的螺栓连接,设计有防松动要求时,应采用有防松动装置的螺母或弹簧垫圈,弹簧垫圈应放置在螺母一侧。也可用人工方法采取防松措施,如将螺栓外露丝扣打毛或将螺母与螺栓点焊。

③ 对工字钢、槽钢等型钢翼缘处有斜面的螺栓连接,宜采用斜垫圈,使螺栓头和螺母的支承面垂直于螺杆。

④ 同一个连接接头螺栓数量不应少于两个。

⑤ 螺栓紧固后外露丝扣不应少于 2 扣。紧固质量可采用锤敲检验,要求螺栓不偏移、不颤动和不松动。

2）高强度螺栓连接

高强度螺栓按形状分有大六角头螺栓和扭剪型螺栓两种。按其连接受力状况,可分为摩擦型连接、摩擦-承压型连接、承压型连接和张拉型连接等几种类型,其中摩擦型连接是目前广泛采用的基本连接形式。高强度螺栓连接的施工中应注意以下事项。

（1）对于制作厂已处理好的钢构件摩擦面,安装前应按有关规范的规定进行高强度螺栓连接摩擦面的抗滑移系数复验;施工现场处理的钢构件摩擦面,应单独进行摩擦面抗滑移系数试验,其结果应符合设计文件要求。

（2）安装高强度螺栓前,应做好连接摩擦面的清理。连接摩擦面应保持干燥、清洁,不应有飞边、毛刺、焊接飞溅物、焊疤、氧化铁皮、污垢等。对于经处理后的摩擦面应采取保护措施,不得在摩擦面上作标记。

（3）高强度螺栓连接前,应先用临时安装螺栓和冲钉定位,以防止损伤高强度螺栓的螺纹而引起扭矩系数的变化。不得用高强度螺栓兼作临时螺栓使用。

（4）高强度螺栓的穿入,应在构件安装精度调整后进行,其穿入方向应以施工方便为准,力求一致。安装时应注意垫圈的正反面。

（5）高强度螺栓安装时应能自由穿入螺栓孔,不得强行穿入。螺栓不能自由穿入时,可采用铰刀或锉刀修整螺栓孔,不得采用气割扩孔。扩孔数量应征得设计单位同意,修整后或扩孔后的孔径不应超过螺栓直径的 1.2 倍。

（6）高强度大六角头螺栓连接副应由一个螺栓、一个螺母和两个垫圈组成。螺栓连接副的施拧可采用扭矩法或转角法。施工时应符合下列规定。

① 施工用的扭矩扳手使用前应进行校正,其扭矩相对误差不得大于±5%;校正用的扭矩扳手,其扭矩相对误差不得大于±3%。

② 施拧时,应在螺母上施加扭矩。

③ 施拧应分为初拧和终拧,对大型节点应在初拧和终拧之间增加复拧。采用扭矩法施拧时终拧扭矩应按有关规范公式计算确定,采用转角法施拧时终拧转角应符合规范要求。

④ 每拧一遍应在螺母上涂画不同颜色的标记,以防漏拧。

（7）扭剪型高强度螺栓连接副应由一个螺栓、一个螺母和一个垫圈组成。螺栓连接副应采用专用电动扳手施拧,施工时应符合下列规定。

① 施拧应分为初拧和终拧,大型节点应在初拧和终拧之间增加复拧。初拧、复拧后应

在螺母上涂画不同颜色的标记。

② 终拧应以拧掉螺栓尾部梅花头为准。因构造原因少数不能使用专用扳手终拧掉螺栓梅花头者,应控制其终拧扭矩,终拧扭矩按有关规范公式计算。

(8) 高强度螺栓连接节点螺栓群的初拧、复拧和终拧,应采用合理的施拧顺序。典型节点宜采用下列顺序施拧。

① 一般节点从螺栓群的中心开始,向四周扩展施拧。

② 两个节点组成的螺栓群,按先主要构件节点、后次要构件节点的顺序施拧。

(9) 高强度螺栓和焊接并用的连接节点,当设计文件无规定时,宜按先螺栓紧固后焊接的顺序施工。

(10) 高强度螺栓连接副的初拧、复拧和终拧,宜在 24 h 内完成。

(11) 质量检查。高强度大六角头螺栓连接检查:应检查终拧颜色标记,并应用 0.3 kg 的小锤敲击螺母,对高强度螺栓进行逐个检查;终拧扭矩或终拧转角应按节点数 10%抽查,且不应少于 10 个节点;对每个被抽查节点应按螺栓数 10%抽查,且不应少于两个螺栓;扭矩或转角检查宜在螺栓终拧 1 h 后、48 h 之前完成。扭剪型高强度螺栓终拧检查,应以目测尾部梅花头拧断为合格;不能使用专用扳手拧紧的扭剪型高强度螺栓,应按检查扭矩法施工的大六角头螺栓连接的方法进行质量检查。

5.3.2 钢结构单层工业厂房安装

1. 安装前的准备工作

1) 基础准备

基础准备包括轴线位置检测、基础支承面的准备、支承面标高与水平度的检测、地脚螺栓位置和伸出支承面长度的检测等。

钢柱基础的支承面通常为平面,通过地脚螺栓将钢柱与基础连成整体。为保证支承面标高的准确,施工时可采用一次浇注法和二次浇注法。一次浇注法的做法是:基础顶面一次浇注至设计标高以下 20~30 mm 处,柱子安装前在基础顶面安放砂浆垫块,砂浆垫块的强度应比基础混凝土强度高一个等级,且应有足够的面积以满足承载的要求,柱子安装时在基础顶面铺筑无收缩的水泥砂浆,如图 5-10 所示。二次浇注法的做法是:基础表面先浇注至距设计标高 50~60 mm 处,柱子安装时,在基础顶面上安放钢垫板(不得多于 5 块)以调整标高,待柱子吊装就位后,再在钢柱底板下浇注细石混凝土,如图 5-11 所示。这种方法比较容易校正钢柱,多用于厂房中重型钢柱的安装。

2) 构件的运输和堆放

钢结构构件应根据施工组织设计的要求,分单元成套供应。运输时对运输车辆的选型、构件的绑扎方法、构件的支点位置和构件两端伸出支点的长度等均应仔细考虑和安排,必须保证构件在运输中不变形,不损伤涂层。

构件堆放的场地应平整坚实、干燥且排水良好。构件运抵施工现场后,经检验、分类、配套后可多层堆放,每层构件之间需安放方木支垫,叠放高度一般不大于 2 m,以保证安全。相同型号构件叠放时,各层钢构件的方木支垫应在同一铅垂线上,以防止构件被压坏或变形。

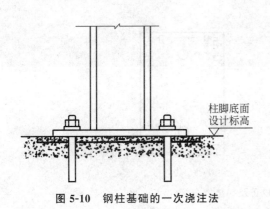

图 5-10　钢柱基础的一次浇注法

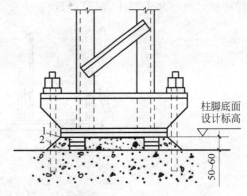

图 5-11　钢柱基础的二次浇注法

1—调整柱标高的钢垫板;

2—柱子安装后浇注的细石混凝土

3) 构件的检查与弹线

在构件安装之前,应仔细检查钢构件的外形和几何尺寸,如有超出规定的偏差,在安装之前应设法消除。此外,应在构件表面做好轴线和标高标记,如在钢柱的底部和上部标出两个方向的轴线,在底部适当高度处标出标高准线,以便于校正钢柱的平面位置、垂直度及钢柱上屋架和吊车梁的标高等。

2．构件安装工艺

钢结构单层厂房的构件包括钢柱、吊车梁、屋架、天窗架、支撑及墙架等,其中主要的安装工作是钢柱、吊车梁和屋架的安装。吊装机械多采用自行杆式起重机,也可采用塔式起重机。因构件的尺寸、形状、重量各异,所以其安装工艺并不相同,但各种构件的安装过程均为:起吊→对位→临时固定→校正→最后固定。

1) 钢柱的安装

(1) 钢柱的起吊。因钢柱的刚度一般较大,吊装时通常可采用一点起吊。对于重型钢柱也可采用双机抬吊,即用一台起重机吊起柱的上吊点,另一台起重机抬起下吊点。

(2) 钢柱的对位与临时固定。钢柱吊升由原水平位置呈竖直后,对准柱基慢慢插进底脚锚固螺栓中;然后立即进行平面位置校正,应从两个方向检查钢柱的安装准线,同时进行垂直度初校;待垂直度偏差控制在 20 mm 以内,柱顶四周拉上临时缆风钢丝绳,且底脚锚固螺栓临时固定后,起重机方可脱钩。

(3) 钢柱的校正。钢柱的校正包括平面位置、标高和垂直度校正三项。平面位置的校正在对位时已完成。标高的校正是在钢柱底部设置标高控制块,如图 5-12(b)所示。垂直度复校正应使用两台经纬仪从两个相交的方向进行检测,如有偏差可用缆风绳校正,或用可调撑杆、千斤顶进行校正,如图 5-12(a)所示。在垂直度校正过程中,应随时观察钢柱底板与标高控制块之间是否脱空,以防校正中造成水平标高的误差,并同时在柱底板与基础的间隙之间用钢垫板塞紧。

(4) 钢柱的固定。钢柱校正后为防止其位移,应在柱底板四边用 10 mm 厚钢板定位,并电焊固定。钢柱复校后,紧固地脚螺栓,并将钢垫板间焊接固定,以防止移动。最后再进行柱底二次浇注混凝土,拆除缆风绳。

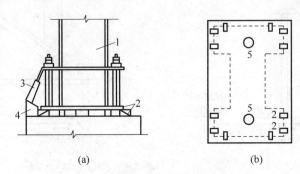

(a)　　　　　　　　　　　　(b)

图 5-12　钢柱垂直度校正及钢垫板布置

1—钢柱;2—钢垫板;3—千斤顶;4—钢托座;5—标高控制块

2) 钢吊车梁的安装

在完成钢柱吊装并经校正固定于基础上之后,即可安装吊车梁。安装顺序应从有柱间支撑的节间开始。

(1) 吊车梁的起吊。吊车梁一般均为两点对称、水平起吊,对重量很大的吊车梁,也可用双机抬吊。

(2) 吊车梁的对位与临时固定。当吊车梁吊升至距支座顶面约 200 mm 时,用人力扶正,使梁的中心线与支撑面中心线(或已安装相邻梁中心线)对准,并使两端搁置长度相等,然后缓慢落钩对位。钢吊车梁均为简支梁,两根梁端之间应留有 10 mm 左右的间隙。吊车梁就位后,因其自身稳定性较好,一般不需采取临时固定措施。当梁的高宽比大于 4 或遇有五级以上大风时,脱钩前宜用铁丝将吊车梁与柱子捆绑在一起,以防倾倒。

(3) 吊车梁的校正。吊车梁的校正包括标高、平面位置和垂直度的校正。标高的校正可在屋盖吊装前进行,其他项目的校正宜在屋盖吊装完成后进行,因为屋盖的吊装可能会引起钢柱在跨度方向产生微小的变形。

吊车梁标高的校正,可用千斤顶或起重机等对梁做竖向移动,并垫钢垫板,使偏差在允许范围内。平面位置的校正又包括纵、横轴线和跨距的校正,检查吊车梁的纵轴线和跨距时应以跨距为准,可于吊车梁顶面中心线沿厂房长度方向拉通长钢丝,用撬棍、钢楔、千斤顶等工具逐根将吊车梁调整到位。垂直度的校正与梁纵轴线的校正同时进行,用线坠或经纬仪检查吊车梁两端的垂直度,并用楔形钢垫板填塞校正。

(4) 吊车梁的固定。钢吊车梁校正完成后,将吊车梁与牛腿顶面用螺栓连接固定,梁与制动架之间用高强度螺栓连接。

3) 钢屋架的安装

钢屋架的安装应在柱子校正符合规定要求后进行。

(1) 屋架的起吊。钢屋架的侧向刚度较差,为加强其侧向刚度,吊装前可在屋架上、下弦杆绑扎木杆作为临时加固措施。钢屋架的吊点必须选择在上弦杆节点处,并应符合设计要求。屋架起吊后,为使其不致发生摇晃而与其他构件碰撞,起吊前可用绳索将其与附近的柱系住,随吊升随放松绳索,以此控制屋架的位置。

(2) 屋架的对位与临时固定。屋架吊装就位时,应以屋架下弦两端的定位标记与柱顶的轴线标记严格定位,并用临时螺栓或点焊与柱顶进行临时固定。此外,第一榀屋架应在屋架的上弦两侧对称拉设缆风钢丝绳以保证屋架的稳定;第二榀屋架就位后,宜采用屋架间调整器与第一榀屋架作临时固定。

(3) 屋架的校正。钢屋架校正的内容主要是垂直度和弦杆的正直度。屋架的垂直度可用线坠检测,而弦杆的正直度则可用拉紧的测绳进行检测,并用屋架间调整器校正。

(4) 屋架的固定。屋架与柱的最后固定,采用电焊或高强度螺栓进行。

第二榀屋架安装固定后,应及时安装屋架间水平和垂直支撑、檩条、屋面板等。若吊装机械的起重性能允许,可在地面上将两榀屋架及其上的支撑、檩条、天窗架等构件拼装成整体后一次吊装,这样不但可有效保证屋架的稳定性,也可提高吊装效率。

5.3.3　钢结构多层、高层建筑安装

1. 安装前的准备工作

1) 钢构件复验

多层、高层钢结构安装前应对钢柱、梁、支撑等主要构件进行全面复验,主要内容有构件外形尺寸、螺栓孔直径及位置、连接件位置及角度、焊缝剖口、高强度螺栓接头摩擦面加工质量、构件表面涂层等。检查柱、梁的长度尺寸时应增加焊接将产生的收缩变形值。凡偏差大于规范的允许偏差者,安装前应在地面进行修正。

2) 轴线、标高等检查

钢结构安装前应对建筑物定位轴线、平面封闭角、底层柱的位置线、混凝土基础的标高和地脚螺栓等进行复查。框架柱定位轴线的控制,可采用在建筑物外部或内部设置辅助线的方法。

3) 安装流水段的划分

高层钢结构安装均采用塔式起重机。安装前需按照建筑物平面形状、结构形式、安装机械数量和位置等进行安装流水段的划分。平面流水段的划分应考虑钢结构安装过程中的整体稳定性和对称性,安装顺序一般从中间或某对称节间开始,以一个节间的柱网为一个安装单元向四周扩展,以减少焊接误差。立面施工层的划分,以一节钢柱高度内所有构件作为一个安装层。

2. 构件安装工艺

多层、高层钢结构构件的安装过程与单层工业厂房中相同,亦为:起吊→对位→临时固定→校正→最后固定。但因结构不同,其安装工艺有不同的特点。

1) 钢柱的安装

多层和高层钢结构的柱子多为2~3个楼层一节,每节钢柱之间多采用坡口电焊连接。

(1) 第一节钢柱的安装

在吊装第一节钢柱时,应在预埋的地脚螺栓上加设保护套,以免钢柱就位时碰坏地脚螺栓的丝牙。同时,根据钢柱的柱底标高调整好柱脚底板下调节螺母的标高。钢柱的吊装可采用单机吊装或双机抬吊。单机吊装时,须在柱子根部垫以木垫,严禁柱根拖地,以免柱根变形;双机抬吊时,于钢柱离地面后在空中进行回直。

钢柱吊升到位后,首先将钢柱底板插入地脚螺栓,放置在已精确调整好标高的调节螺母上,并进行钢柱的平面位置校正,即应使柱的四面中心线与基础中心线对齐吻合。然后用经纬仪对柱的垂直度进行观测,并用千斤顶校正其垂直度。在对柱的标高、平面位置、垂直度全部校正合格后,在底板上穿入压垫板及其螺母,将螺母紧固,如图 5-13 所示。钢柱定位后,应将压垫板、螺母与钢柱底板点焊牢固。

当钢柱与相应的钢梁吊装完成形成空间框架单元,并校正完毕后,应及时在柱底板和基础顶面之间的空隙进行二次浇注混凝土,将钢柱最后固定。

(2) 上部钢柱的安装

上部钢柱的安装与第一节钢柱安装的不同点在于柱脚的连接固定方式。钢柱的吊点设置在钢柱的上部,利用四个临时连接耳板作为吊点。钢柱吊装到位后,其中心线应与下面一节钢柱的中心线吻合,将活动双夹板平稳插入下节柱对应的安装耳板上,并用连接螺栓将连接夹板临时固定,如图 5-14 所示。同时应在柱顶拉设缆风绳对钢柱进行稳固。

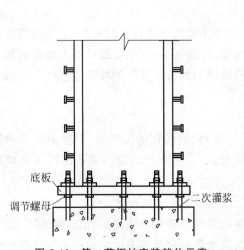

底板
调节螺母
二次灌浆

图 5-13　第一节钢柱安装就位示意

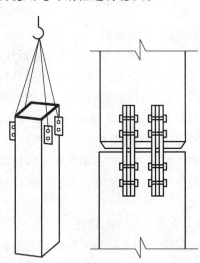

图 5-14　上部钢柱吊装示意

钢柱标高的调整方法是,每安装一节钢柱后对柱顶进行一次标高实测,其柱顶标高可采用设计标高或相对标高进行控制。当采用设计标高控制时,每节柱顶标高都应从底层柱的标高基准线引测,进行柱标高调整,使其符合设计要求。建筑物总高度的允许偏差和同一层内各节柱的柱顶高度差应符合有关规范的规定。柱标高偏差的调整,可切割上节柱的衬垫板(3 mm 内)或加高钢垫板(5 mm 内),以达到规定要求。

钢柱平面位置的调整方法是,上下钢柱连接时应使柱中心线重合,若有偏差,可在柱与柱连接耳板的侧面插入垫板,并拧紧连接螺栓进行调整。安装中每节柱的定位轴线均应从地面控制轴线直接引上,不得从下节柱的轴线引上,以保证每节柱的安装标准,避免产生累积误差。

对钢柱垂直度的调整方法是,在保证单节柱垂直度偏差不超过规范要求的前提下,应将柱顶偏移控制到零,然后拧紧临时连接耳板的高强度螺栓。

待钢柱校正完毕后,即可进行上下节钢柱的焊接固定,最后将连接耳板割去。

2) 钢梁的安装

在多层、高层建筑中,钢梁的截面形式多采用 H 型钢或钢板焊接而成的工字型截面。

钢梁与柱的连接构造通常如图 5-15 所示,梁的翼缘通过连接钢板或直接用全焊透的坡口焊缝与柱连接,腹板通过连接钢板用高强度螺栓与柱连接。

钢梁制作时一般在上翼缘处开孔,作为吊点。为加快吊装速度,对重量较小的次梁可利用多头吊索一次吊装数根构件(俗称串吊)。

对于待吊装的钢梁应装配好附带的连接钢板,并用工具包装好螺栓。钢梁安装就位时,及时夹好连接钢板,并用普通螺栓与柱进行临时连接。

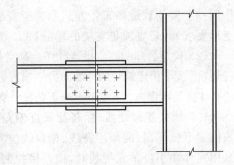

图 5-15　钢梁与钢柱连接示意

临时连接的螺栓数量不得少于该节点螺栓总数的 30%,且不得少于两个,也不得将高强度螺栓直接穿入作临时连接用。

钢梁的总体安装顺序应严格按照钢柱的安装顺序进行,及时形成梁柱框架,以保证框架的垂直度。同时,为保证结构的稳定、便于校正和精确安装,对同一节柱、同一跨范围内的钢梁应首先安装固定最上层的梁,再安装下层梁,最后安装中间层的梁。当一个框架内的钢柱、钢梁安装完毕后,及时对其进行测量校正。

在每层柱与梁校正调整到符合安装标准后,应将临时连接螺栓更换为高强度螺栓,并按设计要求进行高强度螺栓的初拧和终拧以及钢梁的焊接。

当一节柱高范围内的各层梁安装完毕后,宜立即安装本节柱范围内的斜撑及其他构件,并进行楼板的施工。同一流水作业段、同一节柱高内的全部构件安装、校正、连接完毕并验收合格后,才能从地面引测上一节柱的定位轴线。

5.3.4　钢网架结构安装

钢网架结构为空间网格结构,是由角钢或钢管等杆件通过节点焊接或螺栓连接而成的网状平板形或壳体形结构。这种结构具有空间作用好、整体性强、刚度大、自重轻、自身高度小等优点,而且建筑平面布置灵活,无论方形、矩形、圆形、多边形等平面都可用网架组成。目前,网架结构已广泛用于大跨度和大柱网建筑的屋盖结构中,如体育馆、展览馆、候车厅、候机厅等大型公共建筑。

钢网架的杆件和节点都在工厂制作。网架的安装,根据其结构形式、跨度大小和施工条件的不同可采用不同的方法,一般可归纳为三类:高空拼装法、高空滑移法、整体安装法。

1. 高空拼装法

高空拼装法是指搭设支撑胎架(脚手架或型钢支架),将网架杆件直接在设计位置进行拼装的施工方法。根据结构形式的不同,高空拼装法又可分为高空散装法和分条(分块)吊装法。

1) 高空散装法

高空散装法是指搭设满堂支撑胎架,用吊装机械把钢网架的散件(单根杆件及单个节点)或小拼单元吊放到胎架上,直接在高空的设计位置拼装成整体。这种方法不需要大型吊装机械,但需要搭设大量的拼装支撑体系,高空作业多,且需要结构下方有合适的场地。高空散装法适用于采用螺栓连接(包括螺栓球、高强螺栓等)的非焊接节点的各种类型网架。其施工要点如下。

(1) 拼装支架的设置。拼装支架在施工中起着支承网架、控制标高和作为操作平台的作用。支架的数量和布置方式取决于安装单元的尺寸和刚度。设计支架时除应满足强度和变形要求外，还应满足支架的单肢稳定、整体稳定要求，并应控制其沉降量。

（2）确定合理的高空拼装顺序。高空拼装顺序应能保证拼装的精度，减少误差累积。总的拼装顺序是：由建筑物的一端向另一端推进；网片安装中，应由屋脊网线分别向两边拼装。杆件的具体拼装顺序为：下弦节点→下弦杆→腹杆及上弦节点→上弦杆→校正→全部拧紧螺栓。

（3）严格控制轴线、标高及垂直偏差。网架拼装过程中，应对网架的支座轴线、支承面或网架下弦标高、网架屋脊线、檐口线位置和标高进行跟踪控制，发现误差累积应及时纠正。采用网片和小拼单元拼装时，应严格控制网片和小拼单元的定位线和垂直度。各杆件与节点连接时中心线应汇交于一点，螺栓球、焊接空心球节点应汇交于球心。网架结构总拼完成后，其纵横向长度偏差、支座中心偏移、相邻支座偏移、相邻支座高差、最低最高支座差等指标均应符合网架规程要求。

2）分条（分块）吊装法

分条（分块）吊装法是将网架平面划分成若干条状或块状单元，每个条、块状单元在地面拼装后，再用吊装机械吊至拼装支架上，在设计位置处拼成整体。分条吊装法如图5-16所示，分块吊装法如图5-17所示。这种方法与高空散装法相比，只须搭设条形脚手架或点式型钢支撑架，拼装支架用料大量减少，高空作业量也大为减少，又能充分利用吊装机械的能力，故较为经济。分条（分块）吊装法适用于分割后网架的刚度和受力状态改变较小的各类中小型网架。其施工要点如下。

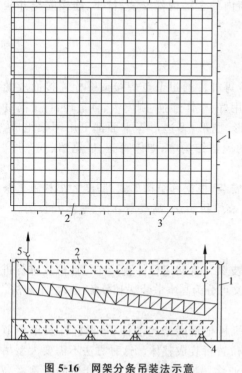

图5-16　网架分条吊装法示意

1—柱；2—网架；3—为吊面而拆去的杆件；
4—单元拼装用支架；5—起重机吊钩

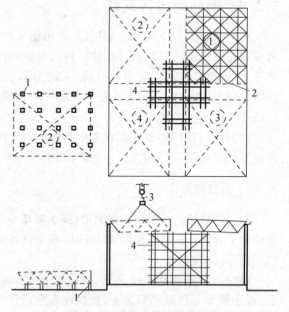

图5-17　网架分块吊装法示意

1—单元拼装用支墩；2—临时封闭杆件；
3—起重机吊钩；4—拼装支架
①～④—网架分块编号

（1）分条、分块单元的划分。网架分条、分块单元的划分，主要根据网架的结构特点和起重机械的吊装能力而定。条状单元一般沿长跨方向分割，单元宽度为 1～3 个网格，单元长度即为网架的短跨；块状单元一般沿网架平面纵横向分割成矩形或正方形单元。分条、分块的网架单元自身应是几何不变体系，并应具有足够的刚度，刚度不足时应采取临时加固措施。

（2）网架挠度控制。网架条状单元在吊装就位过程中为平面受力体系，而网架是按空间结构设计的，因而条状单元在总拼前的挠度要比形成网架整体后该处的挠度大，因此在总拼前需在合拢处用支撑将中部顶起，调整挠度使其与整体网架的挠度相符合。块状单元在地面拼装后，应模拟高空支撑条件，拆除全部地面支墩后观察其施工挠度，必要时也需调整其挠度。

（3）网架尺寸控制。条、块状网架单元尺寸必须准确，以保证高空总拼时各节点吻合或减少误差累积。一般可采用预拼装或现场临时封闭杆件来解决。

（4）安装顺序和焊接顺序。条、块状单元的安装顺序，应由中间开始向两端拼装，或由中间向四周发展。高空总拼装时还应采取合理的焊接顺序，施焊顺序应与拼装顺序相同，以减少焊接应力和焊接变形。

2．高空滑移法

高空滑移法是在预先设置的滑轨上滑移条状的网架单元来完成网架整体安装的方法。施工时，可在网架结构的一侧端部搭设拼装平台，在平台上拼装条状网架单元；也可以在地面拼装成条状网架单元后，用起重机械吊装至高空，再滑移并进行总拼，以减少高空作业量。

高空滑移法只需搭设局部的拼装支架，若建筑物端部有平台可利用，也可不搭设拼装支架；其施工设备简单，不需要大型吊装机械，成本较低；尤其在场地狭小或网架跨越其他结构、设备，起重机械无法进入网架安装区域的情况下，采用滑移施工法更为合适。

根据滑移对象和方法，高空滑移法可分为单条滑移法和累积滑移法。

（1）单条滑移法是将网架的条状单元从一端水平滑移至设计位置就位，然后再滑移后续条状单元，并逐步拼装，直至拼装成网架整体结构，如图 5-18 所示。

（2）累积滑移法是将网架的第一条拼装单元向前滑移一定距离后连接好第二条单元，两条拼装单元一起再滑移一段距离，接着再继续连接第三条，如此逐段拼装不断向前滑移，直至整个网架拼装完毕并滑移至设计位置。

采用高空滑移法施工时，其技术要点也是网架挠度的控制。当单条滑移时，施工中的挠度情况与分条吊装法相同；当逐条累积滑移时，滑移过程中单元仍然是两端自由搁置的立体桁架而并非与下部结构固定连接。因此施工挠度将会超过形成整体网架后的挠度。处理方法是增加施工起拱挠度、在中间增设滑轨等。

3．整体安装法

整体安装法是先将网架在地面上拼装成整体，然后用吊装机械或千斤顶将其整体吊、提、顶升至设计位置上加以固定的方法。这种施工方法不需搭设高大的拼装支架，高空作业少，易保证拼装节点质量，易保证网架几何尺寸的准确性，但安装技术较复杂。

钢网架在地面的拼装和焊接宜在专门的胎具上从中间向两端或四周进行，并应采取合

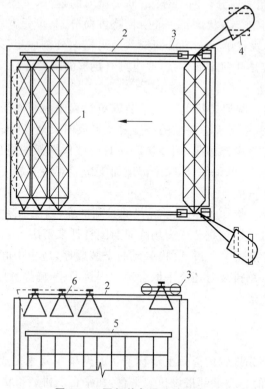

图 5-18　网架单条滑移法示意

1—网架；2—轨道；3—滑车；4—履带式起重机；

5—脚手架；6—后安装的杆件

理的焊接顺序。网架拼装完毕后,应进行整体尺寸的校核及焊缝质量的检验。整体安装法根据所采用设备的不同又分为整体吊装法、整体提升法和整体顶升法。

1) 整体吊装法

整体吊装法又称多机抬吊法,适用于高度低和重量小的中、小型网架结构。安装前先在地面上对网架进行错位拼装,即拼装位置与安装轴线错开一定距离,以避开柱子的位置(与柱子净距不得小于 100～150 mm)。然后用多台起重机(多为履带式或汽车式起重机)将拼装好的网架整体吊升到柱顶以上,在空中移动对准后,落下就位并安装固定。多机抬吊法安装网架如图 5-19 所示。

施工中应注意,网架吊点位置、数量的选择,应使其与网架使用时的受力状态尽量接近。在吊装过程中,为保证各吊点同步吊升,关键是每台起重机的升降速度必须一致,否则有的起重机会超载,网架也会受扭,致使焊缝开裂。网架在空中移动对位的过程中仍须保持水平状态。

2) 整体提升法

整体提升法是在结构柱上安装提升设备,直接把整体网架提升到柱顶,或在提升网架的同时用滑升模板进行钢筋混凝土柱的施工方法。提升设备可采用液压千斤顶或升板机,将其设置于网架的上方,但网架在高空中不能移位。此方法是用小设备安装大型结构,所以是一种很有效的施工方法。整体提升法适用于支承点较多的周边支承网架,且常用于场地狭小的施工条件。

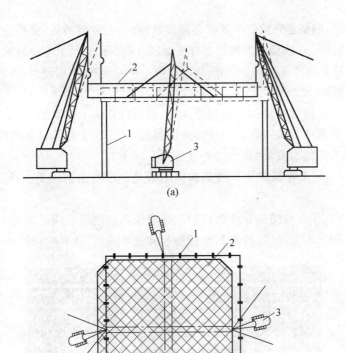

图 5-19　多机抬吊法安装网架示意

（a）网架安装示意；（b）网架吊装平面布置

1—柱；2—网架；3—履带式起重机

　　图 5-20 所示为某工程采用升板机整体提升网架的施工情况，网架支座搁置在柱间框架梁的中间，并安装好屋面板，提升时将框架梁、屋面板与网架一起提升，大大节省了施工费用。

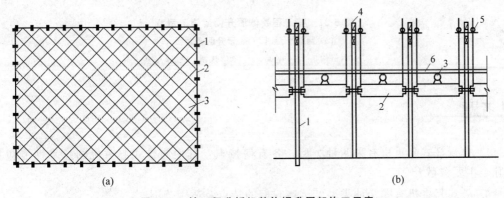

图 5-20　某工程升板机整体提升网架施工示意

（a）网架平面；（b）局部侧面

1—结构柱；2—框架梁；3—网架；4—工具柱；5—升板机；6—屋面板

施工中应注意,网架提升点的位置应合理设置,对于大中型网架,提升点的位置宜与网架支座位置相同或接近;中小型网架则可略有变动,数量也可减少,但应进行施工验算。提升过程中要求网架各提升点尽可能同步上升,故需进行水平同步观测,以便控制提升差异值。

3）整体顶升法

整体顶升法是将网架在地面拼装成整体后,利用柱作为上升滑道,用千斤顶把整体网架顶升到柱顶设计位置的方法。顶升法与提升法类似,区别在于起升设备的位置不同,提升法的设备位于网架支点的上方,而顶升法的设备则在其下方。

图 5-21 所示为某工程整体顶升网架的施工情况。顶升法适用于支承点较少的点支承网架结构的安装。

施工中应注意,顶升点的位置和数量的选择应使其与网架使用时的受力状态尽量接近。网架的顶升多采用液压千斤顶,要求其冲程和起升速度一致,顶升时须同步,以免网架受扭。

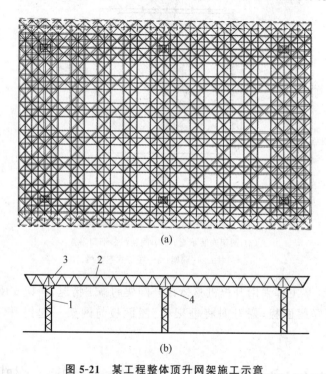

(a)

(b)

图 5-21　某工程整体顶升网架施工示意

(a) 网架平面图;(b) 顶升网架立面

1—钢格构柱;2—网架;3—伞形柱帽;4—球支座

思考题

1. 自行杆式起重机有哪两种类型？各有何特点？其中履带式起重机的技术性能包括哪几个主要参数？

2. 塔式起重机有哪几种类型？试述它们的特点及适用范围。

3. 在装配式钢筋混凝土框架结构中,柱与柱的接头方式、梁与柱的接头方式各有哪几种？

4. 在多层装配式框架结构安装中,试比较分件安装法和综合安装法的优缺点。

5. 试述多层装配式墙板结构安装时,正确的安装顺序。

6. 钢结构构件采用焊接连接时,为保证焊接质量应注意什么问题? 如何检查焊接质量?

7. 钢结构中采用的螺栓连接有哪两种类型? 简述它们在施工中应注意的事项。

8. 在钢结构单层工业厂房安装中,应如何做好钢柱基础的准备?

9. 在钢结构单层工业厂房安装中,各种构件的安装过程包括哪些内容? 钢柱、吊车梁和钢屋架的校正都包括哪些内容? 应如何进行校正?

10. 在钢结构多层、高层建筑安装中,如何精确控制第一节柱底的标高? 如何控制上部各节柱柱顶的标高? 如何控制上部各节柱的定位轴线?

11. 试述在钢结构多层、高层建筑安装中,钢梁的总体安装顺序以及在同一节柱内的安装顺序。

12. 钢网架结构的安装方法有哪几类? 各类中包括哪几种方法? 各有何特点? 分别适用于什么情况?

第 6 章

防 水 工 程

【本章要点】

掌握：卷材防水屋面、涂膜防水屋面施工，钢筋混凝土自防水和附加防水层构造及施工。

熟悉：刚性防水屋面施工，防、排结合的地下防水构造。

了解：用水房间的防水施工。

防水工程是保证工程结构不受水浸蚀的一项重要工程，土木工程防水质量的好坏与设计、材料、施工有着密切的关系，并直接影响到土木工程的使用寿命。

防水工程按其构造做法分为结构自防水和防水层防水两大类。结构自防水主要依靠结构材料自身的密实性及某些构造措施(如设坡度、埋设止水带等)，使其起到防水作用；防水层防水是在结构和构件的迎水面或背水面及接缝处，附加防水材料构成的防水层来起到防水作用，如卷材防水、涂膜防水、刚性防水等。

防水工程按其结构部位分为屋面防水、地下工程防水及用水房间防水等。

防水工程按其性能又分为：柔性防水，如卷材防水、涂膜防水等；刚性防水，如结构自防水、水泥砂浆防水等。

防水工程施工工艺要求严格细致，在施工工期安排上应避开雨季和冬季施工。

6.1 屋面防水工程

建筑屋面防水工程是房屋建筑工程中的一项重要内容，其质量的优劣不仅关系到建筑物的使用寿命，而且还直接影响到生产和生活的正常进行。

屋面防水工程根据建筑物的性质、重要程度、使用功能要求以及防水层合理使用年限，按不同等级进行设防。屋面防水等级和设防要求应符合表 6-1 的规定。

表 6-1 屋面防水等级和设防要求

防 水 等 级	建 筑 类 别	设 防 要 求
Ⅰ级	重要建筑和高层建筑	两道防水设防
Ⅱ级	一般建筑	一道防水设防

6.1.1 卷材防水屋面施工

卷材防水屋面是指采用胶粘材料将柔性卷材粘贴于屋面基层，形成一整片不透水的覆盖层，从而起到防水的作用。卷材防水屋面的一般构造如图 6-1 所示。

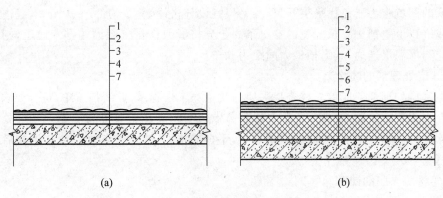

图 6-1 卷材防水屋面构造示意
(a) 不保温卷材防水屋面；(b) 保温卷材防水屋面
1—保护层；2—卷材防水层；3—结合层；4—找平层；5—保温层；6—隔气层；7—结构层

1. 卷材防水常用材料

1）基层处理剂

基层处理剂是为了增强防水材料与基层之间的黏结力，在防水层施工之前预先涂刷在基层上的稀质防水涂料。常用的基层处理剂有冷底子油及与高聚物改性沥青卷材和合成高分子卷材配套的底胶，冷底子油具有较高的渗透性和憎水性。

2）胶粘剂

用于粘贴卷材的胶粘剂可分为基层与卷材粘贴剂、卷材与卷材搭接的胶粘剂、黏结密封胶带等三种，按其组成材料又分为沥青胶粘剂和合成高分子胶粘剂。

3）防水卷材

常用的防水卷材主要有：合成高分子防水卷材（三元乙丙橡胶卷材、氯化聚乙烯橡胶共混卷材、聚氯乙烯卷材、氯化聚乙烯卷材、聚乙烯卷材、乙丙橡胶-聚丙烯共混卷材），高聚物改性沥青防水卷材，金属卷材等。

2. 卷材防水施工工艺和方法

卷材防水层施工的一般工艺流程为：清理、修补基层（找平层）表面→喷、涂基层处理剂→节点附加层增强处理→定位、弹线、试铺→铺贴卷材→收头处理、节点密封→清理、检查、调整→保护层施工，其施工要点如下。

1）找平层施工

找平层是铺贴防水卷材的基层，应具有足够的强度和刚度，可采用 1：2.5～1：3 水泥砂浆、C15 细石混凝土或 1：8 沥青砂浆，其厚度为 15～35 mm。找平层表面应压实平整，其排水坡度应符合设计要求。一般天沟、檐沟纵向坡度不应小于 1％，水落口周围直径 500 mm 范围内坡度不应小于 5％。采用水泥砂浆找平层时，水泥砂浆抹平收水后应二次压光和充分养护，不得有酥松、起砂、起皮现象。

在屋面基层与突出屋面结构（女儿墙、立墙、天窗壁、变形缝、烟囱等）的交接处，以及基层的转角处（水落口、檐口、天沟、檐沟、屋脊等），均应做成圆弧。内部排水的水落口周围应做成略低的凹坑。为避免找平层开裂,找平层宜设分格缝,缝宽为 20～30 mm,缝内嵌填密封材料或缝口上空铺 100 mm 宽的卷材条。若分格缝兼作排气屋面的排气通道,则可适当加宽并应与保温层连通,其纵横最大间距为 6 m。

2) 基层处理剂的喷涂

喷涂基层处理剂前应首先检查找平层的质量和干燥程度,并清扫干净,符合要求后才可施工。在大面积喷涂前,应先用毛刷对屋面节点、周边、转角等处先行涂刷。基层处理剂可采取喷涂法或涂刷法施工,喷涂应厚薄均匀,不得有空白、麻点或气泡。待其干燥后应及时铺贴卷材。

3) 卷材防水层的铺贴

卷材铺贴的一般要求如下。

(1) 铺贴方向

卷材的铺贴方向应根据屋面坡度和屋面是否有振动来确定。当屋面坡度≤3%时,卷材宜平行于屋脊铺贴;屋面坡度在 3%～25%时,卷材可平行或垂直于屋脊铺贴;屋面坡度>25%时,卷材应垂直于屋脊铺贴,并应采取固定措施,固定点还应密封。上下层卷材不得相互垂直铺贴。

(2) 铺贴顺序

平行于屋脊铺贴时,从檐口开始向屋脊进行;垂直于屋脊铺贴时,则应从屋脊开始向檐口进行,屋脊处不能留设搭接缝,必须使卷材相互跨越屋脊交错搭接,以增强屋脊的防水性和耐久性。

(3) 搭接方法及宽度要求

铺贴卷材应采用搭接法。平行于屋脊的搭接缝应顺流水方向搭接,垂直于屋脊的搭接缝应顺年主导风向搭接。上下层及相邻两幅卷材的搭接缝应错开。各种卷材的搭接宽度应符合规范规定。

(4) 卷材与基层的粘贴方法

卷材与基层的粘贴方法可分为空铺法、条粘法、点粘法和满粘法等形式。施工中应按设计要求选择适用的工艺方法。

空铺法铺贴卷材防水层时,卷材与基层仅在四周一定宽度内黏结,其余部分不黏结;条粘法铺贴防水卷材时,卷材与基层黏结面不少于两条,每条宽度不小于 150 mm;点粘法铺贴防水卷材时,卷材或打孔卷材与基层采用点状黏结,每平方米黏结不少于 5 点,每点面积为 100 mm×100 mm。

无论采用空铺、条粘还是点粘法,施工时都必须注意:在檐口、屋脊和屋面的转角处及突出屋面的交接处,防水层与基层应满粘,其宽度不得小于 800 mm,保证防水层四周与基层黏结牢固;卷材与卷材之间也应满粘,并保证搭接严密。

4) 屋面特殊部位的附加增强层及其铺贴要求

(1) 檐口。将铺贴到檐口端头的卷材裁齐后压入凹槽内,然后将凹槽用密封材料嵌填密实。如用压条(20 mm 宽薄钢板等)或用带垫片钉子固定时,钉子应敲入凹槽内,钉子帽及卷材端头用密封材料封严。

(2) 天沟、檐沟及水落口。天沟、檐沟卷材铺设前,应先对水落口进行密封处理。在水落口杯埋设时,水落口杯与竖管承插口的连接处应用密封材料嵌填密实,防止该部位在暴雨时产生倒流水现象。由于天沟、檐沟部位的水流量较大，防水层经常受雨水冲刷或浸泡，因此在天沟或檐沟的转角处应先用密封材料涂封，每边宽度不少于 30 mm，干燥后再增铺一层卷材或涂刷涂料作为附加增加层。如沟底过宽卷材需纵向搭接缝时，搭接缝处应用密封材料封口。铺至水落口的各层卷材和附加增强层均应粘贴在杯口上，用雨水罩的底盘将其压紧，底盘与卷材间应满涂胶结材料予以黏结，底盘周围用密封材料填封。

（3）泛水与卷材收头。泛水是指屋面与立墙的转角部位。这些部位结构变形大，容易受太阳暴晒，因此为了增强接头部位防水层的耐久性，应在这些部位加铺一层卷材或涂刷涂料作为附加增加层。卷材铺贴完成后，将端头裁齐。若采用预留凹槽收头，将端头全部压入凹槽内，用压条钉压平服，再用密封材料封严，最后用水泥砂浆抹封凹槽。如无法预留凹槽，应先用带垫片的钉子或金属压条将卷材端头固定在墙面上，用密封材料封严，再将金属或合成高分子卷材条用压条钉压作为盖板，盖板与立墙间用密封材料固定或采用聚合物水泥砂浆将整个端头部位埋压。

（4）变形缝。屋面变形缝处附加墙与屋面交接处的泛水部位应做好附加增强层。接缝两侧的卷材防水层铺贴至缝边，然后在缝中嵌填直径略大于缝宽的补垫材料（如聚苯乙烯泡沫塑料板），再在变形缝上铺贴盖缝卷材，并延伸至附加墙立面。卷材在立面上应采用满粘法，铺贴宽度不小于 100 mm。为提高卷材适应变形的能力，卷材与立墙顶面上宜黏结。

（5）排气孔与伸出屋面管道。排气孔与屋面交角处卷材的铺贴方法和立墙与屋面转角处相似，所不同的是流水方向不应有逆槎，排气孔阴角处卷材应增加附加层，上部剪口交叉贴实或者涂刷涂料增强。伸出屋面管道卷材铺贴与排气孔相似，但应加铺两层附加层。防水层铺贴后，上端用沥青麻丝或细铁丝扎紧，最后用沥青材料密封，或焊上薄钢板泛水增强。

5）卷材保护层施工

卷材铺设完毕经检查合格后，应立即进行保护层的施工，以免卷材防水层受到损伤。常用保护层有绿豆砂保护层、云母或蛭石保护层、浅色反射涂料保护层、预制块体材料保护层、水泥砂浆保护层、细石混凝土保护层等。

3．卷材防水施工注意事项

（1）各种防水卷材严禁在雨天、雪天施工，五级风及其以上时不得施工，环境气温低于5℃时不宜施工。若施工中途下雨、下雪，应做好已铺卷材周边的防护工作。

（2）夏季施工时，屋面如有潮湿露水，应待其干燥后方可铺贴卷材，并避免在高温烈日下施工。

（3）应采取措施保证沥青胶结料的使用温度和各种胶粘剂配料称量的准确性。

（4）卷材防水层的找平层应符合质量要求，铺设卷材前找平层必须干净、干燥。

（5）卷材铺贴时应排除卷材与基层间的空气，并辊压粘贴牢固。卷材铺贴应平整顺直，搭接尺寸准确，不得扭曲、皱折。

（6）水落口、天沟、檐沟、檐口及立面卷材收头等节点部位，必须仔细铺平、贴紧、压实、收头牢靠，并加铺附加增强层，应符合设计要求和屋面工程技术规范的有关规定。

6.1.2 涂膜防水屋面施工

涂膜防水屋面是在屋面基层上涂刷防水涂料,经固化后形成一层有一定厚度和弹性的整体结膜,从而达到防水的目的。

1. 涂膜防水材料

为满足屋面防水工程的需要,防水涂料及其形成的结膜防水层应满足的要求为:①有一定的固体含量;②优良的防水能力;③耐久性好;④耐高低温性能好;⑤有较高的强度和延伸率;⑥施工性能好;⑦对环境污染少。

按成膜物质的主要成分,可将防水涂料分为沥青基防水涂料、高聚物改性沥青防水涂料和合成高分子防水涂料三种。

施工时根据涂料的品种和屋面构造形式的需要,可在涂膜防水层中增设胎体增强材料,胎体增强材料可采用聚酯无纺布、化纤无纺布或玻纤网格布。

2. 涂膜防水层施工工艺和方法

涂膜防水层施工的工艺流程为:清理、修理基层表面→涂刷基层处理剂(底涂料)→特殊部位附加增强处理→涂布防水涂料及铺贴胎体增强材料→清理与检查修整→保护层施工。

1) 涂刷基层处理剂

基层处理剂有三种。水乳型防水涂料可用掺 0.2%~0.5%乳化剂的水溶液或软化水将涂料稀释;溶剂型防水涂料,由于其渗透能力较强,可直接薄涂一层涂料作为基层处理,如涂料较稠,可用相应的溶剂稀释后使用;高聚物改性沥青或沥青基防水涂料也可用沥青溶液(即冷底子油)作为基层处理剂。

基层处理剂应配比准确,充分搅拌;涂刷时应用刷子用力薄涂,使其尽量刷进基层表面的毛细孔中,并涂刷均匀,覆盖完全;基层处理剂干燥后方可进行涂膜施工。

2) 涂布防水涂料

涂布防水涂料时,厚质涂料宜采用铁抹子或胶皮板涂刮施工;薄质涂料可采用棕刷、长柄刷、圆滚刷等进行人工涂布,也可采用机械喷涂,用刷子涂刷一般采用蘸刷法,也可边倒涂料边用刷子刷匀。

涂料涂布时应先涂立面,后涂平面,涂立面最好采用蘸刷法。屋面转角及立面的涂膜应薄涂多遍,不得有流淌和堆积现象。平面涂布应分条或按顺序进行,分条进行时,每条宽度应与胎体增强材料宽度相一致。

3) 铺设胎体增强材料

在涂刷第二遍涂料时或第三遍涂料涂刷前,即可加铺胎体增强材料。胎体增强材料可采用干铺法或湿铺法铺贴。胎体增强材料铺设后,应严格检查其质量,胎体应铺贴平整,排除气泡,并与涂料黏结牢固。最上面的涂层厚度:对高聚物改性沥青涂料不应小于 1.0 mm,对合成高分子涂料不应小于 0.5 mm。

4) 收头处理

为了防止收头部位出现翘边现象,所有收头均应用密封材料压边,压边宽度不小于 10 mm。

收头处的胎体增强材料应裁剪整齐,如有凹槽时应压入凹槽内,不得出现翘边、皱折、露白等现象。

5)涂膜保护层施工

涂膜防水层施工完毕经质量检查合格后,应进行保护层的施工。常用的涂膜保护层材料有:细砂、云母或蛭石保护层,浅色反射涂料保护层,预制块体材料保护层,水泥砂浆保护层,细石混凝土保护层等。

6.1.3　刚性防水屋面施工

刚性防水屋面是指利用刚性防水材料作为防水层的屋面,主要有普通细石混凝土防水屋面、补偿收缩混凝土防水屋面、纤维混凝土防水屋面、预应力混凝土防水屋面等。

刚性防水层与山墙、女儿墙以及突出屋面结构的交接处应留设宽度为 30 mm 的缝隙,并应用密封材料嵌填;泛水处应铺设卷材或涂膜附加层。伸出屋面管道与刚性防水层交接处亦应留设缝隙,用密封材料嵌填,并应加设卷材或涂膜附加层。天沟、檐沟应用水泥砂浆找坡,找坡厚度大于 20 mm 时宜采用细石混凝土。刚性防水层内严禁埋设管线。

1. 隔离层的设置

刚性防水层和结构层之间应脱离,即在结构层与刚性防水层之间应设置隔离层,使两者的变形互不受约束,以免因结构变形造成刚性防水层的开裂。常用的隔离层有:黏土砂浆隔离层、石灰砂浆隔离层、水泥砂浆找平层上干铺卷材或塑料薄膜隔离层。

2. 分格缝留置

为了减少由于温差、混凝土干缩、徐变、荷载和振动、地基沉陷等变形造成刚性防水层的开裂,应按设计要求设置分格缝。如设计无要求时应按下述原则留置:分格缝应设在屋面板的支承端、屋面转折处、防水层与突出屋面结构的交接处,并应与板缝对齐;分格缝的纵横间距不宜大于 6 m,或“一间一分格”,其面积不超过 36 m^2。

分隔缝的宽度宜为 5~30 mm。可采用木板在浇注混凝土之前支设,混凝土初凝后取出,起条时不得损坏分隔缝处的混凝土;当采用切割法施工时,其切割深度宜为防水层厚度的 3/4。分隔缝内应嵌填密封材料,上部应设置保护层。

3. 钢筋网片铺设

防水层内应按设计要求配置钢筋网片,一般配置直径为 4~6 mm、间距为 100~200 mm 的双向钢筋网片,网片采用绑扎和焊接均可。钢筋网片在分隔缝处应断开,其保护层厚度不小于 10 mm,施工时应放置在混凝土中上部位置。

4. 细石混凝土防水层施工

细石混凝土防水层的施工中应注意下列事项。

(1)材料要求:防水层的细石混凝土宜采用普通硅酸盐水泥或硅酸盐水泥,不得使用火山灰质硅酸盐水泥。

(2)细石混凝土防水层施工环境气温宜为 5~35℃,并应避免在负温或烈日暴晒下施工。

（3）每个分隔缝范围内的混凝土应一次浇注完成，不得留施工缝。

（4）混凝土宜采用小型机械振捣，表面泛浆后用铁抹子压实抹平，并确保防水层的厚度和排水坡度。抹压时不得在表面洒水、加水泥浆或干撒水泥。混凝土收水初凝后，应用铁抹子进行二次压光。

（5）混凝土浇注后应及时进行养护，养护时间不宜少于 14 d；养护初期屋面不得上人。

6.2 地下防水工程

地下防水工程的设计和施工应遵循"防、排、截、堵相结合，刚柔相济，因地制宜，综合治理"的原则。现行规范规定了地下工程防水等级及其相应的适用范围，见表 6-2。

表 6-2 地下工程防水等级及其适用范围

防水等级	标 准	适 用 范 围
一级	不允许渗水，结构表面无湿渍	人员长期停留的场所；因有少量湿渍会使物品变质、失效的储存场所及严重影响设备正常运转和危及工程安全运营的部位；极重要的战备工程
二级	不允许漏水，结构表面可有少量湿渍。 工业与民用建筑：总湿渍面积不应大于总防水面积（包括顶板、墙面、地面）的 1/1000；任意 100 m² 防水面积上的湿渍不超过 1 处，单个湿渍的最大面积不大于 0.1 m²。 其他地下工程：总湿渍面积不应大于总防水面积的 6/1000；任意 100 m² 防水面积上的湿渍不超过 4 处，单个湿渍的最大面积不大于 0.2 m²	人员经常活动的场所；在有少量湿渍的情况下不会使物品变质、失效的储物场所及基本不影响设备正常运转和工程安全运营的部位；重要的战备工程
三级	有少量漏水点，不得有线流和漏泥砂。 任意 100 m² 防水面积上的漏水点数不超过 7 处，单个漏水点的最大漏水量不大于 2.5 L/d，单个湿渍的最大面积不大于 0.3 m²	人员临时活动的场所；一般战备工程
四级	有漏水点，不得有线流和漏泥砂。 整个工程平均漏水量不大于 2 L/(m²·d)；任意 100 m² 防水面积的平均漏水量不大于 4 L/(m²·d)	对渗漏水无严格要求的工程

地下工程的防水方案大致可分为三大类：防水混凝土结构方案，即利用提高混凝土结构本身的密实性和抗渗性来进行防水；附加防水层方案，即在结构表面设防水层，使地下水与结构隔离，以达到防水目的；防、排水结合方案，即利用盲沟、渗排水层等措施将地下水排走，以辅助防水结构达到防水要求。

6.2.1 混凝土结构自防水施工

钢筋混凝土结构自防水是指工程结构本身采用防水混凝土，使得结构的承重、围护和防水功能合为一体。它具有施工简便、工期较短、防水可靠、耐久性好、成本较低等优点,因而在地下工程中应用广泛。

1. 防水混凝土的配制

防水混凝土主要有普通防水混凝土和外加剂防水混凝土。

1) 普通防水混凝土

配制普通防水混凝土通常以控制水灰比,适当增加砂率和水泥用量的方法,来提高混凝土的密实性和抗渗性。水灰比一般不大于 0.55,水泥用量不少于 320 kg/m³,砂率宜为 35%～45%,灰砂比宜为 1∶1.5～1∶2.5,采用泵送工艺时坍落度宜为 120～160 mm。防水混凝土的配合比不仅要满足结构的强度要求,还要满足结构的抗渗要求,须通过试验确定,而且一般按设计抗渗等级提高 0.2 MPa 来选定施工配合比。

2) 外加剂防水混凝土

混凝土中掺加的外加剂有引气剂防水混凝土、减水剂防水混凝土、三乙醇胺防水混凝土、氯化铁防水混凝土,由于添加了外加剂,因而增加了混凝土的密实性,使其具有良好的抗渗性。

2. 防水混凝土施工

防水混凝土工程质量的优劣除了与材料因素有关以外,还主要取决于施工的质量。因此,对施工中各个环节均应严格遵守施工操作规程和验收规范的规定,精心地组织施工。

1) 模板工程

防水混凝土工程的模板应表面平整,吸水性小,拼缝严密不漏浆,并应牢固稳定。采用对拉螺栓固定模板时,为防止水沿螺栓渗入,须采取一定措施,其构造如图 6-2 所示。

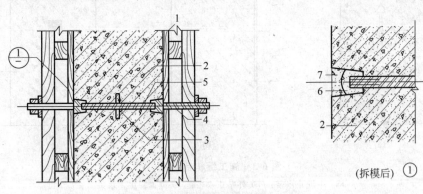

图 6-2 螺栓固定模板的防水构造

1—模板;2—结构混凝土;3—止水环;4—工具式螺栓;
5—固定模板用螺栓;6—密封材料;7—聚合物水泥砂浆

2) 防水混凝土工程

防水混凝土工程施工中应注意下列事项。

(1) 防水混凝土必须采用机械搅拌。搅拌时间不应小于 120 s。掺外加剂时,应根据外加剂的技术要求确定搅拌时间。

(2) 混凝土运输过程中应采取措施防止混凝土拌合物产生离析,以及坍落度和含气量的损失,同时要防止漏浆。

(3) 浇注混凝土时的自由下落高度不得超过 1.5 m,否则应使用溜槽、串筒等工具进行浇注。

(4) 混凝土应分层浇注,每层厚度不宜超过 300～400 mm,相邻两层浇注的时间间隔不应超过 2 h,夏季应适当缩短。

(5) 防水混凝土必须采用高频机械振捣,振捣时间宜为 20～30 s,以混凝土泛浆和不冒气泡为准。

(6) 防水混凝土的养护对其抗渗性能影响极大,特别是早期湿润养护更为重要,一般在混凝土进入终凝后(浇注后 4～6 h)即应覆盖浇水,浇水湿润养护的时间不少于 14 d。

(7) 严禁在完工后的混凝土自防水结构上打洞。

3) 防水混凝土施工缝的留置

防水混凝土应连续浇注,尽量不留或少留施工缝。当留设施工缝时,应遵循下列规定。

(1) 顶板、底板不宜留施工缝;墙体与底板间的水平施工缝应留在高出底板表面不小于 300 mm 的墙体上;顶板与墙体间的施工缝应留在顶板以下 150～300 mm 处;当墙体上有孔洞时,施工缝距孔洞边缘不宜小于 300 mm。

(2) 施工缝必须加强防水措施,其构造可按图 6-3 选用。

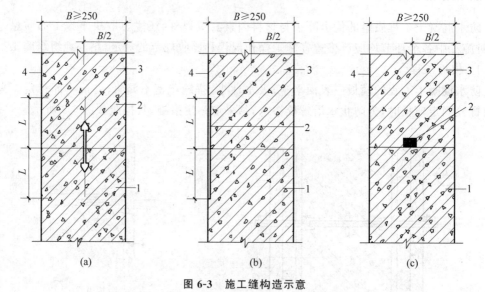

图 6-3 施工缝构造示意

(a) 中埋止水带;(b) 外贴止水带;(c) 设置膨胀止水条

1—现浇混凝土;2—(a) 中埋止水带,(b) 外贴止水带,(c) 遇水膨胀止水条;

3—后浇混凝土;4—结构迎水面

(3) 垂直施工缝应避开地下水和裂隙水较多的地段,并与变形缝(或后浇带)相结合,且必须加强防水措施。

4) 后浇带的设置

当地下结构面积较大时,为避免结构中因过大的温度和收缩应力而产生有害裂缝,可设置后浇带将结构临时分为若干段;或对结构中须设置沉降缝的部位,用后浇带取代沉降缝。后浇带宽度一般为 700～1000 mm,两条后浇带间距一般为 30～60 m。对于收缩性后浇带,可采取外贴止水带的措施以加强后浇带处的防水,其做法如图 6-4 所示;对于沉降性后浇带,为避免后浇带两侧底板产生沉降差后使防水层受拉伸而断裂,应局部加厚垫层并附加钢筋,其构造如图 6-5 所示。

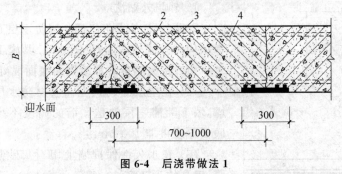

图 6-4　后浇带做法 1

1—先浇混凝土;2—结构主筋;3—外贴式止水带;4—后浇补偿收缩混凝土

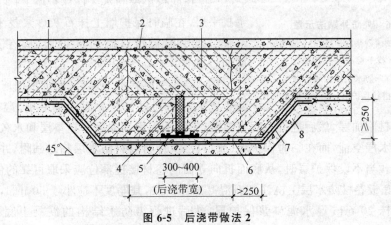

图 6-5　后浇带做法 2

1—混凝土结构;2—钢丝网;3—后浇带;4—填缝材料;5—外贴式止水带;
6—细石混凝土保护层;7—卷材防水层;8—垫层混凝土

后浇带的填筑时间:对于收缩性后浇带,应在混凝土浇注 30～40 d,其两侧的混凝土基本停止收缩后再浇注;对于沉降性后浇带,则应待整个主体结构完工,其两侧的沉降基本完成后再浇注。后浇带在浇注混凝土前,必须将整个混凝土表面按照施工缝的要求进行处理。填筑后浇带的混凝土宜采用微膨胀或无收缩水泥,也可采用普通水泥加相应外加剂配制,但其强度均应比原结构强度提高一个等级,并保持不少于 14 d 的湿润养护。

6.2.2　附加防水层施工

附加防水层方案是在结构的迎水面做一层防水层的方法。附加防水层有卷材防水层、涂膜防水层、水泥砂浆防水层等,可根据不同的工程对象、防水要求和施工条件选用。

1. 卷材防水层施工

地下卷材防水层是一种柔性防水层,一般把卷材防水层设置在地下结构的外侧(迎水面),称为外防水。它具有较好的防水性和良好的韧性,能适应结构的振动和微小变形,并能抵抗侵蚀性介质的作用。地下防水工程的卷材应选用高聚物改性沥青防水卷材或合成高分子防水卷材，卷材的铺贴方法与屋面防水工程相同。

卷材外防水有两种设置方法，即外防外贴法和外防内贴法。

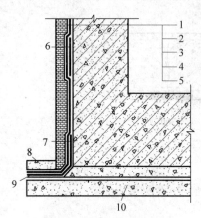

图 6-6 外防外贴法示意

1—保护墙；2—砂浆保护层；3—防水层；
4—砂浆找平层；5—结构墙体；
6、7—防水层加强层；
8、9—防水层搭接保护层；10—混凝土垫层

1) 外防外贴法

外防外贴法是将立面卷材防水层直接铺贴在需防水结构的外墙外表面，见图6-6。其施工程序如下。

（1）先浇注需防水结构的底面混凝土垫层。

（2）在垫层上砌筑立面卷材防水层的永久性保护墙，墙下干铺一层油毡。墙的高度不小于需防水结构底板厚度再加 100 mm。

（3）在永久性保护墙上用石灰砂浆接砌临时保护墙，墙高约为 300 mm。

（4）在底板垫层和永久性保护墙上抹 1∶3 水泥砂浆找平层，在临时保护墙上抹石灰砂浆找平层，并刷石灰浆。如用模板代替临时保护墙，应在其上涂刷隔离剂。

（5）待找平层基本干燥后，即可根据所选用卷材的施工要求铺贴卷材。在大面积铺贴前，应先在转角处粘贴一层卷材附加层，然后进行大面积铺贴，先铺平面后铺立面。在垫层和永久性保护墙上应将卷材防水层空铺，而在临时保护墙（或模板）上应将卷材防水层临时贴附，并分层临时固定在其顶端。当不设保护层时，从底面折向立面的卷材接槎部位应采取可靠的保护措施。

（6）在底板卷材防水层上浇注细石混凝土保护层，其厚度不应小于 50 mm，侧墙卷材防水层上应铺抹 20 mm 厚水泥砂浆保护层，然后进行需防水结构的混凝土底板和墙体的施工。

（7）墙体拆模后，在需防水结构的外墙外表面抹水泥砂浆找平层。

（8）拆除临时保护墙，揭开接槎部位的各层卷材，并将其表面清理干净，依次逐层在外墙外表面上铺贴立面卷材防水层。卷材接槎的搭接长度：高聚物改性沥青卷材为 150 mm，合成高分子卷材为 100 mm。当使用两层卷材时，卷材应错槎接缝，上层卷材应盖过下层卷材。

（9）待卷材防水层施工完毕，并经检查验收合格后，即应及时做好卷材防水层的保护结构。

2) 外防内贴法

外防内贴法是浇注混凝土垫层后，在垫层上将立面卷材防水层的永久性保护墙全部砌好，将卷材防水层铺贴在垫层和永久性保护墙上，见图6-7。其施工程序如下。

（1）在已施工好的混凝土垫层上砌筑永久性保护墙，保护墙与垫层之间需干铺一层油毡。在垫层和永久性保护墙上抹 1∶3 水泥砂浆找平层。

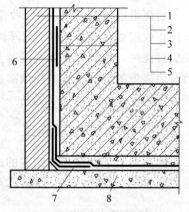

图 6-7 外防内贴法示意

1—保护墙；2—保护层；3—防水层；
4—找平层；5—结构墙体；
6、7—防水层加强层；8—混凝土垫层

（2）找平层干燥后即涂刷基层处理剂,待其干燥后即可铺贴卷材防水层。铺贴时应先铺立面后铺平面,先铺转角后铺大面,在全部转角处应铺贴卷材附加层。

（3）卷材防水层铺贴完经检查验收合格后即应做好保护层,立面可抹水泥砂浆或贴塑料板,平面应浇注不小于 50 mm 厚的细石混凝土保护层。

（4）最后进行需防水结构的混凝土底板和墙体的施工,将防水层压紧。此时永久性保护墙可作为一侧模板。

内贴法与外贴法相比,卷材防水层施工较简便,底板与墙体的防水层可一次铺贴完而不必留接槎;但结构的不均匀沉降对防水层影响大,易出现渗漏水现象且修补较困难。工程中只有当施工条件受限制时才采用内贴法施工。

2. 涂膜防水层施工

涂膜防水层施工具有较大的随意性,无论是形状复杂的基面,还是面积窄小的节点,凡是能涂刷到的部位,均可做涂膜防水层,因此该施工方法在地下工程中得到广泛应用。

1）基层要求及处理

（1）基层应坚实,具有一定强度;

（2）基层表面应平整、光滑、无松动,对于残留的砂浆块或突起物应用铲刀削平,不允许有凹凸不平或起砂现象;

（3）基层的阴阳角处应抹成圆弧形,管道根部周围也应抹平压光;

（4）对于不同基层衔接部位、施工缝处,以及基层因变形可能开裂或已经开裂的部位,均应用密封材料嵌补缝隙并进行补强;

（5）涂布防水层时基层应干燥、清洁,对基层表面的灰尘、油污等污物,应在涂布防水层之前彻底清除。

2）涂膜防水层施工工艺和方法

地下工程涂膜防水层施工的一般程序为:清理、修理基层→涂刷基层处理剂→节点部位附加增强处理→涂布防水涂料及铺贴胎体增强材料→清理及检查修理→平面部位铺贴油毡保护隔离层→平面部位浇注细石混凝土保护层→立面部位粘贴聚乙烯泡沫塑料保护层→基坑回填。

3. 水泥砂浆抹面防水层施工

水泥砂浆抹面防水层是一种刚性防水层。该施工方法是在需防水结构的底面和侧面分层抹压一定厚度的水泥砂浆和素灰(纯水泥浆),各层的残留毛细孔道互相堵塞,阻止了水分的渗透,从而达到抗渗防水的效果。但这种防水层抵抗变形的能力差,故不适用于受振动荷载影响的工程和结构上易产生不均匀沉降的工程。

为了提高水泥砂浆防水层的抗渗能力,可掺入外加剂。常用的水泥防水砂浆有:掺小分子防水剂的砂浆、掺塑化膨胀剂的砂浆、聚合物水泥防水砂浆等。

6.2.3　防、排水法施工

防、排水法是在防水的同时,利用疏导的方法将地下水有组织地经过排水系统排走,以削弱地下水对结构的压力,减小水的渗透作用,从而辅助地下防水工程达到防水目的。

1．渗排水

渗排水层设置在工程结构底板下面，由粗砂过滤层与集水管组成，见图6-8。渗排水层总厚度一般不小于300 mm，如较厚时应分层铺填，每层厚度不得超过300 mm，并拍实铺平。在粗砂过滤层与混凝土垫层之间应设隔浆层，可采用30～50 mm的水泥砂浆或干铺一层卷材。集水管可采用无砂混凝土管；或选用壁厚为6 mm、内径为100 mm的硬质塑料管，沿管周按六等分、间隔150 mm、隔行交错钻12 mm直径的孔眼制成透水管。集水管的坡度不宜小于1‰，其间距宜为5～10 m。

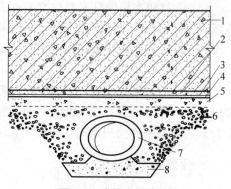

图6-8　渗排水层构造

1—结构底板；2—细石混凝土；3—底板防水层；

4—混凝土垫层；5—隔浆层；6—粗砂过滤层；

7—集水管；8—集水管座

2．盲沟排水

盲沟排水尽可能利用自流排水条件，使水排走；当不具备自流排水条件时，水可经过集水管流至集水井，用水泵抽走。盲沟排水构造见图6-9，其集水管采用硬质塑料管，做法与渗排水相同。

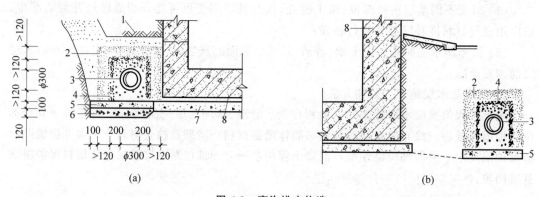

(a)　　　　　　　　　　　　　　　(b)

图6-9　盲沟排水构造

(a) 贴墙盲沟；(b) 离墙盲沟

1—素土夯实；2—中砂反滤层；3—集水管；4—卵石反滤层；5—水泥、砂、碎砖垫层；

6—碎砖夯实层；7—混凝土垫层；8—主体结构

6.3　室内防水工程

用水房间通常有卫生间、浴室、某些实验室和工业建筑中的各种用水房间。

6.3.1　防水材料选择

因用水房间有较多穿过楼地面或墙体的管道，通常平面形状亦较复杂，如果采用各种防水卷材施工，因防水卷材的剪口和接缝较多，很难黏结牢固、封闭严密，难以形成一个有弹性的整体防水层,容易发生渗漏水现象。为了提高用水房间的防水质量,一般均采用涂膜材料进行防水。根据工程性质与使用标准可选用高、中、低档的防水涂料。常用的防水涂料有高弹性的聚氨酯防水涂料、弹塑性的氯丁胶乳沥青防水涂料等,必要时也可增设胎体增强材料。这样就可以使用水房间的地面和墙面形成一个没有接缝、封闭严密的整体防水层,从而确保其防水效果。

6.3.2　用水房间防水施工

用水房间防水施工的工艺程序一般为:管件安装→用水器具安装→找平层施工→防水层施工→蓄水试验→保护层施工→面层施工。

思考题

1. 试述卷材防水屋面的构造。
2. 屋面防水卷材有哪几类?各有何性能?
3. 卷材防水屋面基层应如何处理?为什么找平层要留分格缝?
4. 如何确定卷材的铺贴方向?不同卷材各有哪些铺贴方法?
5. 卷材保护层的做法有哪几种?各适用于哪类卷材?
6. 常用的防水涂料有哪几种?防水涂料应满足哪些要求?
7. 简述涂膜防水层的施工方法。
8. 普通细石混凝土刚性防水屋面施工中,如何设置隔离层?如何留置分格缝?细石混凝土施工时应注意哪些问题?
9. 地下工程防水方案有哪些?
10. 试述防水混凝土的防水原理。防水混凝土施工中应如何留设施工缝和后浇带?
11. 地下防水层的卷材铺贴方案有哪两种?各有何特点?
12. 试述用水房间防水施工的一般工艺程序。

第 **7** 章

建筑装饰装修工程

【本章要点】

掌握：一般抹灰的施工工艺，板块面层施工，吊顶工程，幕墙工程。

熟悉：抹灰工程的材料要求，一般抹灰的分类、组成和要求，木地板施工，饰面板施工。

了解：整体地面施工，轻质隔墙施工。

7.1 抹灰工程

抹灰工程有室内抹灰和室外抹灰之分；按工程部位可分为墙面（内墙、外墙）抹灰和顶棚抹灰；按使用材料和装饰效果可分为一般抹灰和装饰抹灰。

7.1.1 抹灰工程的材料要求

抹灰工程常用材料有水泥、石灰膏、石膏等胶结材料，砂、石粒等集料，麻刀、纸筋、稻草等纤维材料。

抹灰用的水泥应采用不小于 32.5 级的普通硅酸盐水泥、矿渣硅酸盐水泥以及白水泥。

抹灰用砂最好是中砂，或粗砂与中砂混合掺用。砂子使用前应过筛，不得含有泥土及杂质。装饰抹灰用的集料，如彩色石粒、彩色瓷粒等，应耐光坚硬，使用前必须冲洗干净。

纤维材料在抹灰中起拉结和骨架作用。纸筋应洁净、捣烂、用清水浸透，罩面用纸筋宜用机碾磨细。

7.1.2 一般抹灰施工

一般抹灰指采用水泥砂浆、石灰砂浆、水泥混合砂浆、聚合物水泥砂浆、麻刀灰或纸筋石灰、粉刷石膏等抹灰材料进行涂抹的施工。

1. 一般抹灰的分类、要求及组成

1) 一般抹灰的分类和要求

一般抹灰按使用要求、操作工序和质量标准不同，分为普通抹灰和高级抹灰。

普通抹灰为一层底灰、一层中层和一层面层（或一层底层、一层面层）；施工时需阳角找方，设置标筋，分层赶平、修整，表面压光；质量要求为表面应光滑、洁净、接搓平整，分格缝应清晰。高级抹灰为一层底灰、数层中层和一层面层；施工时需阴、阳角找方，设置标筋，分层赶平、修整，表面压光；质量要求为表面应光滑、洁净、颜色均匀、无抹纹，分格缝和灰线应清晰美观。

2) 一般抹灰的组成

一般抹灰层的组成如图 7-1 所示。

(1) 底层

底层主要起与基层黏结和初步找平作用,厚度为
5～9 mm。其所用材料与基层有关:对于混凝土基层,
宜先刷素水泥浆一道,用水泥砂浆或混合砂浆打底,高级
装修顶板宜用乳胶水泥浆打底;对于加气混凝土基层,
宜用水泥混合砂浆、聚合物水泥砂浆或掺增稠粉的水泥
砂浆打底,打底前先刷一遍胶水溶液;对于硅酸盐砌块
基层,宜用水泥混合砂浆或掺增稠粉的水泥砂浆打底。

(2) 中层

中层主要起找平作用,厚度为 5～9 mm。其所用材
料与底层基本相同,砖墙则采用麻刀灰、纸筋灰或粉刷石
膏。一般可一次抹成,亦可分遍进行。

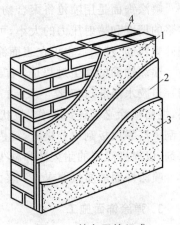

图 7-1　抹灰层的组成
1—底层;2—中层;3—面层;4—基层

(3) 面层

面层亦称罩面,主要起装饰作用,厚度为 2～5 mm。室内一般用纸筋灰或石膏灰。对
于平整光滑的混凝土基层,如顶棚、墙体基层,可不抹灰,采用刮粉刷石膏或刮腻子处理。室
外面层常用水泥砂浆。面层须仔细操作,确保表面平整、光滑、无裂痕。

各抹灰层厚度应根据基层材料、砂浆种类、墙面平整度、抹灰质量要求以及气候、温度条
件而定。抹灰层平均总厚度一般为 15～20 mm,最厚不超过 25 mm,均应符合规范要求。

2. 一般抹灰施工工艺

一般抹灰的施工顺序为:基层处理→润湿基层→阴阳角找方→设置标筋→抹护角→抹
底层灰→抹中层灰→检查修整→抹面层灰并修整→表面压光。

7.1.3　装饰抹灰施工

装饰抹灰的种类有水刷石、干粘石、斩假石、假面砖、喷涂饰面、弹涂饰面等。前三种装
饰抹灰现已很少采用,本节仅介绍后三种装饰抹灰的施工。装饰抹灰时底层和中层的做法
与一般抹灰基本相同,均为 1∶3 水泥浆打底,仅面层的材料和做法不同。

1. 假面砖饰面施工

假面砖抹灰是用水泥、石灰膏配合一定量的矿物颜料制成彩色砂浆涂抹面层而成。

假面砖的施工过程是:面层砂浆涂抹前要浇水湿润中层,并弹出水平线;然后在中层
上抹厚度为 3 mm 的 1∶1 水泥砂浆垫层,随即抹 3～4 mm 厚的面层砂浆;面层稍收水后,
用铁梳子沿靠尺板由上向下竖向划纹,深度不超过 1 mm;再根据面砖的宽度,用铁钩子沿
靠尺板横向划沟,深度以露出垫层砂浆为准;最后清扫墙面。

假面砖的质量要求是:表面应平整、沟纹清晰、留缝整齐、色泽一致,应无掉角、脱皮、起
砂等缺陷。

2．喷涂饰面施工

喷涂饰面是用喷枪将聚合物水泥砂浆均匀喷涂在底层上形成面层装饰效果。通过调整砂浆的稠度和喷射压力的大小，可喷成砂浆饱满、波纹起伏的"波面"，或表面不出浆而布满细碎颗粒的"粒状"，也可在表面涂层上再喷以不同色调的砂浆点，形成"花点套色"。

喷涂饰面的施工过程是：首先用1∶3水泥砂浆打底10～13 mm厚；在喷涂前，先喷或刷一道胶水溶液(107胶∶水＝1∶3)，以保证喷涂层黏结牢固；然后喷涂3～4 mm厚饰面层，波面喷涂必须连续操作，粒状喷涂应连续三遍成活；待饰面层收水后，按分格位置用铁皮刮子沿靠尺板刮出分格缝，缝内可涂刷聚合物水泥浆；面层干燥后，再喷罩一层有机硅憎水剂，以提高涂层的耐久性和减少对饰面的污染。

喷涂饰面的质量要求是：表面应平整，颜色一致、花纹均匀，无接槎痕迹。

3．弹涂饰面施工

弹涂饰面是用电动弹涂机分几遍将聚合物水泥色浆弹到墙面上，形成直径1～3 mm的扁圆状色点。由于色浆一般由2～3种颜色组成，不同色点在墙面上相互交错、相互衬托，犹如水刷石、干粘石的效果；也可做成单色光面、细麻面、小拉毛拍平等多种形式。

弹涂饰面施工可在墙面上抹底灰，再做弹涂饰面；也可直接弹涂在基层较平整的混凝土板、加气混凝土板、石膏板、水泥石棉板等板材上。其施工工艺为：基层找平修整或抹水泥砂浆底灰→喷刷底色浆一道(掺107胶)→弹涂第一道色点→弹涂第二道色点→局部补弹找均匀→喷涂树脂罩面防护层。

7.2 地面工程

地面工程是房屋建筑物底层地面(即地面)和楼层地面(即楼面)的总称。它主要由基层和面层两大基本构造层组成，基层起着承受和传递来自面层的荷载作用，面层则根据生产、工作、生活特点和不同的使用要求采用不同的材料和施工方法。本节仅介绍地面面层的施工。

地面面层按施工方法不同可分为三大类：一是整体面层，如水泥砂浆面层、水磨石面层等；二是板块面层，如陶瓷地砖面层、花岗石和大理石面层、预制水磨石板块面层等；三是木地板面层，如实木地板面层、实木复合地板面层、中密度(强化)复合地板面层等。

7.2.1 整体面层施工

水泥砂浆地面面层是在普通房屋建筑地面中采用最广泛的面层之一，其材料要求和施工要点如下。

(1) 水泥砂浆面层的厚度不应小于20 mm。水泥宜采用硅酸盐水泥、普通硅酸盐水泥，其强度等级不应低于32.5；砂应采用中砂或粗砂；配合比宜为水泥∶砂＝1∶2～1∶2.5。

(2) 水泥砂浆面层施工前应清理基层，基层表面应粗糙、洁净、密实、平整，不允许有凹凸不平和起砂现象，面层铺设前一天即应洒水湿润，以利面层与基层结合牢固。

(3) 水泥砂浆铺设前，在基层表面涂刷一层水泥浆作黏结层，随刷随铺设拌合料。摊铺水泥砂浆后,用刮尺将水泥砂浆按控制标高刮平,并用木抹子拍实、搓平,再用钢抹子做好面层的抹平和压光,但必须在水泥砂浆初凝前完成抹平、终凝前完成压光。当面层需分格时,即做成假缝,应在水泥初凝后进行弹线分格。

(4)水泥砂浆面层铺设好并压光 24 h 后,即应开始养护工作。一般采用满铺湿润材料覆盖浇水养护,在常温下养护 5~7 d,这是保证水泥砂浆面层不开裂或起砂的重要措施。

水泥砂浆面层的质量要求是:面层与下一层的结合应牢固,无空鼓。面层表面应洁净,无裂纹、脱皮、麻面和起砂现象。

7.2.2　板块面层施工

1. 陶瓷地砖面层

陶瓷地砖面层具有强度高、致密坚实、抗腐耐磨、耐污染易清洗、平整光洁、规格与色泽多样等多方面优点,其装饰效果好,且施工方便,故广泛应用于室内地面的装饰。其施工要点如下。

(1)铺设陶瓷地砖采用水泥砂浆作为结合层时,结合层厚度宜为 10~15 mm。水泥应采用强度等级不低于 325 级的硅酸盐水泥、普通硅酸盐水泥或矿渣硅酸盐水泥;砂应采用洁净无有机杂质的中砂或粗砂。

(2)在铺贴前,对陶瓷地砖的规格尺寸、外观质量、色泽等应进行预选(配),并事先在水中浸泡或淋水湿润后晾干待用。

(3)铺贴时,应清理基层,浇水湿润,抄平放线。结合层宜采用 1:3 或 1:4 干硬性水泥砂浆,水泥砂浆表面要求拍实并抹成毛面。铺面砖应紧密、坚实,砂浆要饱满。严格控制面层的标高,并注意检测泛水。面砖的缝隙宽度:当紧密铺贴时不宜大于 1 mm;当虚缝铺贴时一般为 5~10 mm。宜避免出现板块小于 1/4 边长的边角料。大面积施工时,应采取分段顺序铺贴,按标准拉线镶贴,严格控制方正,并随时做好铺砖、砸平、拔缝、修整等各道工序的检查和复验工作,以保证铺贴面层质量。

(4)地砖面层铺贴后 24 h 内,应用素水泥浆进行擦缝或勾缝工作。擦缝和勾缝应采用同品种、同等级、同颜色的水泥,同时应随做随清理面层的水泥。

(5)面层铺设后,表面应覆盖、湿润,养护时间不应少于 7 d。当面层的水泥砂浆结合层的抗压强度达到设计要求后,方可正常使用。

陶瓷地砖面层的质量要求是:面层与下一层的结合(黏结)应牢固、无空鼓;地砖板块无裂纹、掉角和缺楞等缺陷;面层的表面应洁净、图案清晰,色泽一致,接缝平整,深浅一致,周边顺直;面层邻接处的镶边用料及尺寸应符合设计要求,边角整齐、光滑。

2. 花岗石、大理石面层

花岗石和大理石面层的特点是:质地坚硬、密度大、抗压强度高、耐磨性和耐久性好、吸水率小、抗冻性强。其颜色和花纹的装饰效果好,故广泛应用于高等级的公共场所和民用建筑以及耐化学反应的生产车间等建筑地面工程。但某些天然花岗石石材含有微量放射性元素,选用材料时应严格按照有关标准进行控制。其施工要点如下。

(1)铺设花岗石和大理石的结合层厚度:当采用水泥和砂时宜为 20~30 mm,其体积比宜为水泥：砂＝1：4～1：6,铺设前应淋水拌合均匀;当采用水泥砂浆时宜为 10～15 mm。对水泥和砂的要求与陶瓷地砖面层相同。

(2) 花岗石和大理石板材在铺设前,应根据石材的颜色、花纹、图案、纹理等按设计要求试拼编号,尽可能使楼、地面的整体图面与色调和谐统一,体现花岗石和大理石饰面建筑的高级艺术效果。

(3) 面层铺砌前的弹线找中找方,应将相连房间的分格线连接起来,并弹出楼、地面标高线,以控制面层表面平整度。放线后,应先铺若干条干线作为基准,起标筋作用。一般先由房间中部向两侧采取退步法铺砌。凡有柱子的大厅,宜先铺砌柱子与柱子中间的部分,然后向两边展开。

(4) 板材在铺砌前应浸湿,阴干或擦干后备用。结合层与板材应分段同时铺砌,铺砌时要先进行试铺,待合适后将板材揭起,再在结合层上均匀撒布一层干水泥面并淋水一遍,亦可采用水泥浆进行黏结,同时在板材背面洒水,正式铺砌。铺砌时板材要四角同时下落,并用木锤或皮锤敲击平实,注意随时找平找直,要求四角平整,纵横间隙缝对齐。花岗石和大理石板材之间应接缝严密,其缝隙宽度不应大于 1 mm 或按设计要求。

(5) 面层铺砌后 1～2 d 内进行灌浆和擦缝。根据板材的颜色选择相同颜色矿物颜料和水泥拌合均匀,调成稀水泥浆灌入板材之间缝隙。灌浆 1～2 h 后用原稀水泥浆擦缝,与板面擦平,同时将板面上水泥浆擦净。

(6) 面层铺砌完后,其表面应进行养护并加以保护。待结合层(含灌缝)的水泥砂浆强度达到要求后方可进行打蜡,以达到光滑洁亮的效果。

花岗石和大理石面层的质量要求是：面层与下一层应结合牢固,无空鼓;花岗石、大理石面层的表面应洁净、平整、无磨痕,且应图案清晰、色泽一致、接缝均匀、周边顺直、镶嵌正确,板块无裂纹、掉角和缺楞等现象。

7.2.3 木地板面层施工

1. 实木地板面层

实木地板面层采用条材和块材实木地板或采用拼花实木地板,以空铺或实铺方式在基层上铺设而成。这种面层具有弹性好、导热系数小、干燥、易清洁和不起尘、高雅美观等特点,是一种理想的建筑地面面层。

实木地板面层可采用单层和双层面层铺设。单层木地板是在木搁栅上直接钉企口木板,它适用于中、高档民用建筑和高洁度实验室。双层木地板是在木搁栅上先钉一层毛地板,再钉一层企口木板。而拼花木地板则是将拼花木板铺钉或粘贴于毛地板上。双层木地板适用于高级民用建筑,特别是拼花木地板可用于室内体育比赛、训练用房和舞厅、舞台等公共建筑。

2. 实木复合地板面层

实木复合地板面层采用条材和块材实木复合地板或采用拼花式实木复合地板,其板材是以表层采用优质硬木配以芯板板材为原料,以空铺或实铺方式在基层上铺设而成。

实木复合地板面层既具有普通实木地板面层的优点,又有效地调整了木材之间的内应力,不易翘曲开裂;既适合普通地面铺设,又适合地热采暖地板铺设。这种面层木纹自然美观,可达到豪华、典雅的装饰效果,亦是一种理想的建筑地面面层,适用范围同实木地板面层。

3. 中密度(强化)复合地板面层

中密度(强化)复合地板面层是采用条材和块材中密度(强化)复合地板以悬浮或锁扣方式在基层上铺设(拼装)而成。其板材是以一层或多层专用纸浸渍热固性氨基树脂,铺装在中密度纤维板的人造板基材表面,背面加平衡层、正面加耐磨层经热压而成的木质地板,亦称强化木地板。

中密度(强化)复合地板面层不但具有普通实木地板面层的优点,而且它表面耐磨性高、阻燃性能好、耐污染腐蚀能力强,同时铺设方便、价格便宜,但其脚感较生硬、可修复性差。这种面层能达到表面浮雕图案的装饰效果,亦是一种理想的建筑地面面层,其适用范围同实木地板面层。

7.3　吊顶与轻质隔墙工程

7.3.1　吊顶工程

吊顶是室内装饰的重要组成部分,它直接影响建筑室内空间的装饰风格和效果,同时还起着隔声和吸声、保温、隔热的作用,也是安装照明、通风、通信、防火、报警等设备管线的隐蔽层。

吊顶主要由吊杆、龙骨和饰面板三部分组成。吊顶按其构造可分为明龙骨吊顶(又称活动式吊顶)和暗龙骨吊顶(又称隐蔽式吊顶)。前者的龙骨是外露或半外露的,饰面板明摆浮搁在龙骨上,便于更换;后者的龙骨不外露,饰面板表面呈整体形式。吊顶的安装应在墙面抹灰工程、饰面板(砖)工程之后进行。

1. 固定吊杆

吊杆是吊顶与基层连接的构件,为吊顶的支承部分,由吊杆和吊头组成。吊杆的材料及固定方法可采用在吊点位置钉入带孔射钉,孔内穿入镀锌铁丝;也可采用金属膨胀螺栓、射钉固定钢筋作吊杆;还可采用顶板预埋铁件,焊接轻钢杆件作吊杆。吊杆的间距应小于1.2 m,吊杆距主龙骨端部距离不得大于 300 mm,当大于 300 mm 时应增加吊杆。后置埋件、金属吊杆应进行防腐处理。

2. 安装龙骨

吊顶龙骨由方木、轻钢或铝合金等材料制作。木质龙骨由主龙骨、次龙骨、横撑龙骨和吊木等组成。轻钢龙骨和铝合金龙骨的断面形式有 U 形、T 形、L 形等数种,每根长 2~3 m,可在现场用拼接件拼接加长。U 形轻钢龙骨吊顶构造如图 7-2 所示,用于暗龙骨吊顶;LT 形铝合金龙骨吊顶构造如图 7-3 所示,可用于明龙骨吊顶。

一般轻型灯具可固定在次龙骨或横撑龙骨上,大于 3 kg 的重型灯具、电扇及其他重型设备严禁安装在吊顶工程的龙骨上,应另设吊钩安装。

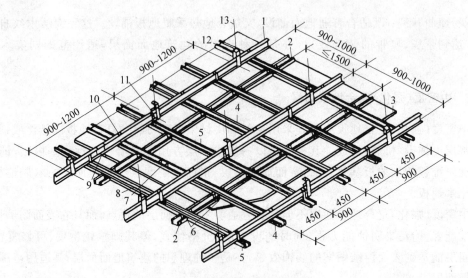

图 7-2　U 形轻钢龙骨吊顶示意

1—BD 主龙骨；2—UZ 横撑龙骨；3—吊顶板；4—UZ 龙骨；5—UX 龙骨；6—UZ$_3$ 支托连接；
7—UZ$_2$ 连接件；8—UX$_2$ 连接件；9—BD$_2$ 连接件；10—UZ$_1$ 吊挂；11—UX$_1$ 吊挂；
12—BD$_1$ 吊件；13—吊杆($\phi 8 \sim \phi 10$)

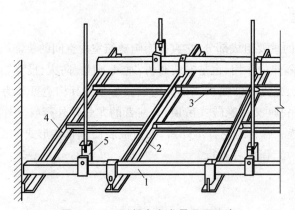

图 7-3　LT 形铝合金龙骨吊顶示意

1—主龙骨；2—次龙骨；3—横撑龙骨；4—角条；5—大吊挂件

3．安装饰面板

安装饰面板前,应完成吊顶内管道和设备调试及验收。

饰面板的种类很多,如石膏板、装饰吸声罩面板、塑料装饰罩面板、纤维水泥加压板、金属装饰板等,各类饰面板又有很多不同的品种和规格(如条板状和方板状)。

7.3.2　轻质隔墙工程

轻质隔墙是指非承重的轻质内隔墙,这种隔墙的特点是自重轻、墙身薄、装拆方便、节能环保,有利于建筑工业化施工。

1．板材隔墙施工

板材隔墙是指由隔墙板材自承重,将预制的隔墙板材直接固定于建筑主体结构上的隔墙工程。常用的隔墙板材有加气混凝土板、增强石膏条板、增强水泥条板、轻质陶粒混凝土条板、GRC 空心混凝土板等。

板材隔墙安装方法主要有刚性连接和柔性连接。刚性连接适用于非抗震设防地区的内隔墙安装,柔性连接适用于抗震设防地区的内隔墙安装。板与板间的拼缝以黏结砂浆连接,缝宽不得大于 5 mm,拼接时挤出的砂浆应及时清理干净。

隔墙板安装时应确定合理的安装顺序。当有门洞口时,应从门洞处向两侧依次进行安装;当无门洞口时,应从一端向另一端顺序安装。

为防止隔墙板材接缝处开裂,板缝处应粘贴 50～60 mm 宽的纤维布带,阴阳角处粘贴 200 mm 宽纤维布(每边各 100 mm 宽),并用石膏腻子刮平,总厚度应控制在 3 mm 内。

板材隔墙施工的质量要求是:隔墙板材安装必须牢固。板材安装应垂直、平整、位置正确,板材不应有裂缝或缺损。板材隔墙表面应平整光滑、色泽一致、洁净,接缝应均匀、顺直。

2. 骨架隔墙施工

骨架隔墙是指在隔墙龙骨两侧安装墙面板以形成墙体的轻质隔墙,其龙骨作为受力骨架固定于建筑主体结构上。目前大量应用的轻钢龙骨石膏板隔墙就是典型的骨架隔墙。龙骨骨架中根据隔声、保温要求可设置填充材料,根据设备安装要求也可安装一些设备管线等。

石膏板隔墙施工的一般工序为:墙基(垫)施工→安装沿地、沿顶龙骨→安装竖向龙骨→固定各种洞口及门→安装一侧石膏板→安装各种管线→安装另一侧石膏板→接缝处理。其安装工艺如图 7-4 所示。

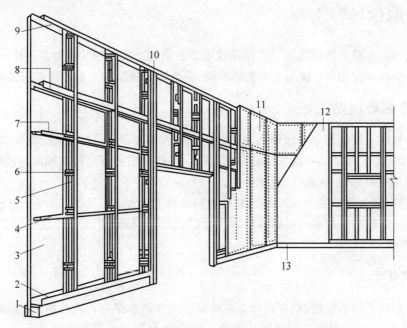

图 7-4 石膏板轻钢龙骨隔墙安装示意

1—混凝土墙垫;2—沿地龙骨;3—石膏板;4、7、8—横撑龙骨;5—贯通孔;6—支撑卡;
9—沿顶龙骨;10—加强龙骨;11—石膏板;12—塑料壁纸;13—踢脚板

石膏板之间的接缝有明缝和暗缝两种。对于一般建筑的房间可采用暗缝,并采用楔形棱边石膏板;对公共建筑大房间可采用明缝,并采用直角边石膏板。其构造做法如图7-5所示。

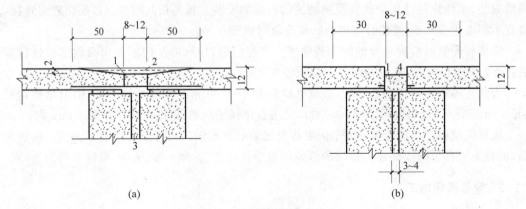

图 7-5　石膏板接缝做法示意

(a) 暗缝做法；(b) 明缝做法

1—石膏腻子；2—接缝纸带；3—107 胶水泥砂浆；4—明缝

骨架隔墙施工的质量要求是:边框龙骨必须与基体结构连接牢固,并应平整、垂直、位置正确。骨架隔墙的墙面板应安装牢固,无脱层、翘曲、折裂及缺损。隔墙表面应平整光滑、色泽一致、洁净、无裂缝,接缝应均匀、顺直。

7.4　饰面板(砖)工程

饰面板(砖)工程是将饰面板(砖)铺贴或安装在基层上的一种装饰方法。按面层材料的不同分为饰面砖和饰面板;按施工工艺的不同,分为饰面砖粘贴工程和饰面板安装工程。

7.4.1　饰面砖粘贴工程

饰面砖粘贴工程适用于内墙饰面砖粘贴工程和高度不大于 100 m、抗震设防烈度不大于 8 度、采用满粘法施工的外墙饰面砖粘贴工程。目前常用的饰面砖有釉面内墙砖、陶瓷外墙面砖和新品种劈离砖、麻面砖、玻化砖等。

饰面砖抹浆(水泥砂浆、水泥浆)粘贴法为传统施工方法,其主要工序为:基层处理、湿润基层表面→水泥砂浆打底→选砖、浸砖→放线和预排→粘贴面砖→勾缝→清洁面层。其施工要点如下。

1. 基层处理

基层表面应平整而粗糙,粘贴面砖前应清理干净并洒水湿润。然后用 1:3 水泥砂浆打底,厚 7~10 mm,需找平划毛。底灰抹完后一般养护 1~2 d 方可粘贴面砖。

2. 选砖和浸砖

铺贴的面砖应进行挑选,即挑选规格一致、形状平整方正、无缺陷的面砖。饰面砖应在清水中浸泡,釉面内墙砖浸泡 2 h 以上,陶瓷外墙面砖则要隔夜浸泡,然后取出阴干备用。

3．放线和预排

铺贴面砖前应进行放线定位和预排,接缝宽一般为 1～1.5 mm,非整砖应排在次要部位或墙的阴角处。然后用废面砖按黏结层厚度用混合砂浆粘贴标志块,其间距一般为 1.5 m 左右。

4．粘贴面砖

粘贴面砖宜采用 1∶2 水泥砂浆,厚度宜为 6～10 mm,或采用聚合物水泥浆(水泥∶108 胶∶水＝10∶0.5∶2.6)。粘贴面砖时,先浇水湿润墙面,再根据已弹好的水平线在最下面一皮面砖的下口放好垫尺板(平尺板),作为贴第一皮砖的依据,然后由下往上逐层粘贴。粘贴时一般从阳角开始,使非整砖留在阴角,即先贴阳角大面,后贴阴角、凹槽等部位。粘贴的砖面应平整,砖缝须横平竖直,应随时检查并进行修整。

对粘贴后的每块面砖可轻轻敲击或可用手轻压,使其与基层黏结密实牢固。凡遇黏结不密实、缺灰情况时,应取下重新粘贴,不得在砖缝处塞灰,以防空鼓。要注意随时将缝中挤出的浆液擦净。

5．勾缝和清洁面层

面砖粘贴完毕后应进行质量检查。然后用清水将面砖表面擦洗干净,接缝处用与面砖同色的白水泥浆擦嵌密实。全部工作完成后,要根据不同污染情况用棉丝或用稀盐酸刷洗,随即用清水冲刷干净。

7.4.2　饰面板安装工程

饰面板安装工程适用于内墙饰面板安装工程和高度不大于 24 m、抗震设防烈度不大于 7 度的外墙饰面板安装工程。

金属饰面板,常用的有铝合金板、彩色涂层钢板、彩色不锈钢板、镜面不锈钢饰面板、塑铝板等多种,其安装方法主要有木衬板粘贴薄金属面板和龙骨安装金属饰面板两种方法。

1．木衬板粘贴薄金属面板

木衬板粘贴法是以大芯板作为衬板,在其表面用胶粘剂粘贴薄金属板,一般用于室内墙面的装饰。该方法施工的要点是:控制衬板安装的牢固性、衬板本身表面的质量、衬板安装的平整度和垂直度以及表面金属板胶粘剂涂刷的均匀性和粘贴时间。

2．龙骨安装金属饰面板

龙骨一般采用钢或铝合金型材作为横、竖支承骨架,目前采用型钢骨架的较多。横、竖骨架与结构的固定,可以是与结构的预埋件焊接,也可以是在结构上打入膨胀螺栓连接。

饰面板的安装方法按照固定原理可分为以下两种。一种是固结法,多用于外墙金属饰面板的安装,此方法是将条板或方板用螺钉或铆钉固定在支承骨架上,铆钉间距宜为 100～150 mm;另一种是嵌卡法,多用于室内金属饰面板的安装,此方法是将饰面板做成可嵌插的形状,与用镀锌钢板冲压成型的嵌插母材——龙骨嵌插,再用连接件将龙骨与墙体锚固。

金属饰面板之间的间隙一般为 10～20 mm,并用橡胶条或密封胶等弹性材料嵌填密封。

饰面板安装工程的质量要求是:饰面板安装必须牢固。饰面板与基体之间的灌注材料应饱满、密实。饰面板表面应平整、洁净、色泽一致,无裂痕和缺损。石材表面应无泛碱等污染。饰面板嵌缝应密实、平直,宽度和深度应符合设计要求,嵌填材料色泽应一致。

7.5 幕墙工程

建筑幕墙是由支承结构体系与玻璃、金属、石材等面板组成的,可相对主体结构有一定的位移能力,但不分担主体结构荷载与作用的建筑外围护结构或装饰性结构。它装饰效果好、自重小、安装速度快,是建筑物外墙轻型化、装配化的较为理想的形式,因而在现代建筑中得到广泛应用。幕墙的主要结构如图 7-6 所示,由面板构成的幕墙构件连接在横梁上,横梁连接在立柱上,立柱悬挂在主体结构上。为使立柱在温度变化及主体结构变形时可自由伸缩,立柱上下由活动接头连接。

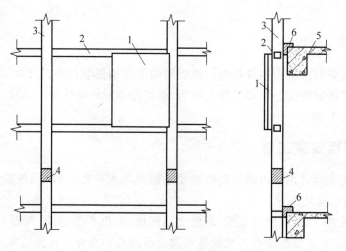

图 7-6　幕墙组成示意
1—幕墙面板;2—横梁;3—立柱;4—立柱活动接头;5—主体结构;6—立柱悬挂点

7.5.1 玻璃幕墙施工

1. 玻璃幕墙分类

玻璃幕墙按结构及构造形式不同,分为明框玻璃幕墙、全隐框玻璃幕墙、半隐框玻璃幕墙和全玻璃幕墙等。

(1) 明框玻璃幕墙。此种幕墙若采用型钢作为幕墙的骨架,则玻璃板镶嵌在铝合金框内,再将铝合金框与骨架固定;若采用特殊断面的铝合金型材作为幕墙的骨架,则玻璃直接镶嵌在骨架的凹槽内。两种做法均形成铝框分隔明显的立面。明框玻璃幕墙是传统的形式,其工作性能可靠,相对于隐框玻璃幕墙更容易满足施工技术水平的要求,应用广泛。

（2）全隐框玻璃幕墙。此种幕墙是将玻璃面板用硅酮结构密封胶预先黏结在铝合金玻璃框上，铝框固定在骨架上，铝框及骨架体系全部隐蔽在玻璃后面，玻璃之间则用硅酮耐候密封胶密封，形成大面积的全玻璃镜面幕墙。此种幕墙的全部荷载均由玻璃通过结构胶传递给铝框，因此，结构胶是保证隐框玻璃幕墙安全的关键因素。

（3）半隐框玻璃幕墙。此种幕墙是将玻璃的两对边粘贴在铝合金玻璃框上，而另外两对边镶嵌在铝框的凹槽中，铝框固定在骨架上形成的。其中，立柱外露、横梁隐蔽的称横向半隐框玻璃幕墙；横梁外露、立柱隐蔽的称竖向半隐框玻璃幕墙。

（4）全玻璃幕墙（也称无框玻璃幕墙）。此种幕墙的骨架除主框架采用金属之外，次骨架均采用玻璃肋，玻璃及次骨架用结构胶固定。玻璃本身既是饰面材料，又是承受荷载的结构构件。它常用于建筑物首层、顶层及旋转餐厅的外墙，有时采用大面积玻璃板，使幕墙更具有透明性。

2. 玻璃幕墙的主要材料

玻璃幕墙的常用材料包括骨架及配件材料、面板材料、黏结材料、密封嵌缝材料和其他材料等。幕墙作为建筑物外围护结构，经常受自然环境不利因素的影响，因此，要求幕墙材料有足够的耐气候性和耐久性。

玻璃是玻璃幕墙的主要材料之一，它直接影响幕墙的各项性能，同时也是幕墙艺术风格的主要体现者。幕墙所采用的玻璃通常有钢化玻璃、夹层玻璃、双层中空玻璃、热反射玻璃、吸热玻璃、夹丝玻璃和防火玻璃等。幕墙玻璃应具有防风雨、防日晒、防撞击和保温隔热等功能。

玻璃幕墙所采用的密封胶有两种：一种是硅酮结构密封胶（也称结构胶），它用于玻璃板材与金属构架、板材与板材、板材与玻璃肋等结构之间的黏结，应具有较高的强度、延性和黏结性能；另一种是硅酮耐候密封胶（也称建筑密封胶），它用于各种幕墙面板之间的嵌缝，也用于幕墙面板与结构面、金属框架之间的密封，应具有较强的耐大气变化、耐紫外线、耐老化性能。所以两者不得相互代用。

3. 玻璃幕墙安装施工

玻璃幕墙现场安装施工有单元式和分件式两种方式。单元式是将立柱、横梁和玻璃板材在工厂拼装成一个安装单元（一般为一个楼层高度），然后到现场整体吊装就位；分件式是将立柱、横梁、玻璃板材等分别运到工地，在现场逐件进行安装。

分件式安装的施工顺序为：测量放线定位→检查预埋件→安装骨架→安装玻璃面板→密封处理→清洗维护。

玻璃幕墙工程的主要质量要求是：玻璃幕墙结构胶和密封胶的打注应饱满、密实、连续、均匀、无气泡，宽度和厚度应符合设计要求和技术标准的规定。幕墙表面应平整、洁净；整幅玻璃的色泽应均匀一致；不得有污染和镀膜损坏。明框玻璃幕墙的外露框或压条应横平竖直，颜色、规格应符合设计要求，压条安装应牢固。单元玻璃幕墙的单元拼缝或隐框玻璃幕墙的分格玻璃拼缝应横平竖直、均匀一致。幕墙的密封胶缝应横平竖直、深浅一致、宽窄均匀、光滑顺直。

7.5.2 金属幕墙施工

金属幕墙由金属饰面板和骨架组成,骨架的立柱、横梁通过连接件与主体结构固定。铝合金饰面板是金属饰面板中比较典型的一种,其强度高、质量轻,易加工成型且精度高,防火、防腐性能好,装饰效果典雅庄重、质感丰富,是一种高档次的建筑外墙装饰。铝合金板有各种定型产品,也可按设计要求与厂家协商定做。

铝合金饰面板幕墙的施工顺序为:放线定位→安装连接件→安装骨架→安装饰面板→收口构造处理。

放线是按设计要求将骨架的位置线弹放到墙面基层上,以保证骨架安装的准确性。

承重骨架多用铝合金型材或型钢制作,型钢骨架应预先进行防腐处理。幕墙骨架与主体结构的连接应具有一定的相对位移能力,立柱应采用螺栓先与角码(连接件)连接,再通过角码与预埋铁件或膨胀螺栓连接;横梁也应通过角码、螺钉或螺栓与立柱连接,使横梁与立柱之间有一定的相对位移能力。

饰面板与骨架的连接,根据其截面形式,可直接用螺钉将铝板固定到骨架上,也可采用特制的卡具将铝板卡在骨架上。铝板安装要求稳固、平整,无翘曲、卷边现象。铝合金饰面板之间的间隙一般为 10～20 mm,应采用硅酮耐候密封胶或橡胶条等弹性材料嵌缝。

饰面板安装后,对水平部位的压顶、端部的收口、变形缝处以及不同材料的交接处,须采用配套专用的铝合金成型板进行妥善处理,否则会直接影响幕墙的美观和功能。

7.5.3 石材幕墙施工

石材幕墙亦称为干挂石材,其安装工艺有直接干挂式和骨架式干挂两种。直接干挂式是将石材饰面板通过金属挂件直接安装固定在钢筋混凝土结构的墙体上,如图 7-7 所示。骨架式干挂石材用于框架结构,因轻质填充墙体不能作为承重结构,需通过金属骨架与框架结构的梁、柱连接,并通过金属挂件悬挂石材饰面板,其骨架的安装及要求同金属幕墙。

安装石材饰面板时需在板材上开槽,将石屑用水冲干净后,用不锈钢连接件及挂件将板材与埋在混凝土墙体内的膨胀螺栓连接,或与金属骨架连接。板材与挂件间应用环氧树脂型石材专用结构胶黏结。石材饰面板全部安装完毕后应进行表面清理,随即用石材专用的中性硅酮耐候密封胶嵌缝,板缝宽度一般在 8 mm 左右。

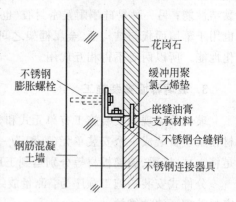

图 7-7 直接干挂石材幕墙构造

思考题

1. 抹灰工程常用的材料有哪些?各有何质量要求?

2. 试述一般抹灰的分类、组成以及各层的作用。

3. 试述一般抹灰的施工顺序及施工要点。大面积墙面抹灰前应做好哪些准备工作?

4. 简述目前常见的装饰抹灰的做法。

5. 建筑地面面层的做法有哪几类? 各类中又有哪些常见的面层? 简述各种地面面层的特点及施工要点。

6. 试述轻钢龙骨和铝合金龙骨吊顶的构造及安装过程,其饰面板的安装有哪几种方法?

7. 板材隔墙的安装有哪两种方法? 各适用于什么情况?

8. 简述石膏板隔墙的安装工艺。

9. 常用的饰面砖和饰面板材料有哪些?

10. 试述饰面砖抹浆粘贴法的施工工序及施工要点,以及饰面砖胶粘法的施工方法。

11. 石材饰面板有哪几种安装方法? 简述它们的施工要点。

12. 金属饰面板有哪两种安装方法?

13. 玻璃幕墙有哪几类,各有什么特点?

14. 玻璃幕墙采用的密封胶有哪两种? 简述它们的特点及应用。

15. 幕墙的金属骨架应如何安装,为什么?

16. 简述金属幕墙的安装方法。

17. 简述石材幕墙的安装方法。

第8章

地下工程

【本章要点】

掌握：地下连续墙的施工工艺流程，地下连续墙主要施工方法，盾构机始发与接收施工技术，盾构掘进技术。

熟悉：排桩支护体系的选型，盾构法的适用条件，顶管工作井的设置，顶管施工的主要技术问题。

了解：盾构机及其选型，盾构法的优缺点，顶管的分类。

8.1 深基坑支护结构施工

8.1.1 排桩施工

1. 概述

排桩支护体系是由排桩、排桩加锚杆或支撑杆件组成的支护结构体系的统称。排桩可根据施工情况分为悬臂式排桩、锚拉式排桩、内撑式排桩和双排桩。排桩支护体系受力明确，计算方法和工程实践相对成熟，是目前国内基坑工程中应用最多的支护结构形式之一。

排桩平面布置一般采用相隔一定间距的疏排桩布置形式。当基坑需要截水时，采用排桩与搅拌桩或高压喷射注浆体相互搭接的组合形式，既作为挡土结构，又作为挡水的止水帷幕。排桩平面布置也可采用密排的咬合桩形式，该种结构形式既可用于挡土，也可以作为止水帷幕。

排桩通常采用混凝土灌注桩，也可以采用型钢桩、钢管桩、钢板桩、预制桩和预应力管桩的桩型。应根据现场情况、设计图纸以及施工单位的设备情况，选择技术可靠、经济合理的桩型。

2. 排桩支护体系的选型和适用范围

1) 内支撑式排桩

内支撑式排桩的优点是易于对基坑边坡水平变形进行控制，特别是当基坑较深或者基坑周边环境对支护结构位移要求严格时，应优先考虑内支撑式排桩。但内支撑式排桩支护体系的缺点在于，水平设置支撑时，会把基坑的开挖空间分割成若干个较小的空间，这对于后期土方施工、地下结构施工造成很大障碍；另外，当水平支撑不能用作永久性结构时，对水平支撑还要进行拆除，造成大量的建筑垃圾，如果处理不当会污染环境。

2）锚拉式排桩

锚拉式排桩的工作原理是在锚杆中施加预应力，从而使得支挡结构的位移减小。锚拉式排桩的优点主要有：一是锚拉式排桩在布置锚杆的时候比较灵活，可以根据实际需要去改变锚杆布置的位置以及层数，从而使得基坑支挡结构的受力比较均匀；二是锚拉式排桩可以在基坑内形成无障碍空间，这样有利于工程施工。在基坑工程中，如果基坑的长度、宽度过大或者基坑的开挖深度过深或者基坑周围变形要求较高，是不适合选择支撑式排桩的，这时选择锚拉式排桩是比较合适的。但是锚拉式排桩也存在不适用的情况，比如：

（1）当施工场地的土质较差时，土体易变形且不能对锚杆提供足够的抗拔力；

（2）当施工场地的施工条件不能让锚杆有足够的锚固长度的时候，比如周边建筑物基础、地下管线、地下构筑物等的妨碍；

（3）在地下水位较高的碎石土、砂土等土质的土体中，锚杆在注浆和锚固后，水泥浆与土体之间不能形成一个整体；

（4）当锚拉式排桩施工时，打入锚杆有可能对施工场地周围的地下设施造成损坏。

除此之外，施工过程打入地下的锚杆会占用地下空间，对将来地下空间的开发造成不利影响，对于地下环境也会造成污染。

3）悬臂式排桩

悬臂式排桩的优点在于省去了内支撑或者锚杆，但由于悬臂式排桩桩顶位移较大，只有当基坑较浅，且基坑周边环境对围护结构位移的要求不严格时，方可采用悬臂式排桩。

4）双排桩

双排桩支护主要指由两排支护桩利用连梁进行衔接而构成的结构形式，也称之为门架式双排桩支护结构。双排桩支护和悬臂式支护极为类似，但桩顶的水平变形比悬臂式排桩要小得多，适用基坑的深度也比悬臂式排桩更深一些。双排桩支护结构施工的难度较小，无须考虑内支撑的需求，另外，其施工占用的空间不大，能够明显减少施工过程中投入的时间，提升项目实施的经济性。

8.1.2　地下连续墙施工

地下连续墙施工是沿着拟建地下建筑物的周边，在泥浆护壁的条件下，分段开挖出具有一定长度的沟槽（称为一个单元槽段），清槽后在沟槽内吊放钢筋笼并在水下浇注混凝土，各个单元槽段采用特殊的接头方式连接，形成一道连续的、封闭的地下钢筋混凝土墙。地下连续墙的强度、刚度都很大，它既可以作为地下结构和建筑物地下室的外承重结构墙，又可作为深基坑工程的围护结构，挡土又防水，由于两墙合一，大大提高了工程的经济效益。

地下连续墙施工的优点有：①可适用于各种土质条件；②施工时无振动、噪声低、不挤土，除了产生较多泥浆外，对环境影响很小；③可在建筑物、构筑物密集地区施工，对邻近结构和地下设施基本无影响；④墙体的抗渗性能好，能抵挡较高的地下水压力，除特殊情况外，施工时基坑外无需再降水；⑤可用于"逆筑法"施工，即将地下连续墙施工与"逆筑法"结合，形成一种深基础和多层地下室施工的有效方法。

地下连续墙施工的缺点是：①施工技术复杂，需较多的专用设备，因而施工成本较高；②施工中产生的废泥浆有一定的污染性，需进行妥善处理；③地下连续墙虽可保证一定的垂直度，但墙面不够平整、光滑，若对墙面要求较高时，尚需加工处理或另作衬壁。

1．地下连续墙施工工艺流程

地下连续墙的施工工艺流程如图 8-1 所示。

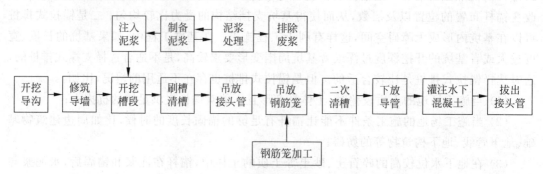

图 8-1　地下连续墙的施工工艺流程

2．地下连续墙主要施工方法

1）修筑导墙

导墙是地下连续墙挖槽之前修筑的导向墙，两片导墙之间的距离即为地下连续墙的厚度。导墙虽属于临时结构，但它除了引导挖槽方向之外，还起着多方面的重要作用。

（1）导墙的作用

① 作为挡土墙。在挖掘地下连续墙沟槽时，导墙起到支挡上部土压力的作用。为防止导墙在土、水压力的作用下产生位移，应在两片导墙之间加设上、下两道木支撑，其水平间距为 1.2～1.5 m；如附近地面有较大荷载或有机械行走时，可每隔 20～30 m 设一道钢板支撑。

② 作为测量的基准。导墙上可标明单元槽段的划分位置，亦可将其作为测量挖槽深度、垂直度和精度的基准。

③ 作为重物的支承。导墙既是挖槽机械轨道的支承，又是搁置钢筋笼、接头管等重物的支承，有时还要承受其他施工设备的荷载。

④ 存储泥浆。导墙内可存储泥浆，以保持单元槽段内泥浆液面的高度，使泥浆起到稳定槽壁的作用。

此外，导墙还可以防止雨水等地面水流入槽内；当地下连续墙距离已建建筑物较近时，施工中导墙还可起到一定的补强作用。

（2）导墙的形式

导墙一般为现浇钢筋混凝土结构，但亦有钢制的或装配式钢筋混凝土结构，后者可多次重复使用。导墙的常见形状有倒"L"形或"匚"形，如图 8-2 所示。导墙的厚度一般为 0.15～0.20 m，墙趾不宜小于 0.20 m，深度一般为 1.0～2.0 m。施工中可根据表层土质、导墙上荷载及周边环境等情况选择适宜的形式。导墙两侧墙净距的中心线应与地下连续墙中心线重合，每个槽段内的导墙应设一个以上的溢浆孔。

（3）导墙施工

现浇钢筋混凝土导墙的施工程序为：平整场地→测量定位→挖槽及处理弃土→绑扎钢筋→支模板→浇注混凝土并养护→拆模板并设置横撑→导墙外侧回填土。

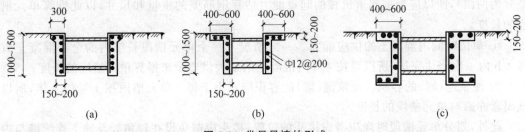

图 8-2　常见导墙的形式

导墙的水平钢筋必须通长连接,使导墙成为整体。当表层土质较好时,施工时导墙外侧可用土壁代替模板,不必回填土;如表层土开挖后外侧土壁不能垂直自立,则外侧亦需支设模板,拆模后导墙的外侧应用黏土回填密实,以防止地面水从导墙背后渗入槽内,引起槽段塌方。导墙的施工接头位置应与地下连续墙接头位置错开。在导墙养护期间,严禁重型机械在附近行走、停置或作业。

2) 泥浆的制备

地下连续墙的深槽是在泥浆护壁的条件下进行挖掘的。泥浆在成槽过程中的作用是维护槽壁稳定、防止槽壁坍塌,在槽壁上形成一层弱透水性的泥皮,泥皮具有一定结构强度和阻水的作用,有助于维护槽壁的稳定。制备泥浆的材料既要考虑护壁效果,又要考虑经济性。通常有以下几种制备方法。

① 制备泥浆。挖槽前利用专用设备事先搅拌好膨润土泥浆,挖槽时输入槽段内。泥浆搅拌的时间为 4~7 min,搅拌后宜储存 3 h 以上再使用。

② 自成泥浆。用钻头式挖槽机挖槽时,边挖槽边向槽段内输入清水,清水与钻削下来的泥土拌合,自成泥浆。采用此种方法时应注意泥浆的性能指标必须符合规定的要求。

③ 半自成泥浆。当自成泥浆的某些性能指标不符合规定要求时,可在自成泥浆的过程中加入一些所需成分的辅料,使其满足要求。

3) 开挖槽段

开挖槽段是地下连续墙施工中的重要工序。挖槽约占地下连续墙工期的一半,因此提高挖槽效率是缩短工期的关键;同时,槽壁的形状决定了墙体的外形,所以挖槽的精度又是保证地下连续墙质量的关键之一。

(1) 单元槽段的划分

地下连续墙施工前,需预先沿墙体长度方向划分好施工的单元槽段。单元槽段的最小长度不得小于挖土机械的一次挖土长度(称为一个挖掘段)。地下连续墙的转角处严禁设置槽段接头。单元槽段宜尽量长一些,以减少槽段的接头数量,提高地下连续墙的整体性和防水性能,并提高施工效率。但在确定其长度时除考虑设计要求和结构特点外,还应考虑以下各方面因素。

① 地质条件。当土层不稳定时,为防止槽壁坍塌,应减少单元槽段的长度,以缩短挖槽时间。

② 地面荷载。若附近有高大的建筑物、构筑物,或有较大的地面静载或动载,为了保证槽壁的稳定,亦应缩短单元槽段的长度。

③ 起重机的起重能力。由于一个单元槽段的钢筋笼多为整体吊装(钢筋笼过长时可水

平分为两段),所以应根据起重机械的起重能力估算钢筋笼的重量和尺寸,以此推算单元槽段的长度。

④ 单位时间内混凝土的供应能力。一般情况下一个单元槽段长度内的全部混凝土宜在 4 h 内一次浇注完毕,所以可按 4 h 内混凝土的最大供应量来推算单元槽段的长度。

⑤ 泥浆池(罐)的容积。泥浆池(罐)的容积应不小于每一单元槽段挖土量的 2 倍,所以该因素亦影响单元槽段的长度。

此外,划分单元槽段时尚应考虑接头的位置,接头应避免设在转角处及地下连续墙与内部结构的连接处,以保证地下连续墙有较好的整体性;单元槽段的划分还与接头形式有关。一般情况下,单元槽段的长度多取 3~8 m,但也有取 10 m 甚至更长的情况。

(2) 挖槽机械

地下连续墙施工中常用的挖槽机械,按工作机理可分为挖斗式、冲击式和回转式三大类。目前应用较多的有吊索式挖斗机、导杆式挖斗机、多头钻挖槽机和冲击式挖槽机等。导杆式挖斗机如图 8-3 所示。

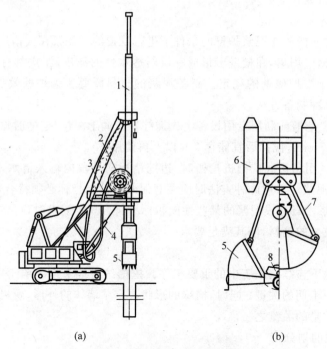

(a)   (b)

图 8-3 导杆式挖斗成槽设备

(a) 导杆液压挖斗成槽机外形;(b) 中心提拉式导板抓斗

1—导杆;2—液压管线收线盘;3—作业平台;4—倾斜度调节千斤顶;
5—抓斗;6—导板;7—支杆;8—滑轮座

(3) 挖槽施工

为保证地下连续墙的成槽质量,避免槽壁坍塌,挖槽中应注意以下施工要点。

① 挖槽前,应制定出切实可行的挖槽方法和施工顺序,并严格执行。挖槽时应加强观测,确保槽位、槽宽和槽壁垂直度符合设计要求。遇有槽壁坍塌事故发生时,应及时分析原因,妥善处理。

② 挖槽过程中,应始终保持槽内充满泥浆,泥浆液面必须高于地下水位 1.0 m 以上,且

不低于导墙顶面 0.5 m。泥浆的使用方式应根据挖槽方式的不同而定。使用抓斗挖槽时应采用泥浆静止方式,随着挖槽深度的增大,不断向槽内补充新鲜泥浆,使槽壁保持稳定;使用钻头或切削刀具挖槽时,应采用泥浆正循环或反循环的方式将泥浆送入槽内,并使土渣随泥浆排出槽外。

③ 槽段的终槽深度应符合下列要求:非承重墙的终槽深度必须保证设计深度,同一槽段内,槽底深度必须一致且保持平整;承重墙的槽段深度应根据设计深度要求,参照地质资料等综合确定,同一槽段开挖深度宜一致。遇有特殊情况,应会同设计单位研究处理。

④ 槽段开挖完毕,应检查槽位、槽深、槽宽及槽壁垂直度,合格后应尽快清底及进行其他后续工作。

4) 清底换浆

槽段开挖结束后,浇注槽段混凝土之前,应进行槽段的清底换浆工作,以清除槽底沉渣。根据需要有时在吊放钢筋笼之后再进行一次清底。

清底的方法一般有沉淀法和置换法两种。沉淀法是在土渣基本都沉淀到槽底之后再进行清底,常用的有砂石吸力泵排泥法、压缩空气升液排泥法、带搅动翼的潜水泥浆泵排泥法等。置换法是在挖槽结束,土渣还未沉淀之前就用新鲜的泥浆把槽内原有的泥浆置换出来。目前多采用置换法进行清底。对于槽段接头处的混凝土亦需进行清理,可采用刷子清刷或用压缩空气吹刷的方法。

清底换浆时,应注意保持槽内始终充满泥浆,以维持槽壁的稳定。清底换浆后,应测定槽内泥浆的指标及沉渣厚度,达到设计要求后方可浇注混凝土。

5) 施工接头

地下连续墙的接头施工质量直接关系到其受力性能和抗渗能力,应在结构设计和施工中予以高度重视。常用的接头形式有接头管(亦称锁口管)接头、接头箱接头、隔板式接头等。

接头管是目前采用最多的一种接头,接头管直径一般比墙厚小 50 mm,其长度可根据需要分段接长。采用接头管的施工过程如图 8-4 所示。施工时,当一个单元槽段的土方挖

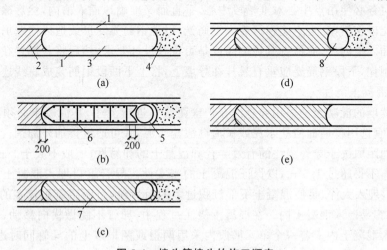

图 8-4 接头管接头的施工顺序

(a) 开挖槽段;(b) 吊放接头管和钢筋笼;(c) 浇注混凝土;(d) 拔出接头管;(e) 形成接头

1—导墙;2—已浇注混凝土的单元槽段;3—开挖的槽段;4—未开挖的槽段;

5—接头管;6—钢筋笼;7—正浇注混凝土的单元槽段;8—接头管拔出后的孔洞

完后,在槽段的端部用起重机放入接头管,然后吊放钢筋笼并浇注混凝土。混凝土初凝后即应上下活动接头管,每 10～15 min 活动一次。混凝土浇注后 3～5 h 开始用起重机或液压顶升架抽拔接头管,抽拔速度一般为 2～4 m/h,并在混凝土浇注结束后 8.0 h 以内全部拔出。接头管拔出后,单元槽段的端部形成半圆形,继续施工时即形成两相邻槽段的接头,这种接头可提高墙体的整体性和防水能力。

6) 钢筋笼的制作与吊放

(1) 钢筋笼制作

地下连续墙的钢筋笼应根据其配筋图和单元槽段的划分来制作。一般情况下,每个单元槽段的钢筋笼宜制作成一个整体。若地下连续墙很深或受起重能力的限制,可分段制作,待吊放时再连接。钢筋的接头可采用电焊连接或机械连接。

制作钢筋笼时应预留插放混凝土导管的位置,并在其周围增设箍筋和连接筋进行加固。钢筋笼的纵向主筋应放在内侧,横向钢筋放在外侧,以免横向钢筋阻碍导管的插入。纵向钢筋的底端应距离槽底面 500 mm,并应稍向内弯,以防止吊放钢筋笼时擦伤槽壁,但向内弯折的程度亦不应影响混凝土导管的插入。

钢筋笼端部与接头管或混凝土接头面之间应留有 15～20 cm 的空隙。主筋净保护层厚度通常为 7～8 cm,保护层垫块厚 5 cm,使垫块和槽壁之间留有 2～3 cm 的间隙。垫块可采用预制混凝土固定于钢筋笼,或用薄钢板定位垫块焊于钢筋笼上。

如钢筋笼上贴有聚苯乙烯泡沫塑料块时(为地下连续墙留设沟槽所用),必须牢固固定。若泡沫塑料块在钢筋笼上设置过多,或由于泥浆相对密度较大,则会对钢筋笼产生较大浮力,使钢筋笼难以插入,此种情况下须对钢筋笼施加配重。若仅在钢筋笼的单侧设置较多的泡沫塑料块,会对钢筋笼产生偏心浮力,钢筋笼插入槽内时易擦落大量土渣,此时亦应施加配重以使其平衡。

(2) 钢筋笼吊放

钢筋笼应具有必要的刚度。起吊时不能在地面上拖拽,以防造成其下端钢筋弯曲变形。吊放钢筋笼时务必使吊点中心对准槽段中心,垂直而又准确地插入槽内,然后徐徐下降。此时要注意不能碰伤槽壁,更不能强行插入钢筋笼,以免钢筋笼变形或造成槽壁坍塌。

钢筋笼插入槽内后,应检查其顶端高度是否符合设计要求,然后将其搁置在导墙上。若钢筋笼分段制作,下段钢筋笼应垂直悬挂在导墙上,将上下两段钢筋笼成直线连接。

7) 水下混凝土浇注

地下连续墙的混凝土是采用导管法在护壁泥浆下进行浇注,其混凝土必须按水下混凝土配置,水泥宜选用普通硅酸盐水泥或矿渣硅酸盐水泥,并可适量掺加外加剂。

导管的间距取决于导管浇注的有效半径和混凝土的和易性,一般不大于 3 m,导管距槽段端部的距离不得超过 1.5 m,以保证混凝土的密实性。导管下口埋入混凝土的深度应控制在 2～6 m,埋入太深,易使混凝土下部沉积过多的粗骨料,而面层聚积较多的砂浆;埋入太浅,则泥浆容易混入混凝土内。在混凝土浇注过程中,导管不能做横向移动,否则会把沉渣和泥浆混入混凝土内。若一个单元槽段内采用两根或两根以上的导管同时进行浇注,应使各导管的混凝土面大致处于同一标高处。

在浇注过程中,应随时掌握混凝土的浇注量和混凝土上升高度。宜尽量加快混凝土的浇注速度,一般情况下,槽内混凝土面的上升速度控制在 3～5 m/h,可用测锤量测混凝土面的高程,一般量测三点后取其平均值。

由于混凝土的顶面存在一层与泥浆接触的浮浆层,因此混凝土需超灌 300～500 mm 高,以便在混凝土硬化后查明强度情况,将设计标高以上的浮浆层用风镐凿去。

8.2　盾构法施工

近年来,我国城市轨道交通建设的速度与规模空前发展,中国城市轨道交通协会最新的统计数据显示,我国内地城市轨道交通运营总里程已经突破 1 万公里,其中地铁超过 8 千公里,占比超过 77%。根据 2022 年发布的《中国城市轨道交通绿色城轨发展行动方案》,至 2030 年,即我国实现碳达峰的时期,城轨交通在公共交通中的出行占比达到 50% 以上。基于低碳理念的城市轨道交通的建设运营,既有助于实现能源减排,也有助于增加城市绿地,降低城市碳排放强度,必将有力推动经济社会发展的绿色化、低碳化。本章所介绍的盾构法就是广泛应用于地铁隧道施工项目中的重要建造技术。

8.2.1　概述

盾构法是暗挖法施工中的一种全机械化施工方法。它是将盾构机械在地中推进,通过盾构外壳和管片支承四周围岩防止发生往隧道内的坍塌。同时在开挖面前方用切削装置进行土体开挖,通过出土机械运出洞外,靠千斤顶在后部加压顶进,并拼装预制混凝土管片,形成隧道结构的一种机械化施工方法。在明挖法施工已经不太适合在城市中心区进行的情况下,盾构法作为一种新型的暗挖施工方法,由于具有机械化程度高、对地层扰动小、掘进速度快、地层适应性强、对周围环境影响小等特点,逐渐成为地铁隧道建设的主要施工方法。

1. 盾构法的适用条件

(1) 盾构法适用于除硬岩外的相对均质的地质条件;

(2) 隧道要有足够的埋深,覆土深度宜不小于 6 m 且不小于盾构直径;

(3) 地面上必须允许建造用于盾构进出洞和出渣进料的工作井;

(4) 隧道之间或隧道与其他建(构)筑物之间所夹土(岩)体加固处理的最小厚度为水平方向 1.0 m,竖直方向 1.5 m;

(5) 考虑经济性,连续的盾构施工长度不宜小于 300 m。

1) 盾构法的优点

(1) 在盾构支护下进行地下工程暗挖施工,不受地面交通、河道、气候等条件的影响;

(2) 盾构的推进、出土、衬砌拼装等可实行自动化、智能化和施工远程控制信息化;

(3) 挖土、出土量相对较少,有利于降低成本;

(4) 周围环境不受盾构施工干扰;

(5) 在松软地层中开挖埋置深度较大的长距离、大直径隧道,具有多方面的优越性。

2) 盾构法的缺点

(1) 盾构法所用机械造价较高,施工工艺较复杂;

(2) 在富含地下水的地层中施工,容易引起地表沉陷;

(3) 需要设备制造、气压设备供应、衬砌管片预制、衬砌结构防水及堵漏、施工测量、场地布置、盾构转移等施工技术的配合,系统工程协调难;

(4) 当隧道曲率过小(如小于 30 倍的隧道外径)时,盾构转向比较困难。

2．盾构法的主要施工程序

盾构法的主要施工程序为：建造竖井或基坑→盾构机安装就位→盾构出洞口处的土体加固处理→初推段盾构掘进施工→隧道连续掘进施工→盾构接收井洞口的土体加固处理→盾构进入接收井，并运出地面。

盾构法施工概貌如图 8-5 所示。

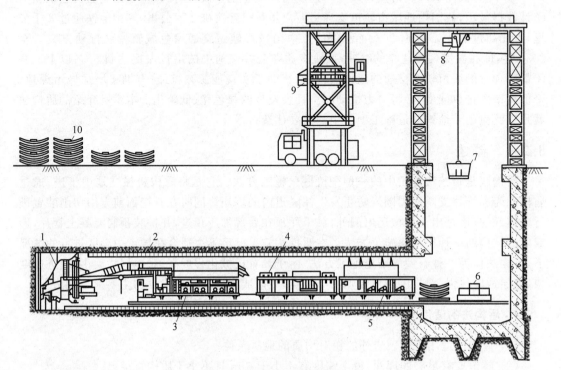

图 8-5　盾构法隧道施工概貌

1—盾构；2—衬砌环；3—液压泵站；4—配电柜；5—辅助设备；6—电瓶车；7—装土箱；8—行车；9—出土架；10—管片

8.2.2　盾构机及其选型

1．盾构机的类型

盾构机的类型可以按照多种分类方法进行分类。按开挖面是否封闭划分，可分为密闭式和敞开式两类。按平衡开挖面土压与水压的原理不同，密闭式盾构又可分为气压式、泥水加压式、土压平衡式、加水式、加泥式及高浓度泥水加压式。敞开式盾构按开挖方式划分，可分为手掘式、半机械挖掘式和机械挖掘式三种。按盾构的断面形状划分，有圆形和异型盾构两类，其中异型盾构主要有多圆形、马蹄形、类矩形和矩形。

当前，土压平衡盾构和泥水加压盾构已经成为盾构法施工中主要采用的盾构方式。两种盾构的结构形式如图 8-6 所示。

1）土压平衡盾构

土压平衡盾构又称削土密闭式或泥土加压式盾构。这类盾构的前端有一个全断面切削刀盘，切削刀盘的后面有一个储留切削下土体的密封舱。在盾构的中心线下部设有长筒螺

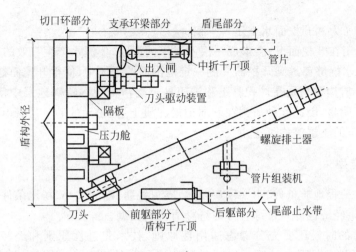

(a)

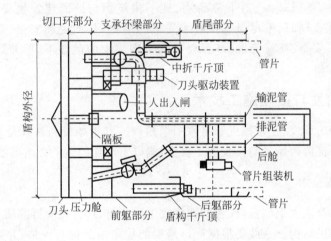

(b)

图 8-6 盾构结构形式

(a) 土压平衡盾构；(b) 泥水加压盾构

旋运输机的进土口，其出土口在密封舱外的螺旋运输机的另一端。当盾构机作业时，在密封舱中使切削下的土体和泥水进行混合，通过控制螺旋运输机的出土量来配合刀盘的切削速度，从而保持密封舱内始终充满泥土，并形成一定的压力以平衡开挖面的土压力，从而减少对土体的扰动，控制地面沉降。

土压平衡盾构通常适用于黏稠土壤，该类型土壤富含黏土、粉质黏土或淤土，具有低渗透性、塑性变形好、内摩擦角小等特点。若一般土体不具备这些特性，需进行改良。改良的方法包括加水、膨润土、黏土、CMC、聚合物或者泡沫等，应根据土质情况单独或者组合选用。

2）泥水加压盾构

泥水加压盾构也称为泥水加压平衡盾构，是在盾构正面与支撑环前面装置隔板的密封舱中注入适当压力的泥浆来支撑开挖面。通过安装在正前方的刀盘切削土体，将切削下的土体与泥浆在密封舱中混合后，通过排泥管送出隧道至地面。在地面上配有泥水处理设备，把送出的浓泥水进行水土分离。分离后的泥水再送入泥水室，不断循环使用。泥水加压盾构是利用泥水的特性对开挖面起稳定作用。泥水具有如下三个作用。

（1）泥水的压力和开挖面水土压力平衡；

（2）泥水作用在开挖面上，会形成一层不透水的泥膜，使泥水产生有效的压力；

（3）加压泥水能够渗透到开挖面一侧一定范围内的土体中，使得开挖面稳定。

泥水加压式盾构最初是在冲积黏土和洪积黏土交错出现的特殊地层中使用，由于泥水对开挖面的作用明显，因此此种盾构在软弱的淤泥质土层、松动的砂土层、砂砾层、卵石砂砾层、砂砾和坚硬土的土层等均可适用。

2. 盾构的选型

一般要根据工程地质条件、水文勘察报告、隧道线路、断面大小、场地条件、环保要求、施工人员技术水平、经济性等因素综合考虑选择盾构的类型。

在盾构选型的时候还要充分考虑适用性原则、技术先进性原则和经济合理性原则。如盾构的断面形状与外形尺寸适用于隧道断面形状与外形尺寸，种类与性能要适用工程地质与水文地质条件、隧道埋深、地下障碍物、地下构筑物与地面建筑物安全需要、地表隆沉要求等使用条件。同时，要尽量选用技术先进的盾构，从而更加安全、高效地完成施工作业。在满足施工安全、质量标准、环保要求和工期要求的前提下，要兼顾综合施工成本合理。

8.2.3 盾构机始发与接收施工技术

盾构施工一般分为始发、正常掘进和接收三个阶段。其中始发与接收是盾构法施工的两个重要阶段。为保证盾构始发与接收施工安全，洞口土体加固施工必须满足设计要求。

1. 洞口土体加固技术

盾构从始发工作井进入地层前，或者到达接收工作井前，均首先应拆除盾构掘进开挖洞体范围内的工作井围护结构。一般要根据洞口地层的稳定情况进行评估，并采取有针对性的洞口土体加固处理措施，通常在工作井施工过程中实施。

洞口土体加固的目的包括：拆除工作井洞口围护结构时，确保洞口土体稳定，防止地下水流入；盾构掘进通过加固区域时，防止盾构周围的地下水及土砂流入工作井；拆除洞口围护结构及盾构掘进通过加固区域时，防止地层变形对施工影响范围内的地面建筑物及地下管线与构筑物等的破坏。

常用的加固方法有化学注浆法、砂浆回填法、深层搅拌法、高压旋喷注浆法、冷冻法等。国内较常用的是深层搅拌法、高压旋喷注浆法、冷冻法。其中，冷冻法造价较高，且解冻后存在沉降的情况。高压旋喷加固的效果很好，但其造价要远高于深层搅拌桩。因此，除工作井较深、洞门处土层为水头较高的承压水层外，洞门土体加固采用深层搅拌法比较合适，并在搅拌桩加固体与连续墙间无法加固的间隙处用旋喷法进行补充加固。

2. 盾构始发施工的技术要点

盾构始发是指盾构从组装调试，到盾构完全进入区间隧道并完成试掘进为止的施工过程。盾构始发施工流程如图8-7所示。

1）初始掘进长度的确定

始发结束后要拆除临时管片、临时支撑和反力架，将后续台车移入隧道内，以便后续正

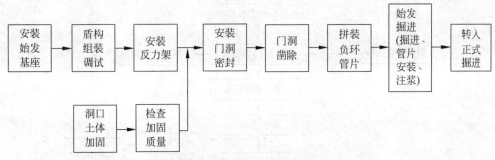

图 8-7　盾构始发施工流程

常掘进。由于此后盾构的掘进反力只能由衬砌和周围土层的摩擦阻力承担,因此初始掘进长度 L 表示为

$$L > \frac{F}{2\pi r f}$$

式中,L——从始发井开始的衬砌长度,m;

　　　F——盾构千斤顶推力,N;

　　　r——衬砌外半径,m;

　　　f——注浆后的衬砌与地层的摩擦阻力系数,N/m²。

　　若 L 大于后续台车长度,则取 L 为初始掘进长度;若 L 小于后续台车长度,则可综合权衡利弊后,取 L 或后续台车长度为初始掘进长度。

　　2) 始发掘进施工的主要内容

　　(1) 盾构始发前先打探孔检查洞口处加固体稳定情况,确认稳定后开始进行洞口端头围护结构凿除。

　　(2) 始发前,对反力架应进行安全验算。

　　(3) 始发时,应对盾构始发姿态进行测量。

　　(4) 当负环管片定位时,管片环面应与隧道轴线相适应。拆除前,应验算成型隧道管片与地层间的摩擦力,它应满足盾构掘进反力的要求。

　　(5) 当分体始发时,应保护盾构的各种管线,及时跟进后配套设备,并应确定管片拼装、壁后注浆、出土和材料运输等作业方式。

　　(6) 盾尾密封刷进入洞门结构后,应进行洞门圈间隙的封堵和填充注浆。注浆完成后方可掘进。

　　(7) 初始掘进过程中应控制盾构姿态和推力,加强监测,并应根据监测结果调整掘进参数。

3. 盾构接收施工的技术要点

1) 盾构接收施工流程

盾构接收施工流程如图 8-8 所示。

2) 盾构接收施工的主要内容

在盾构机距离洞门端墙 100 m 进入接收段,盾构机接收是隧道贯通的关键。在接收段掘进中,应重点控制盾构机的水平、垂直偏差,并结合盾尾间隙使盾构接收段管片偏差控制在最小。此时掘进速度要逐渐放缓,推力也逐渐降低。盾构进入接收段后的主要工作如下。

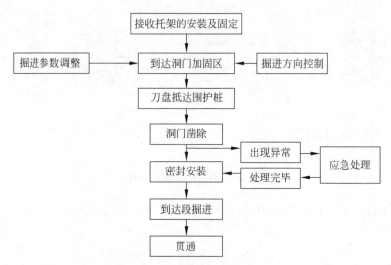

图 8-8   盾构接收施工流程

(1) 接收井洞口土体加固完毕。

(2) 在盾构推进至距洞门 100 m 时,对盾构机的贯通姿态进行测量,确保盾构机轴线与线路中线误差满足设计要求。

(3) 进入接收井洞口加固段后,逐渐降低土压(泥水压)设定值至 0 MPa,降低掘进速度,适时停止加泥、加泡沫(土压式盾构),停止送泥与排泥(泥水式盾构),停止注浆,并加强工作井周围地层变形观测,当变形超过预定值时,必须采取有效措施后才可继续掘进。

(4) 对接收洞门位置及轮廓进行复核测量,在盾构机进站时根据接收洞门的测量情况来调整盾构机的姿态,使盾构机能顺利进站。

(5) 接收洞门凿除。注意洞门凿除前确认洞口土体加固效果,必要时进行补注浆加固。

(6) 完成盾构接收基座的安装就位,应注意洞口所处的线路平纵曲线条件,安装前确保盾构机仰俯角及隧道设计轴线坡度保持一致。

(7) 在靠近门洞段 10 环管片处,用 5 mm 厚扁钢通过管片螺栓把环和环连在一起,将管片拉成一个整体。

(8) 盾构机落到接收基座上后,及时封堵洞口管片外周与盾构开挖洞体之间空隙,同时进行填充注浆,控制洞口周围土体沉降。

8.2.4   盾构掘进技术

1. 开挖控制

盾构掘进过程中,开挖控制的主要目的是确保开挖面稳定。土压式盾构以土压和塑流性改良控制为主,辅以排土量、盾构参数控制。泥水式盾构以泥水压和泥浆性能控制为主,辅以排土量控制。

1) 土压(泥水压)控制

开挖面的土压(泥水压)控制值,要综合考虑地下水压、土压和预备压设定。其中,地下水压可由钻孔数据得到,但要考虑季节性变动。土压则要根据地层条件确定。预备压用来补偿施工中的压力损失,土压式盾构通常取 $10\sim20$ kN/m²,泥水式盾构通常取 $20\sim50$ kN/m²。计算土压(泥水压)控制值时,一般沿隧道轴线取适当间隔,按各断面的土质条件计算出上限值和下限值,并根据施工条件在其范围内设定。

2)土压式盾构泥土的塑流化改良控制

塑流化改良控制是土压式盾构施工的重要因素之一。对于土压式盾构掘进来说,理想地层的土特性是:塑性变形好,属于流塑至软塑状,内摩擦小,渗透性低。若土体为细颗粒含量 30% 以上的土砂,则塑性流动性满足要求。若细颗粒含量低于 30%,或为砂卵石地层,则必须加泥或加泡沫等改良材料,以提高塑性流动性和止水性。

改良材料必须具有流动性、易与开挖土砂混合、不离析、无污染等特性。一般使用的改良材料有矿物系(如膨润土泥浆)、界面活性剂系(如泡沫)、高吸水性树脂系和水溶性高分子系四类(我国目前常用前两类),可单独或组合使用。

3)泥水式盾构的泥浆性能控制

泥水式盾构掘进时,泥浆起着两方面的重要作用:一是依靠泥浆压力在开挖面形成泥膜或渗透区域,开挖面土体强度提高,同时泥浆压力平衡了开挖面土压和水压,达到了开挖面稳定的目的;二是泥浆作为输送介质,担负着将所有挖出土砂运送到工作井外的任务。因此,泥浆性能控制是泥水式盾构施工的要素之一。泥浆性能包括:相对密度、黏度、pH、过滤特性和含砂率。

4)排土量控制

为了一边保持开挖面稳定一边顺利地进行推进,需要适量地进行排土,以维持排土量和推进量平衡。但仅单独根据排土量的管理来控制开挖面坍塌或地基沉降是困难的,最好同时根据压力舱的压力管理和开挖土量管理来进行控制。排土量管理的方法大致可分为容积管理法和重量管理法。容积管理法一般是采用计算渣土搬运车台数。重量管理法一般是根据渣土搬运车的重量进行验收。由于计算渣土搬运车的台数虽然粗略,但十分简便,故容积管理法在施工现场使用较多。

2. 管片拼装控制

1)管片拼装方法

软土地层盾构施工的隧道衬砌通常采用预制拼装的形式。预制拼装式衬砌是由称为"管片"的多块弧形预制构件拼装而成的。除特殊情况外,大都采取错缝拼装;在纠偏或急曲线施工的情况下,有时采用通缝拼装,如图 8-9 所示。

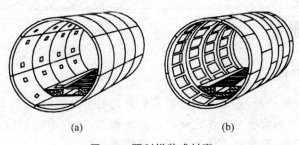

图 8-9 预制拼装式衬砌

(a)通缝拼装;(b)错缝拼装

错缝拼装的拼装顺序一般是从下部的标准(A型)管片开始,依次左右两侧交替安装标准管片,然后拼装邻接(B型)管片,最后安装楔形(K型)管片。管片拼装时,应随管片拼装顺序分别缩回盾构千斤顶。严禁盾构千斤顶同时全部缩回,而造成开挖面不稳定。在用紧固连接螺栓连接管片时,先紧固环向(管片之间)的连接螺栓。当一环管片拼装完毕后,利用全部盾构千斤顶均匀施加压力,而后充分紧固轴向连接螺栓。

2)管片拼装误差及其控制

管片拼装时,若管片间连接面不平行,导致环间连接面不平,则拼装中的管片与已拼管片的角部呈点接触或线接触,在盾构千斤顶推力作用下会发生破损。为此,拼装管片时,各管片连接面要拼接整齐,连接螺栓要充分紧固。

3. 壁后注浆

管片拼装完成后,随着盾构的推进,管片与洞体之间出现空隙。如不及时充填,则地层应力得以释放,而产生变形。为防止地表沉降,必须将管片与洞体之间的空隙及时注浆充填。注浆还可以改善隧道衬砌的受力状态,增强衬砌的防水效能,因此是盾构施工的关键工序。注浆的主要目的包括:抑制隧道周边地层松弛,防止地层变形;及早使管片环安定,千斤顶推力平滑地向地层传递;在管片外形成有效的防水层。

1)注浆材料的性能要求

注浆材料应具有一定的触变性,在注浆过程中具有良好的和易性,不离析、不堵塞管路;注浆材料的强度应相当于或略高于土层的抗压强度;注浆后材料的体积收缩量小,且具有一定的抗渗能力;具有适当的黏性,以防止从盾尾密封漏浆或向开挖面回流;要具有环保性能,不污染环境。

2)注浆方式

壁后注浆分为同步注浆、即时注浆和二次注浆。同步注浆和即时注浆与盾构掘进同步进行,二次注浆根据隧道稳定状态和环境保护要求进行。同步注浆是在盾构掘进的同时通过盾构注浆管和管片的注浆孔进行壁后注浆的方法;即时注浆是在一环掘进后迅速进行壁后注浆的方法;二次注浆是对壁后注浆的补充,其目的是填充注浆后的未填充部分,补充注浆材料收缩体积减小部分,防止渗漏水和填充由于隧道变形引起的管片、注浆材料、地层之间间隙,通过填充注浆使其形成整体,提高止水效果等。同步注浆、即时注浆和二次注浆过程应连续进行,防止浆液凝结,堵塞管路。注浆孔注浆宜从隧道两腰开始,注完底部再注顶部,当有条件时也可多点同时进行。

8.3 顶管法施工

8.3.1 顶管法概述

顶管是管道施工的一种,它是不开挖或者少开挖的一种管道铺设,其主要利用顶管设备产生前进的力度,去平衡管道与土体之间产生的摩擦力,使管道能够前进,同时还需要将管道占用的土体进行置换,最终在土体中形成一道管道。

1. 顶管法施工的优势

采用顶管法铺设管道具有如下优势。

(1) 顶管施工是顶管铺管技术的一种,其在国外已广泛使用,在我国国内也已逐渐普及。由于不开挖地面就能穿越公路、铁路、河流,其至能在建筑物底下穿过,因此这是一种能安全、有效地进行施工的方法。

(2) 顶管施工不开挖地面,故而被铺设管道的上部土层未经扰动,管道的管节端不易产生变形。

(3) 采用房下顶管施工能节约一大笔征地拆迁费用,减少动迁用房,缩短管线长度,因此可产生很大的经济效益。

(4) 随着顶管施工范围的扩大,顶管机械的性能越来越适应各种土质。顶管特别适用于中小型管径管道的非开挖铺设。与其他非开挖设备相比,其具有独特的优点。

通常,如果管道内径大于 4 m,则采用顶管法不如采用盾构法施工经济合理。对内径小于等于 4 m 的管道,特别是用于城市市政工程的管道,使用顶管法有其独特的优越性。

顶管法施工的主要内容是:先在管道设计线路上每隔一定间距施工一定数量的小基坑作为顶管工作井(大多采用沉井),也可作为一段顶管施工的起点与终点工作井。根据需要,工作井的一面或两面侧壁设有圆孔作为预制管节的出口与入口。顶管出口后面侧墙为承压壁,其上安装液压千斤顶和承压垫板。千斤顶将带有切口和支护开挖装置的工具管顶出工作井出口孔壁,然后以工具管为先导,将预制管节按设计轴线逐节顶入土层中,直至工具管后第一节管段的前端进入接收工作井的进口孔壁,这样就施工完了一段管道,不断继续上一施工过程,直至一条管线施工完成。顶管施工布置如图 8-10 所示。

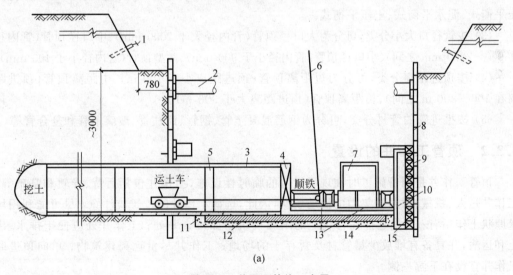

图 8-10　普通顶管施工布置

(a) 工作坑截面;(b) 工作坑平面

1—中心桩;2—撑水;3—管子;4—圆形顶铁;5—内涨圈;6—钢丝绳;7—顶机;8—立板;

9—方木;10—后背顶铁;11—导轨;12—木轨基;13—横铁;14—混凝土基础;15—排水层;

16—顺铁;17—水准点;18—集水井;19—立铁

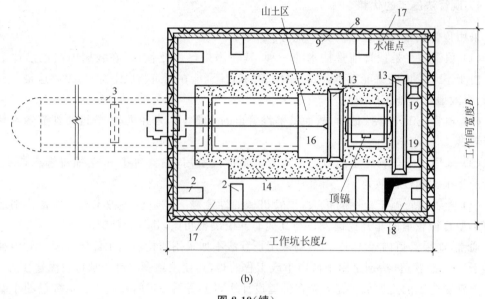

(b)

图 8-10(续)

2. 顶管的分类

顶管的分类方法多种多样,一般可按下列方法分类。

(1) 按管前挖土方法分类,分为人工顶管、挤压式顶管、水射流顶管、机械化顶管。

(2) 按工作面稳定程度分类,分为开放式顶管、密闭式顶管。密闭式顶管又可以分为气压平衡式、泥水平衡式、土压平衡式。

(3) 按管径口大小分类,可分为大口径顶管(管内径大于 2000 mm)、中口径顶管(管内径在 900~2000 mm 之间)、小口径顶管(管内径小于 900 mm)、微型顶管(管内径小于 400 mm)。

(4) 按顶进距离分类,可分为短距离顶管(顶进距离小于 100 m)、中距离顶管(顶进距离在 100~300 m 之间)、长距离顶管(顶进距离大于 300 m)。

(5) 按推进管的管材分类,可分为钢筋混凝土管、钢管、铸铁管、玻璃钢管和复合管等。

8.3.2 顶管工作井的设置

顶管工作井是顶管施工时在现场设置的临时性设施,工作井包括后背、导轨和基础等。工作井是人、机械、材料较集中的活动场所,因此,选择工作井的位置应注意:尽可能利用坑壁原状土作后背;尽量选择在管线上的附属构筑物如检查井处;工作井处应便于排水、出土和运输,并具备有堆放少量管材及暂存土的场地;工作井尽量远离建筑物;单向顶进时工作井宜设在下游一侧。

工作井形式上是一方形或圆形小基坑,其支护形式有地下连续墙、劲性水泥土墙、柱列式钻孔灌注桩、钢板桩、沉井、树根桩和搅拌桩等形式,与一般基坑不同的是其平面尺寸较小。在管径大于等于 1.8 m 或顶管埋深大于等于 5.5 m 时,常采用钢筋混凝土沉井作为顶进工作井。采用沉井作为工作井时,为减少顶管设备的转移,一般采用双向顶进;而当采用钢板桩工作井时,为确保后座土体稳定,一般采用单向顶进。

一般开挖工作井,其底部的平面尺寸应根据管径大小、管节长度、出土方式以及后背长度等不同情况确定。工作井的平面位置应符合设计管位要求,尽量避让地下管线,减小施工扰动后的影响。工作井与周围建筑物及地下管线的最小平面距离应根据现场施工条件及工作井施工方法而定。

　　工作井基础的形式取决于基底的土质、管节的重量以及地下水位的情况。一般可选的基础形式包括:土基木枕基础,适用于土质较好、无地下水的情况;卵石木枕基础,适用于地下水位不高,但地基土为细粉砂或砂质粉土近饱和状;混凝土木枕基础,适用于地下水位高,同时地基土质差的情况。

　　导轨安装是顶管施工中的一项重要工作,安装准确与否直接影响管节的顶进质量。基坑导轨是由两根平行的箱形钢结构焊接在轨枕上制成的。它的作用主要有两点:一是使推进管在工作井内有一个稳定的导向;二是让顶铁工作时有一个可靠的托架。

　　在工作井相对于掘进方向相反方向的井壁上应设置后背墙。后背墙是把主顶油缸的推力的反力传递到工作坑后部土体中去的墙体,它的构造因工作井的构筑方式不同而不同。在沉井工作井中,后背墙一般就是工作井的后方井壁。在钢板桩工作井中,必须在工作井内的后方与钢板桩之间浇注一座与工作井宽度相同的、厚度为 0.5～1.0 m 的钢筋混凝土墙,目的是使推力的反力能比较均匀地作用到土体中。

8.3.3　顶管施工的主要技术问题

　　顶管施工的主要技术问题有方向控制、顶力问题、承压壁的后靠结构及土体稳定、穿墙管与止水、测量与纠偏、触变泥浆减阻、中继环等。

1. 方向控制

　　长距离顶管中的一个核心问题是管道能否按设计轴线顶进。失去对顶管方向的控制,会导致管道弯曲,顶力急剧增加,工程无法正常进行。高精度的方向控制也是保证中继间正常工作的必要条件。

2. 顶力问题

　　随着顶管顶进长度的增加,顶管的顶推力也需要增大。但因受到施工机械和顶管材料强度的限制,顶推力不能无限度增大。在顶管施工中,若仅采用管尾推进方式,必然不能满足长距离顶进的要求。一般采用中继间接力技术加以解决。另外,顶力的偏心距控制也相当关键,要确定顶推力与管道轴线的偏心度,并作为调整纠偏的幅度。

3. 承压壁的后靠结构及土体稳定

　　若顶管工作井后靠土体产生滑动,会引起地面较大的位移,严重影响周围环境,并且影响顶管的正常施工。因此要验算后靠土体的稳定性,并在顶管施工过程中密切观测后靠土体的隆起和水平位移。工程中可以采取注浆、增加后靠土体地面超载等方式限制后靠土体的滑动。

4. 穿墙管与止水

　　穿墙止水是顶管施工中的一项重要工序之一,因为穿墙后掘进机方向的准确性会对后期工作带来重要影响。穿墙时,首先要防止井外的泥水大量涌进井内,其次要使管道不偏离轴线。穿墙管的构造要求有:满足结构的强度和刚度要求,管道穿墙施工方便快捷、止水可靠。穿墙止水主要依靠挡环、盘根、轧兰将盘根压紧后起止水、挡土作用,如图8-11所示。

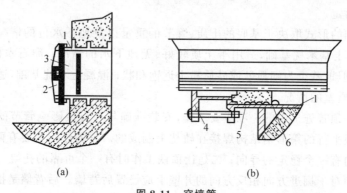

图8-11 穿墙管

(a)穿墙管构造;(b)穿墙止水

1—穿墙管;2—闷板;3—黏土;4—轧兰;5—盘根;6—挡环

为避免地下水和泥土大量涌入工作井内,一般应在穿墙管内事先填埋经夯实的黄黏土。打开穿墙管闷板后,应立即将工具管顶进。此时穿墙管内的黄黏土受挤压,堵住穿墙管与工具管之间的环缝,起临时止水作用。

5. 测量与纠偏

1)测量

顶管放线测量时,顶进的方向和坡度应以设计轴线为基准,并根据顶管的洞口中心坐标和高程确定。在顶进期间,应每天检查测量仪器及其位置,并对引测点进行复测。发现工作井位移、沉降、变形时应及时对引测点进行复核;直线顶进施工应采用激光经纬仪或其他具有激光发射功能的测量仪器,实时测量监控。初始顶进阶段每顶进500 mm记录一次,正常顶进时每顶进一节管节记录不应少于一次;顶进过程中宜绘制顶管机水平与高程轨迹图、顶力变化曲线图。

2)纠偏

管道偏离轴线主要是由于作用于工具管的外力不平衡造成的,外力不平衡的主要原因有:推进管线不可能绝对在一条直线上;管道截面不可能绝对垂直于管道轴线;管节之间垫板的压缩性不完全一致;顶管迎面阻力的合力不与顶管后端推进顶力的合力重合;推进的管道在发生挠曲时,沿管道纵向的一些地方会产生约束管道挠曲的附加抗力。

上述几条原因造成的直接结果就是顶管顶力产生偏心,要了解各接头上实际顶合力与管道轴线的偏心度,只能随时监测顶进中管节接缝上的不均匀压缩情况,从而推算接头端面上应力分布状况及顶推合力的偏心度,并以此调整纠偏幅度,防止因偏心度过大而使管节接头压损或管节中部出现环向裂缝。

顶进误差纠偏是逐步进行的,形成误差后不可立即将已顶好的管子校正到位,应缓慢进行,使管子逐渐复位。常用的方法包括超挖纠偏法、顶木纠偏法、千斤顶纠偏法。

6. 触变泥浆减阻

长距离大直径管道的顶进过程中,有效降低顶进阻力是施工中必须解决的关键问题。顶进阻力主要由迎面阻力和管壁外周摩阻力两部分组成。在超长距离顶管工程中,迎面阻力占顶进总阻力的比例较小。为了充分发挥顶力的作用,达到尽可能长的顶进距离,除了在中间设置若干个中继环外,更为重要的是尽可能降低顶进中的管壁外周摩阻力。为了达到此目的,可采用管壁外周加注触变泥浆,在土层与管道及工具管之间形成一定厚度的泥浆环,使工具管和顶进的管道在泥浆环中向前滑移。

在顶管顶进过程中,为使管壁外周形成的泥浆环始终起到支承土体和减阻的作用,在中继环和管道的适当点位还必须进行跟踪补浆,以补充在顶进过程中的触变泥浆损失量。一般压浆量为管道外周环形空隙的 1.5～2.0 倍。

另外,压浆不仅要及时和适量,还必须在适当的压力下由适当的点位和采取正确的方法向管外压注。压浆压力应根据管道深度 H 和土的天然重度 γ 而定,一般为 $(2\sim3)\gamma H$。

7. 中继环

在长距离顶进中,应用中继环实施分段顶进是顶管施工中采取的重要技术措施。随着顶进长度的增加,管壁与土层之间的摩擦力也逐渐增大。虽然采用触变泥浆技术可以减小阻力,但随着顶进距离的增加,摩擦阻力会不断增加,而顶进设备的顶进能力和工作井后背墙的承载能力总会达到一个极限。因此,长距离顶管应设置中继环,采用接力技术,以提高一次顶进的长度。

中继环顶管是将预顶的管道分割成数段,设置若干个中继环,中继环是一种接力顶进设备,用此方法可将总顶力分散在数个管段之间,减少工作井后背所承受的反力。如图 8-12 所示,图中的管道分成了 3 段,设置了两个中继环,管段 1、2、3 可分别由中继环Ⅰ、Ⅱ及工

图 8-12　中继环顶管
1—接收坑;2—中继间;3—顶进工作坑

作井后背的顶力承担顶进。2、3 管段是中继环Ⅰ的后座,3 段管段和工作井后背是中继环Ⅱ的后座,最后第 3 段管段的后座仍是工作井后背。施工时,各管段先后依次向前推进,当工作井前的一段顶进完成后,再从最前 1 段开始新的一轮循环推顶,直至全部管段顶入。

思考题

1. 排桩支护体系有哪些种类,各自的适用条件是什么?
2. 地下连续墙施工有哪些优点和缺点?
3. 简述地下连续墙施工的主要工艺流程。
4. 地下连续墙施工中,修筑导墙的作用是什么?
5. 地下连续墙施工中,划分单元槽段时应考虑哪些方面的因素?
6. 地下连续墙施工中,为什么要清底? 清底的方法有哪两种?

7. 地下连续墙施工中,如何进行施工接头?

8. 如何在地下连续墙的单元槽段内浇注混凝土?

9. 如何进行洞口土体加固?

10. 简述盾构的始发施工流程。

11. 简述盾构接收施工的主要内容。

12. 试述盾构开挖控制时的控制原则。

13. 简述管片拼装方法及顺序。

14. 顶管施工的主要技术问题有哪些?

15. 简述中继环的作用。

第 9 章

智慧建造施工

【本章要点】

掌握：智慧建造的概念体系；智慧建造的支撑技术；BIM 技术、物联网技术、云计算技术、大数据技术等的概念及应用。

熟悉：智慧建造在施工中的应用、采用的技术理论。

了解：智慧建造技术的三个发展阶段，智慧建造技术在施工过程中的应用；工程桩、大体积混凝土浇注过程中的人、机、料等信息资源管理的复杂性及有效管理方法。

9.1 概述

在新时期我国大力发展新型建造方式的政策背景下，智能建造成为支撑新型建造方式改革的重要支撑。智能建造是在工业化建造和数字化建造的基础上，通过信息技术与建造技术的深度融合，结合先进的精益建造理论方法，推动工程项目的全过程、全要素、全参与方的数字化、网络化、智能化，实现全数字化虚拟建造和工业化数字孪生建造。智能建造的本质不仅仅是生产工具的升级，而是代表了一种新型生产力。建筑行业引入 5G、人工智能技术(AI)、建筑信息模型(BIM)高清视频、云计算、智能工地构建方法、施工机械智能传感设备等新型技术，是建筑领域加快实现高水平科技自立自强的有效途径，必将使我国的建筑领域呈现新的发展趋势。

9.1.1 数字化建造的发展历程

1. 数字化建造

建筑工程数字化建造的思想，是伴随着现代建筑施工机械化、信息化的发展而产生的。1997 年，美国著名建筑师弗兰克·盖里在设计西班牙毕尔巴鄂古根海姆博物馆时，首先用计算机技术建立起建筑物的三维信息模型，然后把信息化模型交付给加工厂加工成各种构件，运至施工现场进行组装施工，这就是最早的建筑数字化建造模型，属于数字化建造的"雏形"。

我国在 2003 年国家体育场的建造过程中引进了 BIM 技术。该工程结合 BIM 技术在数字仿真分析、工厂加工、机械安装、精密测控、结构施工监测与健康监测、信息化管理六个方面进行应用。

数字化建造阶段的两个主要特点是：①各个数字化过程相互独立，关联性小；②建筑模型全部通过数字化实现。建筑模型的数字化为建筑构件的精确加工和安装提供了依据，有利于提高建筑的施工质量。

2. 信息化建造

随着 BIM 技术的深入研究与应用,以及国内的 3G、4G、5G 网络建设,以昆明新机场和北京英特宜家购物中心为代表工程,我国的建筑业开启了信息化建设的新时代。在北京英特宜家购物中心工程中应用 BIM 信息化管理系统,不仅实现了数字化施工中的数字管理功能,而且实现了各业务之间的数字无损连接,实现了各个业务板块的互动和联动,可以有效地对项目的进度、质量、物料、OA 协同平台、变更、合同、支付、采购等进行多方位协同管理和数据传输。

信息化建造是在数字化建造阶段基础上的升级和进步,大大提高了施工管理水平。它一方面提高了建筑信息化的运用水平与信息管理能力;另一方面加强了建筑全寿命周期的信息化管理,信息化建造过程对整个建筑周期的信息更加注重积累、分析和挖掘。其中信息化建造阶段的信息技术与工程建造技术的融合点及融合深度、物理信息的交互方法以及绿色化、工业化、信息化"三化"融合等方面都需要进一步的深入研究与应用。

3. 智慧建造

以北京新机场、北京城市副中心为代表工程,我国的建筑业逐渐进入了智慧建造阶段。通过运用 BIM 技术、云计算、物联网等信息化手段,全面研究了工程信息建模、建筑性能分析、深化设计、工业化加工、精密测量、结构施工监测、健康监测、5D 施工管理、运维管理等集成化智慧应用,充分实现了建筑全生命周期的智慧建造。

智慧建造阶段是数字建造和信息建造的高度发展,可以全面提高建筑的全生命周期,有效提高现场施工管理的效率,大大缩短了人力、物力、机械的周转时间,最终实现建设项目的工业化、信息化和绿色化的有机融合,促进建筑产业化的根本变革。

9.1.2 智慧建造的概念

智慧建造施工技术是近年来发展起来的一种新兴建筑技术,它代表着建筑施工技术未来的发展方向,同时也是人类智慧高度集成和发展的产物。所谓智慧建造是指采用现代化的信息及网络技术,从而实现建筑从建造到运维的自动化、智慧化的一种工程活动。它包括智能规划与设计、智能装备与施工、智能设施与防灾、智能运维与管理等多方面的工作。智慧建造可以分为广义智慧建造与狭义智慧建造。

广义的智慧建造是指建筑全生命周期过程中,实现工程建造的智慧化、工业化和自动化,更体现在整个建设过程中的建筑物质量与安全,以及整个建设过程中的信息化协同。

狭义的智慧建造是指在设计与施工的全过程中,主要针对项目主体,采用 BIM 技术进行的信息化管理与建造。它主要体现在工厂化的构件加工、建筑信息建模、施工方案模拟、碰撞检查等方面,同时还包括对各种现场施工的动态监测(温度监测、应力监测、变形监测、风速风压监测等)、风险预警、智能化应急预案制定等。

9.1.3 智慧建造技术

1. BIM 技术

建筑信息模型(building information modeling,BIM)是现代化施工的一种管理工具,通过三维展示建筑信息化模型,融合设计、施工等全方位的数字化信息,在项目的建设过程中和运维管理过程中实现数据共享,为技术管理人员管控提供各种建筑信息。它可以为建设单位、设计单位、施工单位和监理单位提供协同运营的基础,有效地提高工作效率,从而达到缩短工期、节约成本的目的。建筑全寿命周期信息协同工作,示意图如图 9-1 所示。

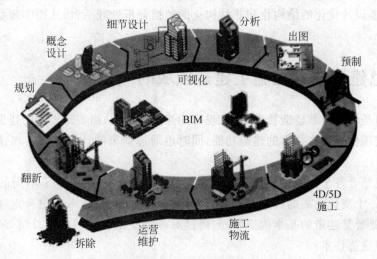

图 9-1　建筑全寿命周期信息协同示意图

2. 物联网

物联网是通过设置在各类物体上的信息传感设备、装置,例如射频识别(RFID)装置、二维码、红外感应器、全球定位系统(GPS)等,有效地将局域网络连成一个巨大的网络,其目的是让所有的构件信息通过网络连接在一起,方便智慧化损伤识别、定位、跟踪监测、智能修复和管理。

物联网技术通过安装的各种信息传感器(温度传感器、应变传感器、风速传感器等),按照约定的协议,把任何与工程建设相关的物品与互联网连接起来,进行信息交换和通信。全面感知的感应器变“监督”为主动“监控”,时刻对现场的信息进行汇总,信息通过网络技术交互、共享。

3. 云计算

云计算是一种新型的计算方法,它采用虚拟化、分布式的存储方式和并行计算以及宽带网络计算等手段,按照“即插即用”的方式,自助管理计算、存储等资源能力,形成高效、弹性的公共信息处理资源,使用者通过各种通信网络,以按需分配的服务形式,获得动态可扩展信息处理能力和应用服务。

云计算作为一种计算能力,通过互联网提供有关计算服务,在采用物联网、移动应用、大数据等技术的过程中,结合搭建的云服务平台,实现云计算的自动化、多种数据资源的协同共享,打破了传统企业服务器的方法。传统信息化是在企业服务器基础之上建立的,其共享性及流通性均有一定的限制。基于云计算基础上搭建的公有云平台,用户只需在手机上安装相应的 APP,即可实现施工现场网络部署的服务功能,有利于现场推广应用。

4．大数据

大数据是指在一定时间内无法采用常规软件对数据进行采集、管理和处理的数据类集合。该类数据具有一个最大的特点——"大"，常规的数据存储和处理系统无法对其进行分析和管理，需要设计优化的结构化和非结构化的数据分析处理平台，从而实现数据处理的优化管理。

9.2 智慧建造技术在施工建造领域的应用

智慧建造是依赖智慧建造技术，结合现有的建造方法，从而实现创新的建造技术。该技术不仅可以实现传统建造技术的建造功能，同时也通过新型的计算方法实现建造技术的智慧功能。

智慧建造结合各个行业的不同建造方向，可进行深化设计，产生了不同的智慧建造技术，该技术是一个变化发展的过程。同时智慧建造与不同建造技术的结合点就是大数据的信息来源，也是智慧建造的基本构造单元，通过对各行业结合点的归纳总结，最终形成了各个领域的智慧建造技术。

1．钢结构的深化设计

钢结构深化设计以设计院的施工图、计算书及其他相关资料为依据，依托专业化的信息平台，结合仿真分析，进行施工过程的安全计算，结合节点坐标定位调整数值，进而生成结构的安装布置图、零件图、报价单等数据信息。该技术同样依据 BIM 技术解决了传统施工数据信息传递过程的不流通问题，把人员信息、机械信息、物料信息、运输信息等多数据集合于一体，实现了信息的交互应用，有利于对信息数据做出正确的判断和分析。

2．大型钢结构的虚拟预拼装

在大型钢结构安装中，由于节点复杂、高空作业、多部件配合安装、温度影响、残余应力过大以及吊装设备的影响，要求闭合的钢结构构件一次性精准安装，存在很多困难。采用智慧建造技术，针对大型钢构件的实际信息进行三维激光扫描，得到现场钢构件的具体数据信息；然后采用大型有限元软件，分析钢构件在不同温度下施工的具体残余应力大小、温度变形等，结合分析的数据结果，利用 BIM 技术实现计算机的虚拟拼装，从而在大型钢结构虚拟拼装过程中实现安装的一次到位，且将残余应力控制在安全、最小的范围之内。

3．大体积混凝土智能浇注信息协同应用

随着高层及超高层建筑的普及，在现场施工过程中一次性浇注的混凝土量越来越大，大体积混凝土往往面临着人员信息、物料调配、调度信息、机械信息、浇注信息等大量信息的交互出现。大体积混凝土的浇注往往具有施工的不可逆性，施工质量也关系着整个建筑的安全。为了避免大体积混凝土浇注过程中的信息不及时、不对称问题，利用现代的智慧建造技术，实行在统一平台下的统一调度，实现了浇注过程中的视频信息、生产信息、浇注速度、车辆信息的统一调度和管理，大大节约了现场施工管理的水平，提高了浇注的速度和质量。

4．建筑施工智能测量技术

1）高精度三维测量控制网布设

采用 GPS 空间定位技术或北斗空间定位技术，利用测量机器人、高精度电子水准仪及条码水准尺，结合现有的测量技术规范，从而建立起多层次、高精度的三维测量控制网系统。

2）构件智能高空快速定位

采用具有自动测量功能的高空定位测量机器人对高空构件的安装过程进行快速定位，反馈定位数据信息，利用工业的三坐标测量软件计算出相应控制点的空间坐标，并对坐标及时处理，及时纠偏、校正，从而实现结构构件的快速精准安装。

3）基于物联网技术的结构性能监测及变形监测

采用物联网技术，针对建筑的重要部位、重要构件进行实时监测，实时了解结构的变形信息，并利用云计算手段对产生的大数据信息进行处理，得到有用的数据信息，通过互联网技术及时通知相关的技术负责人，及时作出应对措施。

5．智能爬模架监控技术

结合液压爬模架的结构特点、工作特性和工作环境，可将监测分为两个部分：爬模架结构自身安全和工作状态安全，主要监测内容如下。

1）爬模架架体拉结件安全监控

在架体拉结杆件两个方向上布设振弦式传感器，通过测试应变换算拉结件受力情况，与理论计算结果对比，进行架体拉结件安全监控。

2）爬模架爬升前碰撞检查

通过改造后具有报警预警功能的激光测距仪，在合适位置上检查结构体上伸出的构件与爬架的碰撞，以消除爬升过程伸出物对于架体安全的不利影响，从而改变了传统人工检查或者碰撞后处理的方法，大大提高了效率和准确性。

3）爬模架应用过程中平台堆载监控

爬模架上层平台难免会进行钢筋等材料的堆载，可能出现的集中堆载对于架体安全影响较大，可以建立架体内主梁和上面堆载的关系，通过控制主梁应力实现对于堆载的监控。

6．大型动臂塔吊信息化技术

1）塔吊预埋件信息化施工

大型动臂塔吊一般采用内附着式向上爬升，由于自重大、尺寸大，设计的预埋件也特别大。预埋件的预埋板往往与墙体钢筋碰撞严重，需要采用 BIM 技术进行碰撞检查，采用有限元软件进行受力分析。

2）塔吊台风作用下的材料损伤及结构安全监测

随着建筑物高度的增加，塔吊高度也逐渐增大，上部结构的风压同时增大。在台风作用下判断塔吊是否发生了材料损伤，需要结合风压监测、塔吊构件监测，并采用有限元方法进行分析。

9.3 基于物联网技术的智慧施工实践

9.3.1 工程桩施工过程中信息化技术的应用

软土地区工程地质条件和水文地质条件复杂,其工程桩施工难度极大,施工过程中不可避免地会出现各种影响施工质量、进度及施工现场人员安全的不确定因素,例如:工程成孔过程中,由于天气原因,如大量降雨会导致基坑积水严重,对成孔信息处理不当,极容易造成工人安全事故。因此,对桩施工全过程进行实时监控,并时刻掌握各桩桩位及施工情况的信息至关重要。

通过工程桩信息化管理平台,对工程桩的施工进度进行实时监控,实时(掌握桩的定位)成孔、吊装、浇注混凝土等成桩进度,也可以通过手机 APP 上传施工进度资料,了解各个桩的施工状态,以及施工过程产生的质量问题,大大提高了管理人员对现场施工的管控力度,极大地降低了传统施工过程中桩基的管理成本问题。信息化管理流程如图 9-2 所示。

通过现场施工工长上传桩的进度资料,监控桩的成型过程,时刻了解各作业位置桩的成孔、钢筋笼吊装、浇注混凝土等成桩的进度,实现对工程桩的实时监控,并实施具体到人的责任管理制度,保证工程桩施工的质量管控。桩孔位置信息和责任制信息、成桩过程信息如图 9-3～图 9-5 所示。

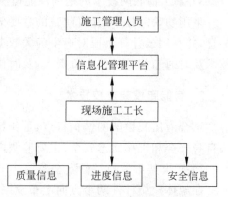

图 9-2 信息化管理流程

图 9-3 桩孔位置信息化管理

图 9-4 责任制信息化管理

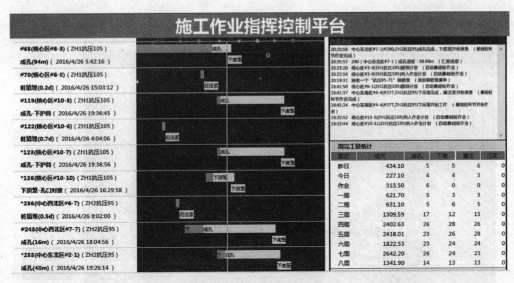

图 9-5 成桩过程信息化管理

通过现场施工工长实时统计汇报,可对施工物资进行实时管理,保证物资供应充足、存储安全合理,有效避免物资供应不足导致的进度延后,如图 9-6 所示。

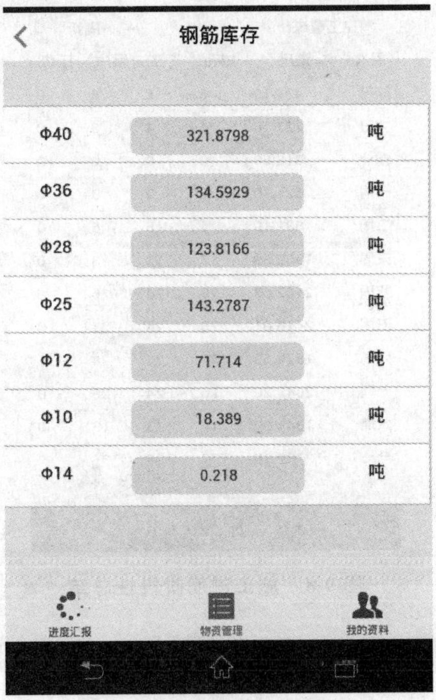

图 9-6 物资信息化管理

通过信息化管理平台可对桩施工过程进行实时进度监控,如图 9-7 所示。现场施工工长实时汇报各桩位施工进度,并对各施工段进行阶段性总结(见图 9-8),有效保证了桩的施工进度及质量。

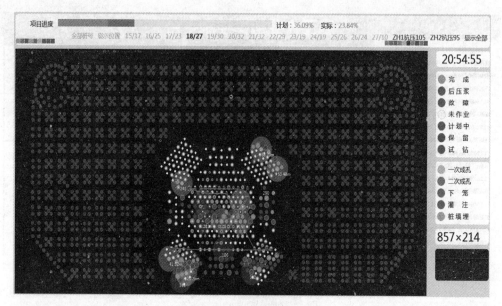

图 9-7　施工进度信息化管理

周完工量统计				刷新	
周次	进尺	成孔	下笼	灌注	压浆
昨日	434.10	5	5	6	0
今日	227.10	4	4	3	0
作业	313.50	6	0	0	0
一周	621.70	5	3	3	0
二周	631.10	5	6	5	0
三周	1309.59	17	12	13	0
四周	2402.63	26	28	26	0
五周	2418.01	23	26	28	0
六周	1822.53	23	24	24	0
七周	2642.20	26	24	23	0
八周	1341.90	14	13	13	0
合计	13189.66	139	136	135	0

图 9-8　施工进度阶段性总结

9.3.2　大体积混凝土施工过程中的信息化技术

1. BIM 信息化控制平台

通过 BIM 可以实时监控现场大体积混凝土的施工过程,把车的进场情况、车辆运输情况、现场各浇注点已浇注混凝土的时间情况等信息进行汇总。由总控平台进行整体调度,控制浇注方位及浇注速度,保证混凝土的浇注质量,可以有效抑制大体积混凝土温度裂缝的产生。其信息流程如图 9-9 所示。

传统的施工部署虽然在现场进行严密安排，并且项目部对进度计划进行了详细的讨论和分析，但在具体施工过程中难免存在问题，如碰撞问题、浇注速度问题、搅拌站产能问题等，一旦遇到问题会使进度计划不能得到准确执行，施工过程往往边解决问题边施工。采用信息化管理平台，可以通过对现场的各项信息进行汇总，实时掌握大体积混凝土的路况信息、车辆信息、浇注信息、人员信息、实时信息、视频监控信息、产能信息等一系列复杂技术信息，实现信息的实时更新，确定运输车辆的位置信息及停留时间，确保混凝土连续浇注。大体积混凝土后期浇注速度减慢，搅拌站产能依旧比较大，会带来现场车辆严重积压问题。信息化平台可以根据浇注进度以及运输车辆信

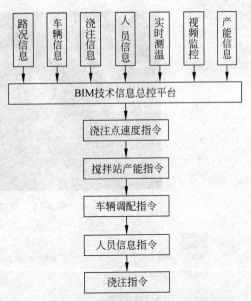

图 9-9　大体积混凝土浇注信息化流程

息实时确定搅拌站的供应速度，确保现场混凝土供应及时和减少运输车积压。

采用 BIM 技术后，可通过虚拟模型不断地模拟调整，将问题在施工前解决，得到最优模型，指导施工，如图 9-10 所示。依据计划模拟大体积混凝土浇注的过程，直观立体展示进度关键点，将进度控制精确到小时，针对现场可能出现的问题及时对模型施工工序进行调整，按照修改后的模型施工，保证按进度目标顺利完成。

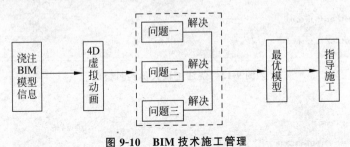

图 9-10　BIM 技术施工管理

项目部指派专人每隔 4～6 h 对筏板混凝土浇注流淌面进行实测实量，并将测量数据反馈至 BIM 技术组，利用三维绘图软件绘制"现场筏板混凝土三维流淌图"，采用 Revit 软件建立筏板混凝土结构三维模型，再结合 Navisworks 软件通过收集现场实时浇注完成情况及原制定进度计划，来实现本次筏板混凝土浇注实时四维动态模拟，见图 9-11。

2. 浇注过程中的各种信息采集

建立基于 BIM 的大体积浇注指挥中心，以 BIM 实时四维动态模型为基础，利用施工过程中各种监控措施反馈的实时信息，进行全面合理的动态管理，包括浇注过程中的人员管理、车辆管理、搅拌站混凝土供应管理、情况管理等，如图 9-12～图 9-15 所示，以达到统一指挥、统一协调、统一管理的目的。

图 9-11　浇注阶段 1 过程模拟

新建

序号	时间	信阳二建劳务人员	安徽友谊劳务人员	管理人员	操作
1	2017-07-13 23:00:00	73	62	67	删除
2	2017-07-13 22:00:00	72	60	72	删除
3	2017-07-13 20:00:00	110	104	78	删除
4	2017-07-13 18:00:00	131	126	107	删除
5	2017-07-13 17:00:00	127	126	103	删除
6	2017-07-13 16:00:00	134	136	106	删除
7	2017-07-13 15:00:00	99	97	94	删除
8	2017-07-13 14:00:00	96	89	87	删除
9	2017-07-13 13:00:00	129	133	104	删除
10	2017-07-13 12:00:00	85	76	83	删除

图 9-12　浇注过程人员实时管理

新建

序号	时间	现场车辆	候车区车辆	操作
1	2017-07-13 23:18:27	4	3	删除
2	2017-07-13 22:13:51	4	4	删除
3	2017-07-13 20:01:02	4	6	删除
4	2017-07-13 17:15:37	2	0	删除
5	2017-07-13 15:53:29	6	4	删除
6	2017-07-13 15:10:48	7	4	删除
7	2017-07-13 14:07:42	11	14	删除
8	2017-07-13 13:06:24	5	12	删除
9	2017-07-13 12:20:44	7	32	删除
10	2017-07-13 11:03:31	11	26	删除

图 9-13　浇注过程车辆实时管理

序号	泵站名称	计划供应量	实际供应量	时间	操作
					新建
1	明磊	100	61	2017-07-13 11:00:00	修改
2	明磊	100	176	2017-07-13 10:00:00	修改
3	智海	100	73.5	2017-07-13 10:00:00	修改
4	佳益	100	64	2017-07-13 10:00:00	修改
5	佳益	150	78	2017-07-13 09:00:00	修改
6	智海	150	60	2017-07-13 09:00:00	修改
7	明磊	100	83	2017-07-13 09:00:00	修改
8	恒宝	150	139	2017-07-13 08:00:00	修改
9	佳益	100	140	2017-07-13 08:00:00	修改
10	智海	150	164	2017-07-13 08:00:00	修改

图 9-14　浇注过程搅拌站混凝土供应管理

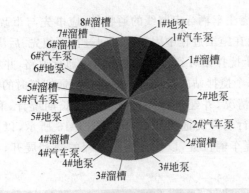

图 9-15　浇注过程情况管理

该系统可对预埋应变计位置混凝土的实时温度及应变同时进行测定,并通过手机基站实时反馈至数据收集平台。该平台可设置采集频率,形成温度及应变的日曲线、周曲线及月度曲线,可随时调取,方便快捷。

该系统同时可对温度值进行预警,当混凝土里表温差超过预定值时,平台系统即进行报警,大体积混凝土相关人员在收到报警信息后采取有效的温控措施,从而避免了混凝土温度裂缝的产生。

3. BIM 的技术信息协同管理平台

项目部通过指挥中心技术组上报各时段混凝土浇注流淌三维图及 BIM 四维动态模拟分析结果,实时掌握施工现场混凝土浇注情况及完成进度,以此全面协调指挥各区域混凝土浇注,使混凝土的浇注、振捣、收面、养护形成流水作业,各工种有序穿插进行,有效地降低了混凝土有害裂缝的产生。当发现混凝土浇注面推进不一致、发生较大偏差时及时将相关情况上报至指挥中心,由总指挥组织召开专题会议,对相关情况进行分析,对浇注面内凹的区域及时加快浇注进度,对浇注面外凸的区域控制浇注速度,并对产生以上情况区域的商品混凝土进行坍落度核查及振捣核查,以使整个浇注面统一推进。

4．浇注速度指令信息

根据采集信息,进行综合分析后,利用对讲机通知浇注点加快或降低浇注速度。为了避免混凝土浇注过慢带来的硬茬问题,或者浇注过快带来的无法充分散热问题,需坚持以下两个原则。

(1) 混凝土浇注采用斜面分层浇注的方式。混凝土浇注时在下部温度钢筋布置一个导流槽,以降低混凝土垂直下落高度,防止混凝土出现离析问题。

(2) 浇注时要在下一层混凝土初凝之前振捣上一层混凝土并插入下层混凝土 5 cm,以避免上下层混凝土之间产生冷缝,同时采取二次振捣法保持良好的接槎,提高混凝土的密实度。对于预埋件和钢筋太密的位置要注意振动棒的位置,不能漏振,并做好预埋件管的保护。

5．车辆调配指令

1）场外交通组织设计

为保障场外混凝土浇注车辆行走路线的通畅性,应事先与市政、交管部门协调,制定场外临时疏导方案,以避免在施工过程中因间隔时间过长而使先、后浇注的混凝土之间形成冷缝;规划统计出各混凝土搅拌站可到达现场的所有可通行道路,并对平时的交通状况、距离等进行综合分析,给出每个搅拌站的最优行驶线路及交通拥挤时的备用线路。

根据工程周边道路情况,并经过对周边车流量的长期统计,利用 BIM 软件对浇注过程中的车辆行走路线进行场外交通组织设计,如图 9-16 所示,以此为基础得出场外交通组织设计规划,精确计算车辆位置,以保证浇注过程的顺利展开,避免浇注过程中的交通堵塞。

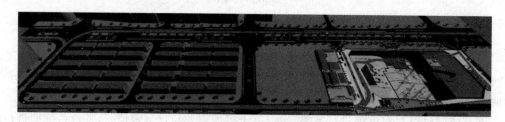

图 9-16　场外交通组织模拟

2）场内交通组织设计

根据项目基坑周边状况,利用 BIM 软件对场内交通线路进行交通组织设计。为保障场内浇注路线的通畅性,根据不同浇注点划分各混凝土运输车供应位置,分别顺向规划其行驶方向;现场设专人进行行驶线路疏导,避免现场混乱,避免发生因混凝土运输车拥挤而导致混凝土供应中断;在现场设立显眼交通标识牌,保证各混凝土运输车可准确快速地找到对应的浇注点;根据不同浇注点设置混凝土运输车浇注等待区域,以供进入现场混凝土运输车依次排队,做好浇注准备,保证混凝土进行高强度不间断浇注。场区内交通组织如图 9-17 所示,应保证蓄车量大于车载泵、溜槽、地泵所需运输车。

图 9-17 场内交通组织模拟

6. 人员信息及浇注指令

根据一系列信息了解各浇注点管理人员情况,采用对讲机指挥现场管理人员,调配管理人员,指挥交通以及组织现场混凝土浇注。

思考题

1. 什么是智慧建造?它具有哪些特征?
2. 智慧建造的发展经历了哪些阶段?
3. 智慧建造的关键技术有哪些?结合你的理解,进行详细阐述。
4. 在施工组织设计中,哪些方面可以涉及智慧建造技术?试列举两个例子。
5. 试简述你对智慧建造技术的理解。

第2篇　土木工程施工组织

第10章

施工组织概论

←·······┐
                                          ┆
┄┄┘

【本章要点】

掌握：施工准备工作的主要内容；施工组织设计应包括的内容。

熟悉：建设工程产品及其生产特点；工程项目施工程序；施工准备工作的分类；施工组织设计的类型与施工组织设计的贯彻、检查和调整；工程资料的含义。

了解：工程项目施工的组织原则；编制施工组织设计的重要性；施工组织设计的作用；施工组织设计的编制原则和依据；工程资料的编制与组卷存档。

10.1 概述

现代建设工程施工的特点表现为综合性与复杂性，要使施工全过程有条不紊地顺利进行，以期达到预定的目标，就必须用科学的方法加强施工管理，精心地组织施工。

施工组织的任务，就是根据建设工程产品及其生产的特点，以及国家有关基本建设的方针和政策，按照客观的技术、经济规律，对整个施工过程做出全面、科学、合理的安排，使工程施工取得相对最优的效果。施工组织对统筹建设工程全过程的施工、优化施工管理以及推动企业的技术进步均起到了核心的作用。

10.1.1 建设工程产品及其生产特点

建设工程产品包括各种不同类型的工业、民用、交通、市政、公共建筑物或构筑物等。由于建设工程产品的使用功能、平面与空间组合、结构与构造形式等的特殊性，以及所用材料物理力学性能的特殊性，决定了其产品的特殊性；这种产品的特殊性也决定了产品的生产具有与一般工业产品生产不同的特点。一般来讲，建设工程产品及其生产具有以下几方面的特点。

(1) 建设工程产品在空间上的固定性决定了其生产的流动性。

任何建设工程产品都是在选定的地点上建造并使用的，即从建造开始直至拆除一般均不能移动。所以，建设工程产品在空间上是固定的。

建设工程产品的这一特点决定了其生产的流动性。生产者和生产设备不仅要随着建筑物（或构筑物）建造地点的变更而流动，而且还要随着建筑物施工部位的改变而在不同的空间流动。因此，组织施工时必须对施工活动的各种要素（人、材料、机械等）做出合理的安排，以适应流动性的需要。

(2) 建设工程产品的多样性决定了其生产的单件性与明显的地区性。

建设工程产品不仅要满足各种使用功能的要求，而且还要体现出地区的生活习惯、民族风格、物质文明和精神文明,同时也受到地区的自然条件诸因素的影响,这使得建设工程产品在规模、形式、结构、基础和装饰等方面变化纷繁,因此建设工程产品的类型是多样的。每个工程的施工都各具特点,每个工程的施工组织都必须单独进行设计。

建设工程产品的这一特点决定了其生产的单件性与明显的地区性。由于每个工程的造型、结构、构造、材料等不一样,使工程所需的材料及采取的施工方法、机械设备、施工组织也必然彼此各异,即其生产过程是单件的。此外,同一使用功能的建设工程产品因其建造地点的不同必然受到建设地区的自然、技术、经济和社会条件的约束,不但使其结构、构造、艺术形式等不同,而且在材料的选择、施工方案的确定等方面也因地区而异,因此建设工程产品的生产又具有明显的地区性。

(3)建设工程产品的体形庞大决定了其生产周期长、露天作业和高空作业多。

建设工程产品为了满足其使用功能的需要,并结合建筑材料的物理力学性能,一般需占据较大的平面与空间,因而建设工程产品的体形一般都相当庞大,其施工的工期比较长、露天作业和高空作业多。

(4)建设工程产品的复杂性决定了其生产的复杂性。

建设工程产品的生产涉及面很广。它涉及各专业施工企业的协作,以及与城市规划、土地管理、勘察设计、科研试验、交通运输、消防、公用事业、环境保护、质量监督、银行财政、劳务管理、材料供应以及电、水、热、气的供应等社会各部门和各领域的协作配合,从而使建设工程产品生产的组织协作关系错综复杂。

10.1.2 工程项目施工程序

世界各国的工程项目建设程序大体相同,一般来讲都分为三个大的阶段,即决策阶段、实施阶段和使用阶段,如图10-1所示。

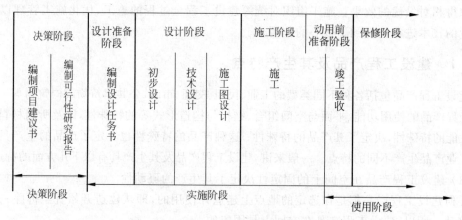

图10-1 建设程序图

工程项目的施工程序是整个建设程序中的一部分。施工程序也具有明显的阶段性,一般来说,前一阶段的活动为后一阶段的工作提供必要的前提和基础。根据施工组织与管理的需要,按照工作内容和重点的不同,施工程序一般可分为如下几个阶段:承接任务阶段、施工准备阶段、工程施工实施阶段和竣工验收阶段。

1. 承接任务阶段

在承接任务阶段,施工单位的主要工作内容包括投标、中标后签订施工合同。

2. 施工准备阶段

签订施工合同后,施工单位应全面开展施工准备工作,这一阶段的重点工作是施工组织设计。

3. 工程施工实施阶段

工程施工实施阶段是施工管理的重点,应按照施工组织设计精心安排施工。

4. 竣工验收阶段

竣工验收是施工程序的最后阶段。在竣工验收前,施工单位应先自行进行预验收,检查评定各分部、分项工程的质量,整理各项竣工验收的技术经济资料。在此基础上,由建设单位组织竣工验收,验收合格后,施工单位与建设单位办理竣工验收证书,并将工程交付使用。

10.1.3　工程项目施工组织原则

施工组织设计是施工企业和施工项目部进行施工管理活动的重要技术经济文件,也是完成国家和地区基本建设计划的重要手段。为了更好地落实和控制施工组织设计的实施,在组织工程项目施工过程中应遵守以下几项原则。

(1) 贯彻执行《中华人民共和国建筑法》(2019 年),遵守建设程序。

《中华人民共和国建筑法》(2019 年)是规范建筑活动的大法,它对我国多年来在改革与管理实践中一些行之有效的重要制度给予了法律规定。

建设程序是指建设项目从决策、设计、施工到竣工验收整个建设过程中的各个阶段的先后顺序。实践证明,凡是遵守建设程序,基本建设就能顺利进行,就能充分发挥投资的经济效益;反之,违背了建设程序就会造成施工混乱,影响质量、进度和成本,甚至给工程建设带来严重的危害。

(2) 保证重点,统筹安排。

通常情况下,应根据拟建工程项目是否为重点工程,或是否为有工期要求的工程,或是否为续建工程等,进行统筹安排。

还应重视工程项目的收尾工作,工程的收尾工作对早日实现工程项目的交付使用和提高其投资经济效益非常重要。

(3) 遵循施工工艺及其技术规律,合理安排施工程序和施工顺序,优化施工。

建设工程产品及其生产有其本身的客观规律。这里既有施工程序和施工顺序方面的规律,也有施工工艺及其技术方面的规律,遵循这些规律去组织施工,就能保证各项施工活动的紧密衔接和相互促进,充分利用资源,保证工程质量,加快施工速度,缩短工期。

(4) 确保工程质量和安全施工。

保证工程质量是基本建设的百年大计,工程质量直接影响着建设工程产品的寿命和使用效果,安全生产则是顺利开展工程建设的保障,必须牢固树立安全第一的思想。提高经济效益、优化施工过程等都必须建立在保证质量、安全生产的基础之上,此二者不可分割。

(5)采用流水施工方法和网络计划技术,组织有节奏、均衡、连续的施工。

流水施工方法具有生产专业化强,劳动效率高,工人操作熟练,工程质量好,生产节奏性强,资源利用均衡,作业连续进行、工期短、成本低等优点。因此,采用流水施工方法组织施工,不仅能使工程的施工有节奏、均衡、连续地进行,而且会带来很大的技术经济效益。

网络计划技术是当代计划管理的先进方法,有利于工程计划的优化、控制和调整,有利于电子计算机在计划管理中的应用。

(6)加强季节性施工措施,保证全年连续施工。

由于建设工程产品的生产具有露天作业的特点,因此施工必然要受气候和季节的影响,冬季的严寒、夏季的多雨等,都不利于工程施工的正常进行。为此,在组织施工时,应充分了解当地的气象条件和水文地质条件,采取合理的季节性施工技术组织措施;并妥善安排施工计划,尽可能减少季节性施工措施的费用。

(7)发展产品工业化生产,提高建筑工业化程度。

建设工程技术进步的重要标志之一是建设工业化,而建设工业化主要体现在大力发展工厂预制品和现场预制品的生产,努力提高施工机械化程度。发展预制品的生产,可减少现场的作业量,加快施工进度,提高施工质量。

(8)采用国内外先进的施工技术和科学管理方法。

采用先进的施工技术和科学管理方法,是促进技术进步、提高企业素质、保证工程质量、加速工程进度、降低工程成本的有力措施。为此,在拟订施工方案时,应尽可能采用新材料、新工艺、新技术和现代化管理方法。

(9)合理地储备物资,减少物资运输量。

建设工程产品生产所需要的材料、构(配)件、制品等种类繁多,数量庞大,各种物资的储存数量、方式都必须进行科学合理的安排。应尽可能地减少物资储备的数量,这样可以大量减少仓库、堆场的占地面积,减少暂设工程的数量,这不但有益于降低工程成本,提高经济效益,也为合理布置施工现场提供了有利条件。

(10)合理地布置施工现场,尽可能减少暂设工程。

精心地进行施工现场总平面图的规划,合理地布置施工现场,是节约施工用地、实现文明施工、确保安全生产的重要环节。应尽量利用在建工程、原有建筑物、原有设施、地方资源为施工服务,减少暂设工程费用,这也是降低工程成本的途径之一。

上述的十大原则既是建设工程产品生产的客观需要,又是加快施工速度、缩短工期、保证工程质量、降低工程成本、提高施工企业和工程项目经济效益的需要,所以应在组织工程项目的施工过程中认真贯彻执行。

10.2 施工准备工作

施工准备工作是指在施工前,为保证施工正常进行而事先必须做好的各项工作,其根本任务是为正式施工创造必要的技术、物质、人力、组织等条件,以使施工得以安全、顺利地进行。

施工准备工作不仅在准备阶段进行,而且贯穿于整个施工过程。随着工程的进展,各单位工程和分部、分项工程施工之前,都要做好施工准备工作。因此,施工准备工作是有计划、有步骤、分阶段进行的,贯穿于整个工程项目建设的全过程。

10.2.1　施工准备工作的分类

1. 按照施工准备工作的范围分类

按照施工准备工作的范围不同,施工准备工作可分为全场性施工准备、单项(位)工程施工条件准备和分部(项)工程作业条件准备三种。

(1) 全场性施工准备是以一个建设项目为对象而进行的各项施工准备,其目的和内容都是为全场性施工服务的,它不仅要为全场性的施工活动创造有利条件,而且要兼顾单项工程施工条件的准备。

(2) 单项(位)工程施工条件准备是以一个建筑物或构筑物为对象而进行的施工准备,其目的和内容都是为该单项(位)工程服务的,它既要为单项(位)工程做好开工前的一切准备,又要为其分部(项)工程的施工进行作业条件的准备。

(3) 分部(项)工程作业条件准备是以一个分部(项)工程或季节性施工项目为对象而进行的作业条件准备。

2. 按照工程所处的施工阶段分类

按照工程所处的施工阶段不同,施工准备工作可分为开工前的施工准备工作和开工后的施工准备工作两种。

(1) 开工前的施工准备工作是在拟建工程正式开工前进行的一切施工准备,其目的是为工程正式开工创造必要的施工条件。它既包括全场性的施工准备,又包括单项工程施工条件的准备。

(2) 开工后的施工准备工作是在拟建工程开工后、每个施工阶段正式开始之前所进行的施工准备。如地下工程、主体结构工程和装饰工程等施工阶段的施工内容不同,其所需的物资技术条件、施工组织方法和现场布置等也就不同,因此,必须做好相应的施工准备。

10.2.2　施工准备工作的内容

每项工程施工准备工作的内容,视该工程的规模、地点和具体条件的不同而不同。一般地,工程项目的施工准备工作包括技术准备、物资准备、劳动组织准备、施工现场准备和施工场外协调准备五个方面的内容。

1. 技术准备

(1) 了解扩大初步设计方案;

(2) 熟悉和审查施工图纸;

(3) 调查分析原始资料;

(4) 编制施工图预算和施工预算;

(5) 编制施工组织设计。

2．物资准备

(1) 工程材料准备；

(2) 构(配)件和制品加工准备；

(3) 施工机具准备；

(4) 生产工艺设备准备。

3．劳动组织准备

(1) 建立工程项目组织机构；

(2) 确立精干的施工队、组；

(3) 组织劳动力进场；

(4) 做好交底工作。

4．施工现场准备

(1) 做好施工场地的控制网测量；

(2) 保证"四通一平"；

(3) 建造施工临时设施；

(4) 组织施工机具进场；

(5) 组织材料进场；

(6) 进行有关试验、试制；

(7) 做好季节性施工准备。

5．施工场外协调准备

(1) 材料加工和订货；

(2) 施工机具租赁或订购；

(3) 做好分包安排。

为落实以上各项施工准备工作，必须编制相应的施工准备工作计划，建立、健全施工准备工作责任和检查等制度，使其有领导、有组织和有计划地进行。

10.3 施工组织设计

施工组织设计是根据施工的预期目标和施工条件，选择最合理的施工方案，并以此为核心编制的指导拟建工程施工全过程中各项活动的技术、经济和组织的综合性文件。它的任务是对拟建工程在人力和物力、时间和空间、技术和组织上做出全面而合理的安排，进行科学的管理，以达到提高工程质量、加快工程进度、降低工程成本、预防安全事故的目的。

10.3.1 施工组织设计的分类和作用

1．施工组织设计的分类

根据施工组织设计的编制对象不同，可分为施工组织设计大纲、施工组织总设计、单项

（位）工程施工组织设计和分部（项）工程施工组织设计。

（1）施工组织设计大纲是以一个投标工程项目为对象进行编制，用以指导该投标工程全过程各项活动的技术、经济、组织的综合性文件。它是确定工程项目投标报价的依据，也是投标书的组成部分，其编制目的是中标。

（2）施工组织总设计是以一个建设项目为对象进行编制，用以指导其建设全过程中各项全局性施工部署的技术、经济、组织的综合性文件。它是经过招投标确定了总承包单位之后，在总承包单位的主持下，会同各分包单位共同编制的。

（3）单项（位）工程施工组织设计是以一个单项或一个单位工程为对象进行编制，用以指导其施工全过程中各项施工活动的技术、经济、组织的综合性文件。它是在签订相应工程施工合同之后，由具体承包单位负责编制的。

（4）分部（项）工程施工组织设计是以某重要的分部工程或分项工程为对象进行编制，用以指导该分部（项）工程作业活动的技术、经济、组织的综合性文件。它是在编制单项（位）工程施工组织设计的同时，由承包单位编制的，作为该项目专业工程具体实施的依据。

2. 施工组织设计的作用

施工组织设计是对拟建工程的施工全过程实行科学管理的重要手段。具体来讲，施工组织设计的作用体现在以下三个方面。

（1）统一规划和协调复杂的施工活动。

施工生产的特点表现为综合性和复杂性，如果施工前不对各种施工条件、生产要素和施工过程进行精心安排、周密计划，那么复杂的施工活动就没有统一行动的依据，就必然会陷入毫无头绪的混乱状态。通过施工组织设计的安排，可以把工程的设计与施工、技术与经济、前方与后方、施工企业的全面生产与各具体工程的施工更紧密地结合起来，可以把直接进行施工的单位与协作单位、部门与部门、阶段与阶段、过程与过程之间的关系更好地进行协调。这样才能保证拟建工程的顺利进行。

（2）科学地管理工程施工的全过程。

工程施工的全过程是在施工组织设计的指导下进行的，即在工程的实施过程中，要根据施工组织设计来组织现场的各项施工活动，对施工的进度、质量、成本、技术、安全等各方面进行科学的管理，以保证拟建工程在各方面均达到预期的要求，按期交付使用。

（3）使施工人员心中有数，工作处于主动地位。

施工组织设计根据工程特点和施工条件科学地拟定了施工方案，确定了施工顺序、施工方法和相应的技术组织措施，排定了施工进度计划。施工人员可以根据这些施工方法，在进度计划的控制下有条不紊地组织施工；可以预见施工中可能发生的矛盾和风险，事先做好准备，采取相应的对策；可以实现施工生产的节奏性、均衡性和连续性，使各项工作均处于主动地位。因此，施工组织设计的编制在施工企业的现代化管理中占有十分重要的地位。

10.3.2 施工组织设计的编制原则和依据

1. 施工组织设计的编制原则

施工组织设计的编制应遵循工程项目施工组织的原则，具体表现在以下方面。

（1）认真贯彻国家有关工程建设的法规、规程、方针和政策。

（2）严格遵守工程建设程序，遵循合理的施工程序、施工顺序，采用合理的施工工艺。

（3）符合现代化管理原理，采用流水施工方法和网络计划技术，组织有节奏、均衡、连续的施工。

（4）优先选用先进施工技术，科学确定施工方法；认真编制各项实施计划，切实保证工程的质量、进度和成本达到预期的要求。

（5）扩大预制装配范围，提高建设工业化程度；充分利用各种施工机械和设备，提高施工机械化、自动化程度，提高生产效率。

（6）科学安排冬期和雨季施工，尽可能保证全年施工的连续性。

（7）坚持"安全第一，预防为主"原则，确保安全生产和文明施工；认真做好环境保护工作，严格控制施工中的振动、噪声、粉尘和垃圾等污染。

（8）优化现场物资储存量，合理确定物资储存方式，尽量减少库存量和物资损耗。

（9）尽可能利用永久性设施和组装式施工设施，尽量减少临时设施建造量；科学地规划施工平面，减少施工用地。

2．施工组织设计的编制依据

施工组织设计是根据不同的施工对象、现场条件、施工条件等主、客观因素，在充分调查分析的基础上编制的。不同类型的施工组织设计其编制依据有共同之处，也存在着差异，如施工组织总设计是编制单位工程施工组织设计的依据，而单位工程施工组织设计又是编制分部或分项工程施工组织设计的依据。这里仅就共同的编制依据简述如下。

（1）设计文件：包括已批准的初步设计，或扩大初步设计，或施工图设计的图纸和设计说明书等。

（2）国家和地区有关的技术规范、规程、定额标准等资料。

（3）自然条件资料：包括建设场地的地形情况、工程地质、水文地质、气象等资料。

（4）技术经济条件资料：包括建设地区的建材工业生产状况、交通运输、资源供应、供水、供电和生产、生活基地设施等资料。

（5）施工合同规定的有关指标：如质量要求、工期要求和采用新结构、新技术的要求，以及有关的技术经济指标等。

（6）施工中可能提供的劳动力、机械设备、其他资源等资料，以及施工单位的技术状况、施工经验等资料。

10.3.3　施工组织设计的内容

1．施工组织设计的基本内容

施工组织设计的编制内容，根据工程规模和特点的不同而有所差异，但不论何种施工组织设计，一般都应具备如下基本内容。

（1）工程概况。它包括建设工程的名称/性质、建设地点、建设规模、建设期限、自然条件、施工条件、资源条件、建设单位的要求等。

（2）施工方案。应根据拟建工程的特点，结合人力、材料、机械设备、资金等条件，全面安排施工程序和顺序,并从该工程可能采用的几个施工方案中选择最佳方案。

(3)施工进度计划。施工进度计划反映了最佳施工方案在时间上的安排,应采用先进的计划理论和计算方法,综合平衡进度计划,使工期、成本、资源等通过优化调整达到既定目标。在此基础上,编制相应的人力和时间安排计划、资源需要量计划、施工准备计划。

(4)施工平面图。施工平面图是施工方案和施工进度计划在空间上的全面安排,它把投入的各种材料、构件、机械、运输,以及工人的生产、生活场地及各种临时工程设施等合理地布置在施工现场,使整个现场能有组织地进行文明施工。

(5)主要技术组织措施。它是为保证工程质量、保障施工安全、降低工程成本、防止环境污染等,从组织、技术上所采取的各项切实可行的措施,以确保施工顺利进行。

(6)主要技术经济指标。主要技术经济指标包括工期指标、劳动生产率指标、质量指标、降低成本率指标、主要材料节约指标、机械化程度指标等,用以衡量组织施工的水平,它是对施工组织设计文件的技术经济效益进行的全面评价。

2.各类施工组织设计的具体内容

由于不同类型的施工组织设计的编制对象不同,其编制内容也不同。各类施工组织设计应包括的具体内容如下。

1)施工组织设计大纲

应包括:①工程项目概况;②项目施工目标;③项目管理组织机构;④项目施工部署;⑤项目施工进度计划;⑥项目施工平面图设计;⑦项目施工质量、成本、安全、环保等措施;⑧项目施工风险防范。

2)施工组织总设计

应包括:①建设项目概况;②施工管理组织机构;③施工总部署及主要项目的施工方案;④全场性施工准备工作计划;⑤施工总进度计划;⑥各类资源需要量总计划;⑦施工总平面图设计;⑧施工总质量、安全、成本、环保等措施;⑨施工风险总防范;⑩主要技术经济指标。

3)单项(位)工程施工组织设计

应包括:①工程概况及其施工特点分析;②施工方案的选择;③单位工程施工准备工作计划;④单位工程施工进度计划;⑤各类资源需要量计划;⑥单位工程施工平面图设计;⑦质量、安全、成本、环保及冬雨季施工等技术组织措施;⑧主要技术经济指标。

4)分部(项)工程施工组织设计

应包括:①分部分项工程概况及其施工特点分析;②施工方法及施工机械的选择;③分部分项工程施工准备工作计划;④分部分项工程施工进度计划;⑤劳动力、材料和机具等需要量计划;⑥质量、安全和成本等技术组织保证措施。

10.3.4　施工组织设计的贯彻、检查和调整

施工组织设计的编制,只是为拟建工程的实施提供了一个可行的方案,这个方案的效果如何,必须通过实践去检验。为此,重要的是在施工过程中要认真贯彻、执行施工组织设计,并建立和完善各项管理制度,以保证其顺利实施。在施工过程中应进行动态的管理,并考核其效果和检查其优劣,以达到预定的目标。施工组织设计的贯彻、检查和调整是一项经常性

的工作,必须随着施工的进展情况,根据反馈信息及时进行,而且要贯穿工程项目施工过程的始终。

10.4　工程项目资料内容与存档

在工程建设过程中会不断形成很多工程资料,因此,工程资料的管理贯穿于工程建设的全过程。工程资料的管理涉及上下级关系、协作关系、约束关系、供求关系等多方面,需要相关单位或部门的通力配合与协作,它具有综合性、系统化、多元化的管理特点。对工程资料的有效管理可以促进项目施工综合管理水平的提高,同时,工程资料也是工程竣工验收和工程评优的必备条件,工程资料对工程质量具有否决权。

10.4.1　工程资料的含义

工程资料是在工程建设过程中形成的各种形式的信息记录,包括基建文件、监理资料、施工资料和竣工图。

(1) 基建文件是指建设单位在工程建设过程中形成的文件,分为工程准备文件和竣工验收文件等。工程准备文件是在工程开工以前,在立项、审批、征地、勘察、设计、招投标等工程准备阶段形成的文件;竣工验收文件是在建设工程项目竣工验收活动中形成的文件。

(2) 监理资料是指监理单位在对工程的设计、施工等进行监理的过程中形成的资料,包括监理管理资料、监理工作记录、监理验收文件等。

(3) 施工资料是指施工单位在工程施工过程中形成的各种资料,包括施工管理资料、施工技术资料、施工测量资料、施工物资资料、施工记录、施工试验记录、施工质量验收记录和工程管理与验收资料等八个部分。

(4) 竣工图是在工程竣工验收后所绘制的、真实反映建设工程项目实施结果的图纸。

10.4.2　工程资料的编制与组卷存档

1. 工程资料的编制要求

(1) 工程资料应使用原件,因各种原因不能使用原件的,应在复印件上加盖原件存放单位印章,注明原件存放处,并有经办人的签字。工程资料不得使用传真件。

(2) 工程资料应保证字迹清晰,签字、盖章手续齐全,签字必须使用规定用笔。

(3) 计算机形成的工程资料应采用内容打印、手工签名的方式。

(4) 工程资料可采用纸质载体或声像载体。纸质载体或声像载体的工程资料均应在工程实施过程中形成、收集和整理。

(5) 应保证基建文件、监理资料和施工资料的齐全、完整,编绘的竣工图应线条清晰、字迹清楚、图面整洁,能满足缩微和计算机扫描的要求。

2. 工程资料的组卷存档要求

(1) 建设项目的资料应按单位工程组卷。

(2) 工程资料应按照不同的收集、整理单位及资料类别组卷,即按基建文件、监理资料、施工资料和竣工图分别进行组卷。

（3）卷内资料排列顺序应根据卷内资料的构成而定，一般顺序为封面、目录、文字资料（或图纸）、备考表和封底。组成的案卷应美观、整齐。

（4）卷内若存有多类工程资料时，同类资料按自然形成的顺序和时间排序，不同资料应按工程类别、工程性质和工程进展的先后顺序排列。

（5）案卷不宜过厚，一般不超过 40 mm，案卷内不应有重复资料。

（6）文字材料和图纸材料原则上不能混装在一个装具内，如资料材料较少，需放在一个装具内时，文字材料和图纸材料不可混合装订，应将文字材料排前，图纸材料排后。

思考题

1. 建设工程产品及其生产特点有哪些？
2. 工程项目应遵循怎样的施工程序？
3. 简述工程项目施工组织原则。
4. 施工准备工作如何分类？
5. 施工准备工作包括哪几方面的内容？
6. 什么是施工组织设计？
7. 施工组织设计按照编制对象不同可分为哪几类？
8. 施工组织设计的作用是什么？
9. 简述施工组织设计的编制原则。
10. 简述施工组织设计的编制依据。
11. 施工组织设计包括哪些基本内容？
12. 如何进行施工组织设计的贯彻、检查与调整？
13. 什么是工程资料？具体包括哪些内容？
14. 工程资料的编制要求有哪些？
15. 工程资料的组卷与存档要求有哪些？

第 11 章

流水施工原理

【本章要点】

掌握：流水施工的概念；施工过程、施工段的概念；时间参数的概念与计算；固定节拍流水、成倍节拍流水以及分别流水的特点和组织方法。

熟悉：流水施工的表达方式；流水强度、工作面和施工层的概念。

了解：流水施工的技术经济效果。

流水施工方式是有效地组织工程项目施工的科学方法之一，它可以充分地利用工作时间和操作空间，减少非生产性劳动消耗，提高劳动生产率，保证工程项目施工连续、均衡、有节奏地进行，从而对提高工程质量、降低工程造价、缩短工期有着显著的作用。

11.1 基本概念

11.1.1 流水施工

1. 组织施工的方式

考虑工程项目的施工特点、工艺流程、资源利用、平面或空间布置等要求，其施工可以采用依次、平行、流水等组织方式。

为说明三种施工方式及其特点，现设某工程项目拟建四幢结构相同的建筑物，其编号分别为Ⅰ、Ⅱ、Ⅲ、Ⅳ，各建筑物的基础工程均可分解为挖土方、做垫层、砌砖基础和回填土四个施工过程，且各施工过程的工程量分别相等，分别由相应的专业队按施工工艺要求依次完成，每个专业队在每幢建筑物的施工时间均为 5 d，各专业队的人数分别为 10、8、22、5 人。四幢建筑物基础工程施工的不同组织方式如图 11-1 所示。

1）依次施工

依次施工组织方式是将拟建工程项目中的每一个施工对象分解为若干个施工过程，按施工工艺要求依次完成每一个施工过程；当一个施工对象完成后，再按同样的顺序完成下一个施工对象，以此类推，直至完成所有施工对象。这种方式的施工进度安排、总工期及劳动力动态曲线如图 11-1"依次施工"栏所示。其特点如下：

（1）没有充分地利用工作面进行施工，工期长；

（2）若按专业成立工作队，则各专业队不能连续作业，有时间间歇，劳动力及施工机具等资源无法均衡使用；

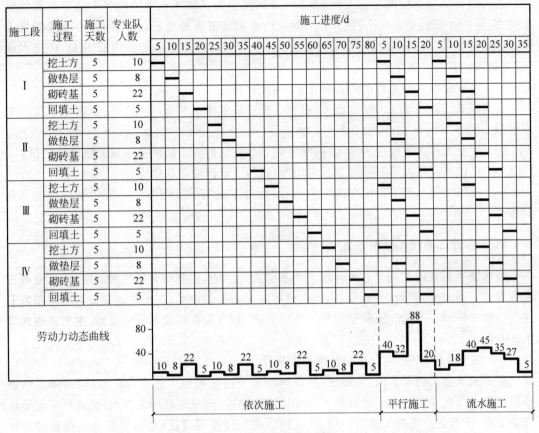

施工段	施工过程	施工天数	专业队人数	施工进度/d
I	挖土方	5	10	
	做垫层	5	8	
	砌砖基	5	22	
	回填土	5	5	
II	挖土方	5	10	
	做垫层	5	8	
	砌砖基	5	22	
	回填土	5	5	
III	挖土方	5	10	
	做垫层	5	8	
	砌砖基	5	22	
	回填土	5	5	
IV	挖土方	5	10	
	做垫层	5	8	
	砌砖基	5	22	
	回填土	5	5	

图 11-1　施工方式比较图

（3）若由一个工作队完成全部施工任务，则不能实现专业化施工，不利于提高劳动生产率和工程质量；

（4）单位时间内投入的资源量较少，有利于资源的组织供应；

（5）施工现场的组织、管理比较简单。

2）平行施工

平行施工组织方式是将全部工程项目组织几个劳动组织相同的工作队，在同一时间、不同的空间，按施工工艺要求平行完成各施工对象。这种方式的施工进度安排、总工期及劳动力动态曲线如图 11-1 "平行施工"栏所示。其特点如下：

（1）充分地利用工作面进行施工，争取了时间，工期短；

（2）若每一个施工对象均按专业成立工作队，则各专业队不能连续作业，劳动力及施工机具等资源无法均衡使用；

（3）若由一个工作队完成一个施工对象的全部施工任务，则不能实现专业化施工，不利于提高劳动生产率和工程质量；

（4）单位时间内投入的资源量成倍地增加，不利于资源的组织供应；

（5）施工现场的组织、管理比较复杂，现场临时设施、管理费用相应增加。

3）流水施工

流水施工组织方式是将拟建工程项目中的每一个施工对象分解为若干个施工过程，并按照施工过程成立相应的专业工作队,各专业队按照施工顺序依次完成各个施工对象的施工过程,同时保证施工在时间和空间上连续、均衡和有节奏地进行,使相邻两专业队能最大限度地搭接作业。这种方式的施工进度安排、总工期及劳动力动态曲线如图11-1"流水施工"栏所示。其特点如下:

(1) 尽可能地利用工作面进行施工,工期比较短;

(2) 各工作队实现了专业化施工,有利于提高技术水平和劳动生产率,也有利于提高工程质量;

(3) 专业工作队能够连续施工,同时使相邻专业队的开工时间能够最大限度地搭接;

(4) 单位时间内投入的资源量较为均衡,有利于资源的组织供应;

(5) 现场比较易于进行施工组织和管理,为施工现场的文明施工和科学管理创造了有利条件。

2. 流水施工的技术经济效果

流水施工是在依次施工和平行施工的基础上产生的,它既克服了二者的缺点,又兼有二者的优点。通过上述对比分析可以看出,流水施工在工艺过程划分、时间安排和空间布置上进行统筹安排,是一种先进、科学的施工组织方式,具有显著的技术经济效果,主要表现在以下几方面。

(1) 施工工期较短,可以尽早发挥投资效益。

由于流水施工的节奏性、连续性,可以加快各专业队的施工进度,减少时间间隔。特别是相邻专业队在开工时间上可以最大限度地进行搭接,充分地利用工作面,做到尽可能早地开始工作,从而达到缩短工期的目的,使工程尽快交付使用或投产,尽早获得经济效益和社会效益。

(2) 实现专业化生产,可以提高施工技术水平和劳动生产率。

由于流水施工方式建立了合理的劳动组织,使各工作队实现了专业化生产,工人连续作业,操作熟练,便于不断改进操作方法和合理使用施工机具,因此可以不断地提高施工技术水平和劳动生产率。

(3) 连续施工,可以充分发挥施工机械和劳动力的生产效率。

由于流水施工组织合理,工人连续作业,没有窝工现象,机械闲置时间少,增加了有效劳动时间,从而使施工机械和劳动力的生产效率得以充分发挥。

(4) 提高工程质量,可以增加建设工程的使用寿命和节约使用过程中的维修费用。

由于流水施工实现了专业化生产,工人技术水平高,而且各专业队之间紧密地搭接作业,互相监督,可以使工程质量得到提高,因而可以延长建设工程的使用寿命,同时可以减少建设工程使用过程中的维修费用。

(5) 降低工程成本,可以提高承包单位的经济效益。

流水施工资源消耗均衡,便于组织资源供应,使得资源储存合理,利用充分,可以减少各种不必要的损失,节约材料费;流水施工生产效率高,可以节约人工费和机械使用费;流水施工降低了施工高峰人数,使材料、设备得到合理供应,可以减少临时设施工程费;流水施工工期较短,可以减少企业管理费。工程成本的降低,可以提高承包单位的经济效益。

3．流水施工的表达方式

流水施工的表达方式除网络图外，主要有横道图和垂直图两种。

1）流水施工的横道图表示法

某基础工程流水施工的横道图表示法如图 11-2 所示。图中的横坐标表示流水施工的持续时间，纵坐标表示施工过程的名称或编号。n 条带有编号的水平线段表示 n 个施工过程或专业工作队的施工进度安排，其中编号①②……表示不同的施工段。

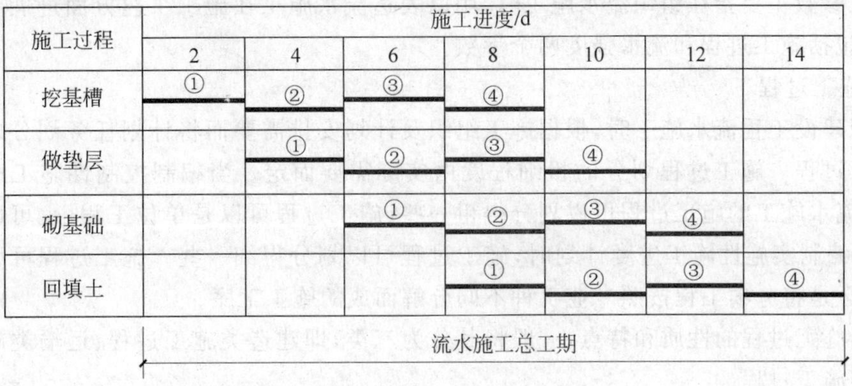

施工过程	施工进度/d						
	2	4	6	8	10	12	14
挖基槽	①	②	③	④			
做垫层		①	②	③	④		
砌基础			①	②	③	④	
回填土				①	②	③	④

流水施工总工期

图 11-2　流水施工横道图表示法

横道图表示法的优点是：绘图简单，施工过程及其先后顺序表达清楚，时间和空间状况形象直观，使用方便，因而被广泛用来表达施工进度计划。

2）流水施工的垂直图表示法

某基础工程流水施工的垂直图表示法如图 11-3 所示。图中的横坐标表示流水施工的持续时间；纵坐标表示流水施工所处的空间位置，即施工段的编号。n 条斜向线段表示 n 个施工过程或专业工作队的施工进度。

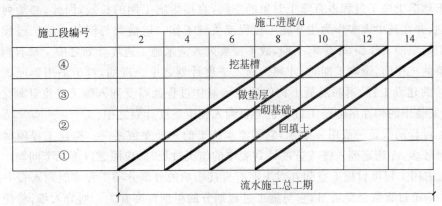

图 11-3　流水施工垂直图表示法

垂直图表示法的优点是：施工过程及其先后顺序表达清楚，时间和空间状况形象直观，斜向进度线的斜率可以直观地表示出各施工过程的进展速度。但编制实际工程进度计划不如横道图方便。

11.1.2　流水施工参数

为了说明组织流水施工时各施工过程在时间和空间上的开展情况及相互依存关系,需要引入一些用来描述工艺流程、空间布置和时间安排等状态的参数——流水施工参数,包括工艺参数、空间参数和时间参数。

1. 工艺参数

工艺参数主要指在组织流水施工时,用以表达流水施工在施工工艺方面进展状态的参数,通常包括施工过程和流水强度两个参数。

1) 施工过程

组织建设工程流水施工时,根据施工组织及计划安排需要而将计划任务划分成的子项称为施工过程。施工过程划分的粗细程度由实际需要而定。当编制控制性施工进度计划时,组织流水施工的施工过程可以划分得粗一些,施工过程可以是单位工程,也可以是分部工程;当编制实施性施工进度计划时,施工过程可以划分得细一些。施工过程可以是分项工程,甚至是将分项工程按照专业工种不同分解而成的施工工序。

根据施工过程的性质和特点,一般将其分为三类,即建造类施工过程、运输类施工过程和制备类施工过程。

(1) 建造类施工过程是指在施工对象的空间上直接进行砌筑、安装与加工,最终形成建筑产品的施工过程。它是建设工程施工中占有主导地位的施工过程,如建筑物或构筑物的地下工程、主体结构工程、装饰工程等。

(2) 运输类施工过程是指将建筑材料、各类构配件、成品、制品和设备等运到工地仓库或施工现场使用地点的施工过程。

(3) 制备类施工过程是指为了提高建筑产品生产的工厂化、机械化程度和生产能力而形成的施工过程,如砂浆、混凝土、各类制品、门窗等的制备过程和混凝土构件的预制过程。

由于建造类施工过程占有施工对象的空间,直接影响工期的长短,因此,必须列入施工进度计划,并在其中大多作为主导施工过程或关键工作。运输类与制备类施工过程一般不占用施工对象的工作面,不影响工期,故不需要列入流水施工进度计划之中。只有当其占用施工对象的工作面,影响工期时,才列入施工进度计划之中。例如,对于采用装配式钢筋混凝土结构的建设工程,钢筋混凝土构件的现场制作过程就需要列入施工进度计划之中;同样,结构安装中的构件吊运施工过程也需要列入施工进度计划之中。

施工过程的数目一般用 n 表示,它是流水施工的主要参数之一。拟建工程项目的施工过程数目较多,在确定列入施工进度计划表中的施工过程时,应注意以下几个问题。

(1) 占用工程项目施工空间并对工期有直接影响的分部分项工程才能列入表中。

(2) 施工过程数目要适量,它与施工过程划分的粗细程度有关。划分太细,将使流水施工组织复杂化,造成主次不分明;划分太粗,则使进度计划过于笼统,不能起到指导施工的作用。一般情况下,对于控制性进度计划,项目划分可粗一些,通常只须列出分部工程的名称;而对于实施性进度计划,项目划分得应细一些,通常要列出分项工程的名称。

(3) 要找出主导施工过程(即工程量大、对工期影响大或对流水施工起决定性作用的施工过程),以便于抓住关键环节。

（4）某些穿插性施工过程可合并到主导施工过程中，或将在同一时间内、由同一专业工作队施工的过程合并为一个施工过程，而次要的零星分项工程可合并为其他工程一项。

（5）水暖电卫工程和设备安装工程通常由专业工作队负责施工，在一般土建工程施工进度计划中，只反映这些工程与土建工程的配合即可。

2）流水强度

流水强度是指流水施工的某施工过程（或专业工作队）在单位时间内所完成的工程量，也称为流水能力或生产能力。例如，浇注混凝土施工过程的流水强度是指每工作班浇注的混凝土立方数。

流水强度可用式（11-1）计算求得：

$$V = \sum_{i=1}^{x} R_i S_i \tag{11-1}$$

式中，V——某施工过程（或施工队）的流水强度；

R_i——投入该施工过程中的第 i 种资源量（施工机械台数或工人数）；

S_i——投入该施工过程中第 i 种资源的产量定额；

x——投入该施工过程中的资源种类数。

2．空间参数

空间参数是指在组织流水施工时，用以表达流水施工在空间布置上开展状态的参数。空间参数通常包括工作面、施工段和施工层。

1）工作面

工作面是指供某专业工种的工人或某种施工机械进行施工的活动空间。工作面的大小表明能安排施工人数或机械台数的多少。每个作业的工人或每台施工机械所需工作面的大小，取决于单位时间内其完成的工程量和安全施工的要求。工作面确定的合理与否，直接影响专业工作队的生产效率。因此，必须合理确定工作面。

2）施工段

将施工对象在平面或空间上划分成若干个劳动量大致相等的施工段落，称为施工段或流水段。施工段的数目一般用 m 表示，它是流水施工的主要参数之一。

（1）划分施工段的目的

划分施工段是为了组织流水施工。由于建设工程体形庞大，可以将其划分成若干个施工段，从而为组织流水施工提供足够的空间。在组织流水施工时，专业工作队完成一个施工段上的任务后，遵循施工组织顺序又到另一个施工段上作业，产生连续流动施工的效果。一般情况下，一个施工段在同一时间内只安排一个专业工作队施工，各专业工作队遵循施工工艺顺序依次投入作业，同一时间内在不同的施工段上平行施工，使流水施工均衡地进行。组织流水施工时，可以划分足够数量的施工段，充分利用工作面，避免窝工，尽可能缩短工期。

（2）划分施工段的原则

由于施工段内的施工任务由专业工作队依次完成，因而在两个施工段之间容易形成一个施工缝。同时，施工段数量的多少将直接影响流水施工的效果。为使施工段划分更合理，一般应遵循下列原则。

① 同一专业工作队在各个施工段上的劳动量应大致相等,相差幅度不宜超过 $10\%\sim15\%$。

② 每个施工段内要有足够的工作面,以保证相应数量的工人、主导施工机械的生产效率满足合理劳动组织的要求。

③ 施工段的界限应尽可能与结构界限(如沉降缝、伸缩缝等)相吻合,或设在对建筑结构整体性影响小的部位,以保证建筑结构的整体性。

④ 施工段的数目要满足合理组织流水施工的要求。施工段数目过多会降低施工速度,延长工期;施工段过少则不利于充分利用工作面,可能造成窝工。

⑤ 对于多层建筑物、构筑物或需要分层施工的工程,应既分施工段,又分施工层,各专业工作队依次完成第一施工层中各施工段任务后,再转入第二施工层的施工段上作业,以此类推,以确保相应专业队在施工段与施工层之间组织连续、均衡、有节奏的流水施工。

(3) 施工段数 m 与施工过程数 n 的关系

下面举例说明施工段数 m 与施工过程数 n 之间的关系。

【例 11-1】 某二层现浇钢筋混凝土结构,其主体工程由支模、扎钢筋和浇混凝土三个施工过程组成,即 $n=3$;分别划分为 4、3 个和 2 个施工段,即 $m=4$、$m=3$ 和 $m=2$ 三种情况;流水节拍 t 均为 5d,试分别组织流水施工。

【解】

(1) 当 $m>n$ 时

此种情况的流水施工组织如图 11-4 所示。各专业工作队能够连续作业,但第一施工层各施工段浇完混凝土后工作面将空闲 5 d。这种空闲可加以利用,以弥补技术间歇、组织间歇和备料等必需的时间。

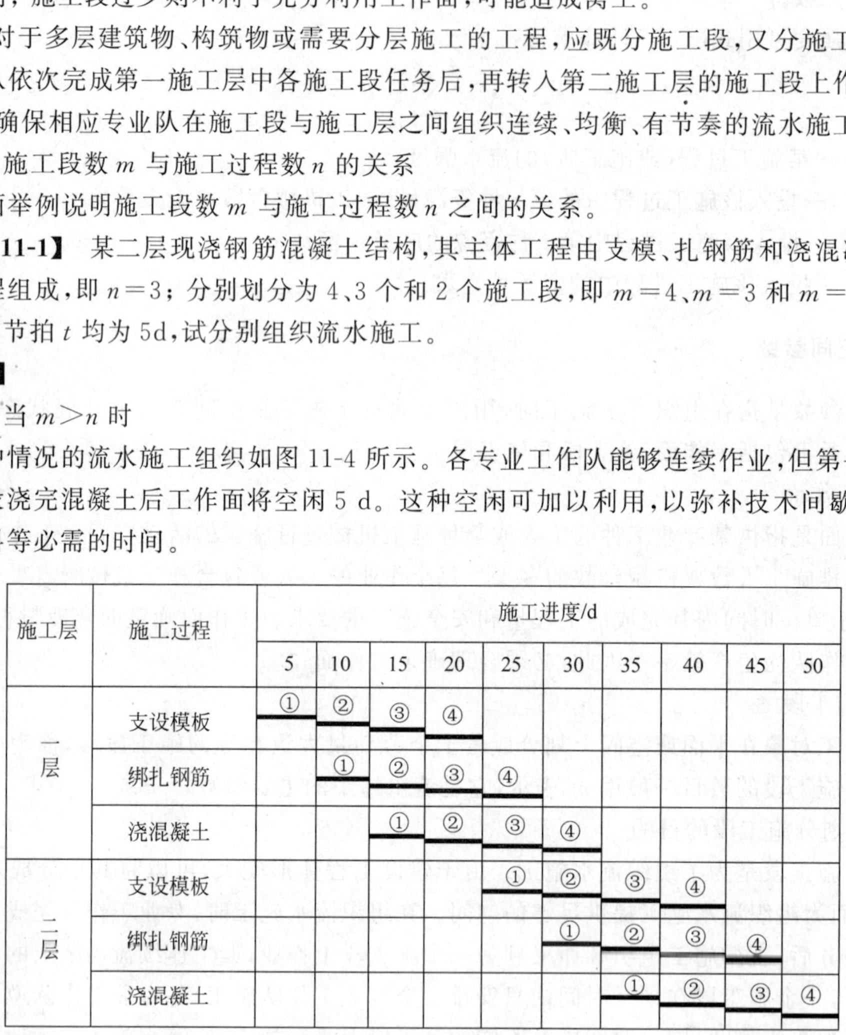

施工层	施工过程	施工进度/d									
		5	10	15	20	25	30	35	40	45	50
一层	支设模板	①	②	③	④						
	绑扎钢筋		①	②	③	④					
	浇混凝土			①	②	③	④				
二层	支设模板					①	②	③	④		
	绑扎钢筋						①	②	③	④	
	浇混凝土							①	②	③	④

图 11-4 $m>n$ 时流水作业开展状况图

(2) 当 $m<n$ 时

此种情况的流水施工组织如图 11-5 所示。施工段没有空闲,但专业工作队不能连续作业而造成窝工现象。在本例中,支模工作队完成第一层的施工任务后,要停工 5 d 才能进行第二层第一段的施工,其他工作队同样也要停工 5 d。这种情况对有数幢同类型的建筑物可组织群体工程流水,来弥补上述停工现象,但对单一建筑物的流水施工是不适宜的,应加以杜绝。

施工层	施工过程	施工进度/d						
		5	10	15	20	25	30	35
一层	支设模板	①	②					
	绑扎钢筋		①	②				
	浇混凝土			①	②			
二层	支设模板				①	②		
	绑扎钢筋					①	②	
	浇混凝土						①	②

图 11-5　$m < n$ 时流水作业开展状况图

（3）当 $m = n$ 时

此种情况的流水施工组织如图 11-6 所示。各专业工作队能连续施工,且施工段没有空闲。这是理想化的流水施工方案,此时要求项目管理者提高管理水平,不能有任何时间上的延误。

施工层	施工过程	施工进度/d							
		5	10	15	20	25	30	35	40
一层	支设模板	①	②	③					
	绑扎钢筋		①	②	③				
	浇混凝土			①	②	③			
二层	支设模板				①	②	③		
	绑扎钢筋					①	②	③	
	浇混凝土						①	②	③

图 11-6　$m = n$ 时流水作业开展状况图

综上所述可知:施工段数的多少直接影响工期的长短,要想保证专业工作队能够连续施工,必须满足 $m \geqslant n$ 的要求。

3）施工层

为满足专业工种对操作高度和施工工艺的要求,将拟建工程项目在垂直方向上划分为若干施工段落（或操作层）,称为施工层,用 r 表示。施工层的划分要根据工程结构的具体情况来确定,一般一个结构层即为一个施工层。

3. 时间参数

时间参数是指在组织流水施工时,用以表达流水施工在时间安排上所处状态的参数,主要包括流水节拍、流水步距、技术间歇时间、组织间歇时间、平行搭接时间和流水施工工期等。

1) 流水节拍

流水节拍是指在组织流水施工时,某个专业工作队在一个施工段上的施工时间。第 j 个专业工作队在第 i 个施工段的流水节拍一般用 $t_{j,i}$ 来表示($j=1,2,\cdots,n$;$i=1,2,\cdots,m$)。

流水节拍是流水施工的主要参数之一,它表明流水施工的速度和节奏性。流水节拍小,其流水速度快,节奏感强;反之则相反。流水节拍决定着单位时间的资源供应量,同时,流水节拍也是区别流水施工组织方式的特征参数。

同一施工过程的流水节拍,主要由所采用的施工方法、施工机械以及在工作面允许的前提下投入施工的工人数、机械台数和采用的工作班次等因素确定。有时,为了均衡施工和减少转移施工段时消耗的工时,可以适当调整流水节拍,其数值最好为半个班的整数倍。

流水节拍可分别按下列方法确定。

(1) 定额计算法

如果已有定额标准时,可按式(11-2)或式(11-3)确定流水节拍。

$$t_{j,i} = \frac{Q_{j,i}}{S_j R_j N_j} = \frac{P_{j,i}}{R_j N_j} \tag{11-2}$$

$$t_{j,i} = \frac{Q_{j,i} H_j}{R_j N_j} = \frac{P_{j,i}}{R_j N_j} \tag{11-3}$$

式中,$t_{j,i}$——第 j 个专业工作队在第 i 个施工段的流水节拍;

$Q_{j,i}$——第 j 个专业工作队在第 i 个施工段要完成的工程量或工作量;

S_j——第 j 个专业工作队的计划产量定额;

H_j——第 j 个专业工作队的计划时间定额;

$P_{j,i}$——第 j 个专业工作队在第 i 个施工段需要的劳动量或机械台班数量;

R_j——第 j 个专业工作队所投入的人工数或机械台数;

N_j——第 j 个专业工作队的工作班次。

如果根据工期要求采用倒排进度的方法确定流水节拍,可用上式反算出所需要的工人数或机械台班数。但在此时必须检查劳动力、材料和施工机械供应的可能性,以及工作面是否足够等。

(2) 经验估算法

对于采用新结构、新工艺、新方法和新材料等没有定额可循的工程项目,可以根据以往的施工经验估算流水节拍。

2) 流水步距

流水步距是指组织流水施工时,相邻两个施工过程(或专业工作队)相继开始施工的最小间隔时间。流水步距一般用 $K_{j,j+1}$ 来表示,其中 j($j=1,2,\cdots,n-1$)为专业工作队或施工过程的编号。它是流水施工的主要参数之一。

流水步距的数目取决于参加流水的施工过程数。如果施工过程数为 n 个,则流水步距的总数为 $n-1$ 个。

流水步距的大小取决于相邻两个施工过程(或专业工作队)在各个施工段上的流水节拍及流水施工的组织方式。确定流水步距时,一般应满足以下基本要求:

（1）各施工过程按各自流水速度施工，始终保持工艺先后顺序；

（2）各施工过程的专业工作队投入施工后尽可能保持连续作业；

（3）相邻两个施工过程（或专业工作队）在满足连续施工的条件下，能最大限度地实现合理搭接。

根据以上基本要求，在不同的流水施工组织形式中，可以采用不同的方法确定流水步距。

3）技术间歇时间

技术间歇时间是由工程材料或施工过程的工艺性质所决定的间歇时间，亦称工艺间歇时间，一般用 G 表示，如现浇混凝土构件的养护时间，抹灰层和油漆层的干燥硬化时间等。

4）组织间歇时间

组织间歇时间是由施工组织原因而造成的间歇时间，一般用 Z 表示。如回填土前地下管道的检查验收，施工机械转移和砌砖墙前墙身位置弹线所需时间，以及其他作业前准备工作的时间等。

5）平行搭接时间

相邻两个专业工作队在同一施工段上的衔接关系，通常是前者全部结束后后者才能开始。但为了缩短工期，有时处理成平行搭接关系。即当前者已完部分施工，可以满足后者的工作面要求时，后者可以提前进入同一施工段，两者在同一施工段上同时施工。其同时施工的持续时间称为相邻两个专业工作队之间的平行搭接时间，用 C 表示。

6）流水施工工期

流水施工工期是指从第一个专业工作队投入流水施工开始，到最后一个专业工作队完成流水施工为止的整个持续时间。由于一项建设工程往往包含有许多流水组，故流水施工工期一般均不是整个工程的总工期。

11.1.3　流水施工的基本组织方式

在流水施工中，由于流水节拍的规律不同，决定了流水步距、流水施工工期的计算方法等也不同，也会影响到各个施工过程的专业工作队数目。因此，有必要按照流水节拍的特征将流水施工进行分类，其分类情况如图 11-7 所示。

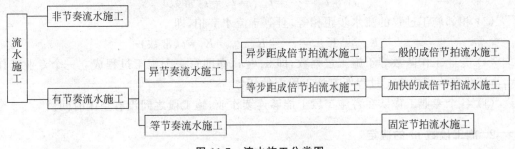

图 11-7　流水施工分类图

1. 有节奏流水施工

有节奏流水施工是指在组织流水施工时，每一个施工过程在各个施工段上的流水节拍都各自相等的流水施工，它分为等节奏流水施工和异节奏流水施工。

1) 等节奏流水施工

等节奏流水施工是指在有节奏流水施工中,各施工过程的流水节拍都相等的流水施工,也称为固定节拍流水施工或全等节拍流水施工。

2) 异节奏流水施工

异节奏流水施工是指在有节奏流水施工中,各施工过程的流水节拍各自相等而不同施工过程之间的流水节拍不尽相等的流水施工。在组织异节奏流水施工时,又可以采用等步距和异步距两种方式。

(1) 等步距成倍节拍流水施工

等步距成倍节拍流水施工是指在组织异节奏流水施工时,按每个施工过程流水节拍之间的比例关系,成立相应数量的专业工作队而进行的流水施工,也称为加快的成倍节拍流水施工。

(2) 异步距成倍节拍流水施工

异步距成倍节拍流水施工是指在组织异节奏流水施工时,每个施工过程成立一个专业工作队,由其完成各施工段任务的流水施工,也称为一般的成倍节拍流水施工。

2. 非节奏流水施工

非节奏流水施工是指在组织流水施工时,全部或部分施工过程在各个施工段上的流水节拍不相等的流水施工。这种施工是流水施工中最常见的一种。

11.2 有节奏流水施工

11.2.1 固定节拍流水施工

1. 固定节拍流水施工的特点

固定节拍流水施工是一种最理想的流水施工方式,其特点如下。

(1) 所有施工过程在各个施工段上的流水节拍均相等。如有 n 个施工过程,则

$$t_1 = t_2 = \cdots = t_{n-1} = t_n = t（常数）$$

(2) 相邻施工过程的流水步距相等,且等于流水节拍,即

$$K_{1,2} = K_{2,3} = \cdots = K_{n-1,n} = K = t（常数）$$

(3) 专业工作队数等于施工过程数,即 $n_1 = n$,亦即每一个施工过程成立一个专业工作队,由该队完成相应施工过程所有施工段上的任务。

(4) 各个专业工作队在各施工段上能够连续作业,施工段之间没有空闲时间。

2. 施工段数 m 的确定

(1) 无层间关系时,施工段数 m 按划分施工段的基本要求确定即可。

(2) 有层间关系时,为了保证各施工队组连续施工,应取 $m \geqslant n$。此时,每层施工段的空闲数为 $m - n$,一个空闲施工段的时间为 t,则每层的空闲时间为

$$(m - n)t = (m - n)K$$

若同一个施工层内各施工过程间技术、组织间歇时间之和为 $\sum G_1 + \sum Z_1$,相邻施工

层间技术、组织间歇时间为 G_2+Z_2，如果每层的 $\sum G_1+\sum Z_1$ 均相等，G_2+Z_2 也相等，则保证各施工队组能连续施工的最小施工段数 m 的确定如下：

$$(m-n)K = \sum G_1 + \sum Z_1 + G_2 + Z_2$$

$$m = n + \frac{\sum G_1 + \sum Z_1}{K} + \frac{G_2+Z_2}{K} \tag{11-4}$$

式中，$\sum G_1 + \sum Z_1$——同一施工层内各施工过程间技术、组织间歇时间之和；

G_2+Z_2——相邻施工层间技术、组织间歇时间，若 G_2+Z_2 不相等，取大者；

其余符号同前。

3. 流水施工工期计算

1）无层间关系时，一般工期计算公式为：

$$T = \sum K_{i,i+1} + T_n + \sum Z_1 - \sum C_1 \tag{11-5a}$$

或

$$T = (n-1)K + mK + \sum Z_1 - \sum C_1 \tag{11-5b}$$

或

$$T = (m+n-1)K + \sum Z_1 - \sum C_1 \tag{11-5c}$$

式中，T——流水施工的工期；

T_n——最后一个专业工作队完成全部工作的持续时间；

$\sum Z_1$——同一施工层内各施工过程间技术、组织间歇时间之和；

$\sum C_1$——同一施工层内平行搭接时间之和；

其余符号同前。

（2）有层间关系时，可按公式（11-6）进行计算：

$$T = (mr+n-1)K + \sum Z_1 - \sum C_1 \tag{11-6}$$

式中，r——施工层；

其余符号同前。

【例 11-2】 某分部工程划分为甲、乙、丙、丁四个施工过程，每个施工过程分三个施工段，各施工过程的流水节拍均为 4 天，试组织固定节拍流水施工。

【解】 根据已知条件，应组织固定节拍流水。

（1）确定流水步距

$$K = t = 4 \text{ d}$$

（2）计算工期，由式（11-5c）得

$$T = (m+n-1)K = (3+4-1) \times 4 \text{ d} = 24 \text{ d}$$

（3）用横道图绘制流水进度计划，如图 11-8 所示。

【例 11-3】 某工程由 A、B、C、D 四个施工过程组成，划分成两个施工层组织流水施工，各

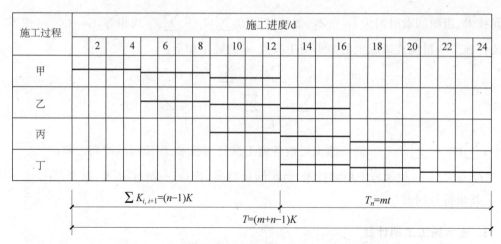

施工过程的流水节拍均为 2 d,其中,施工过程 B 与 C 之间有 2 d 的技术间歇时间,层间技术间歇为 2 d。为了保证施工队组连续作业,试确定施工段数,计算工期,并绘制流水施工进度表。

【解】 根据已知条件,应组织固定节拍流水。

(1)确定流水步距

$$K = K_{A,B} = K_{B,C} = K_{C,D} = t = 2 \text{ d}$$

(2)确定施工段数,由式(11-4)得

$$m = n + \frac{\sum Z_1}{K} + \frac{Z_2}{K} = 4 + \frac{2}{2} + \frac{2}{2} = 6 \text{ 段}$$

(3)计算流水工期,由式(11-6c)得

$$T = (mr + n - 1)K + \sum Z_1 - \sum C_1$$
$$= [(6 \times 2 + 4 - 1) \times 2 + 2 - 0] \text{d} = 32 \text{ d}$$

(4)绘制流水施工进度表如图 11-9 所示。

施工过程	施工进度/d															
	2	4	6	8	10	12	14	16	18	20	22	24	26	28	30	32
A	1	2	3	4	5	6										
B		1	2	3	4	5	6									
C				1	2	3	4	5	6							
D					1	2	3	4	5	6						

$K_{A,B}$ $K_{B,C}$ $Z_{B,C}$ $K_{C,D}$　　　　　$T_n = mrt$

$$T = (mr + t - 1)K + \sum Z_{i,i+1}$$

━━ ▭ 施工层

图 11-9　某工程有间歇固定节拍流水施工进度计划(施工层横向排列)

11.2.2　成倍节拍流水施工

在通常情况下,组织固定节拍的流水施工是比较困难的。因为在任一施工段上,不同施工过程的复杂程度不同,影响流水节拍的因素也各不相同,很难使得各个施工过程的流水节拍都彼此相等。但是,如果施工段划分得合适,那么保持同一施工过程各施工段的流水节拍相等是不难实现的。使某些施工过程的流水节拍成为其他施工过程流水节拍的倍数,即形成成倍节拍流水施工。成倍节拍流水施工包括一般的成倍节拍流水施工和加快的成倍节拍流水施工。为了缩短流水施工工期,一般均采用加快的成倍节拍流水施工方式。

1. 加快的成倍节拍流水施工的特点

加快的成倍节拍流水施工的特点如下。

(1) 同一施工过程在其各个施工段上的流水节拍均相等；不同施工过程的流水节拍不等,但其值为倍数关系。

(2) 相邻专业工作队的流水步距相等,且等于流水节拍的最大公约数 K。

(3) 专业工作队数大于施工过程数,即有的施工过程只成立一个专业工作队,而对于流水节拍大的施工过程,可按其倍数增加相应专业工作队数目。

(4) 各个专业工作队在施工段上能够连续作业,施工段之间没有空闲时间。

2. 加快的成倍节拍流水施工工期

加快的成倍节拍流水施工工期 T 可按式(11-7)计算:

$$T = (m + n' - 1)K + \sum G + \sum Z - \sum C \tag{11-7}$$

式中, n' ——专业工作队数目,其余符号如前所述。无层间关系时和有层间关系时,工期计算分别依公式(11-5c)和(11-6)确定,仅将 n 改为 n_1 即可。

【例 11-4】　某工程由 A、B、C 三个施工过程组成,流水节拍分别为 $t_A = 6$ d、$t_B = 4$ d、$t_C = 2$ d,试组织流水施工,并绘制进度计划表。

【解】　根据已知条件,可组织成倍节拍流水。

(1) 确定流水步距,

$$K = 最大公约数\{6,4,2\} = 2 \text{ d}$$

(2) 确定专业工作队数,

$$b_A = \frac{t_A}{K} = \frac{6}{2} = 3 \text{ 个}$$

$$b_B = \frac{t_B}{K} = \frac{4}{2} = 2 \text{ 个}$$

$$b_C = \frac{t_C}{K} = \frac{2}{2} = 1 \text{ 个}$$

专业工作队总数 $n_1 = \sum b_i = 3 + 2 + 1 = 6$ 个

(3) 计算流水工期,

$$T=(m+n_1-1)K+\sum Z_1-\sum C_1=[(6+6-1)\times 2+0-0]\,d=22\,d$$

(4) 绘制流水施工进度表如图 11-10 所示。

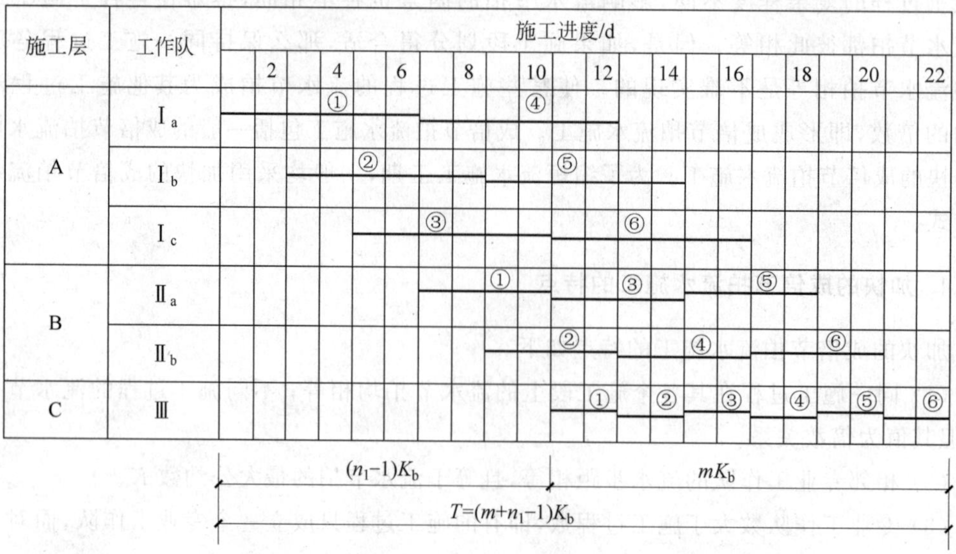

施工层	工作队	施工进度/d										
		2	4	6	8	10	12	14	16	18	20	22
A	I$_a$	①				④						
	I$_b$		②				⑤					
	I$_c$			③				⑥				
B	II$_a$				①			③		⑤		
	II$_b$					②			④		⑥	
C	III					①	②	③	④	⑤	⑥	

$(n_1-1)K_b$ mK_b

$T=(m+n_1-1)K_b$

图 11-10　某工程成倍节拍流水施工进度计划

11.3　非节奏流水施工

在组织流水施工时,经常由于工程结构形式、施工条件不同等原因,使得各施工过程在各施工段上的工程量有较大差异,或因专业工作队的生产效率相差较大,导致各施工过程的流水节拍随施工段的不同而不同,且不同施工过程之间的流水节拍又有很大差异。这时,流水节拍虽无任何规律,但仍可利用流水施工原理组织流水施工,使各专业工作队在满足连续施工的条件下实现最大搭接。这种非节奏流水施工方式是建设工程流水施工的普遍方式。

11.3.1　非节奏流水施工的特点

非节奏流水施工具有以下特点:
(1) 各施工过程在各施工段的流水节拍不全相等;
(2) 相邻施工过程的流水步距不尽相等;
(3) 专业工作队数等于施工过程数;
(4) 各专业工作队能够在施工段上连续作业,但有的施工段之间可能有空闲时间。

11.3.2　流水步距的确定

在非节奏流水施工中,通常采用累加数列错位相减取大差法计算流水步距。由于这种方法是由潘特考夫斯基(译音)首先提出的,故又称为潘特考夫斯基法。这种方法简捷、准确,便于掌握。

累加数列错位相减取大差法的基本步骤如下：

（1）对每一个施工过程在各施工段上的流水节拍依次累加，求得各施工过程流水节拍的累加数列；

（2）将相邻施工过程流水节拍累加数列中的后者错后一位，相减后求得一个差数列；

（3）在差数列中取最大值，即为这两个相邻施工过程的流水步距。

【例 11-5】 某工程由 3 个施工过程组成，分为 4 个施工段进行流水施工，其流水节拍(d)见表 11-1，试确定流水步距。

表 11-1　某工程流水节拍表　　　　　　　　　d

施工过程	施 工 段			
	①	②	③	④
Ⅰ	2	3	2	1
Ⅱ	3	2	4	2
Ⅲ	3	4	2	2

【解】

（1）求各施工过程流水节拍的累加数列：

施工过程Ⅰ：2,5,7,8

施工过程Ⅱ：3,5,9,11

施工过程Ⅲ：3,7,9,11

（2）错位相减求得差数列：

Ⅰ与Ⅱ：　2,　5,　7,　　8

　　－)　　　3,　5,　　9,　11

　　　　　2,　2,　2,　−1,−11

Ⅱ与Ⅲ：　3,　5,　9,　11

－)　　　　3,　7,　9,　　11

　　　　3,　2,　2,　2,　−11

（3）在差数列中取最大值求得流水步距：

施工过程Ⅰ与Ⅱ之间的流水步距：$K_{ⅠⅡ}=\max\{2,2,2,-1,-11\}$ d=2 d

施工过程Ⅱ与Ⅲ之间的流水步距：$K_{ⅡⅢ}=\max\{3,2,2,2,-11\}$ d=3 d

11.3.3　流水施工工期的确定

流水施工工期可按式(11-8)计算：

$$T=\sum K+\sum t_n+\sum Z+\sum G-\sum C \tag{11-8}$$

式中，T——流水施工工期；

$\sum K$ ——各施工过程(或专业工作队)之间流水步距之和；

$\sum t_n$ ——最后一个施工过程(或专业工作队)在各施工段流水节拍之和；

$\sum Z$ ——组织间歇时间之和；

土木工程施工(第 2 版)

$\sum G$ ——工艺间歇时间之和;

$\sum C$ ——提前插入时间之和。

【例 11-6】 某工厂需要修建 4 台设备的基础工程,施工过程包括基础开挖、基础处理和浇注混凝土。因设备型号与基础条件等不同,使得 4 台设备(施工段)的各施工过程有着不同的流水节拍(单位:周),见表 11-2。

表 11-2 基础工程流水节拍表

施工过程	施工段			
	设备 A	设备 B	设备 C	设备 D
基础开挖	2	3	2	2
基础处理	4	4	2	3
浇注混凝土	2	3	2	3

【解】

从流水节拍的特点可以看出,本工程应按非节奏流水施工方式组织施工。

(1) 确定施工流向由设备 A→B→C→D,施工段数 $m=4$。

(2) 确定施工过程数,$n=3$,包括基础开挖、基础处理和浇注混凝土。

(3) 采用累加数列错位相减取大差法求流水步距:

$$
\begin{array}{cccc}
2, & 5, & 7, & 9 \\
-) & 4, & 8, & 10, & 13
\end{array}
$$

$$K_{12}=\max\{2,\quad 1,\quad -1\quad -1,\ -13\}=2$$

$$
\begin{array}{cccc}
4, & 8, & 10, & 13 \\
-) & 2, & 5, & 7, & 10
\end{array}
$$

$$K_{23}=\max\{4,\quad 6,\quad 5,\quad 6,\quad -10\}=6$$

(4) 计算流水施工工期:

$$T=\sum K+\sum t_n=[(2+6)+(2+3+2+3)]\text{周}=18\text{周}$$

(5) 绘制非节奏流水施工进度计划,如图 11-11 所示。

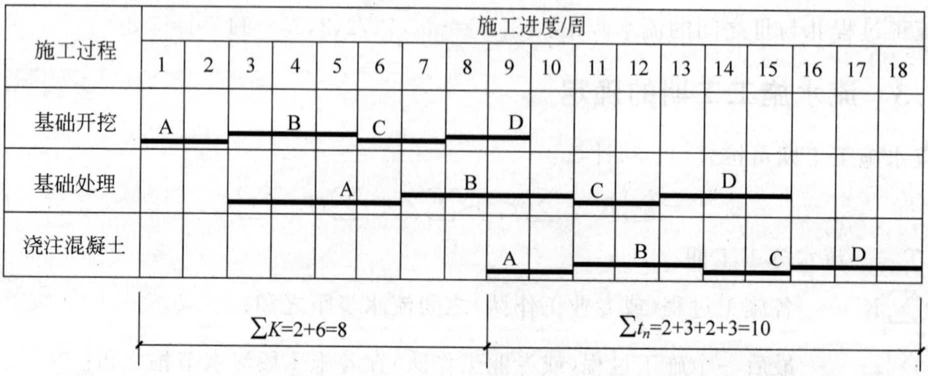

施工过程	施工进度/周																	
	1	2	3	4	5	6	7	8	9	10	11	12	13	14	15	16	17	18
基础开挖	A			B		C			D									
基础处理					A			B			C			D				
浇注混凝土									A			B			C		D	

$\sum K=2+6=8 \qquad \sum t_n=2+3+2+3=10$

图 11-11 设备基础工程流水施工进度计划

11.4　流水施工组织实例

通常,在土木工程施工中包括很多施工过程。在组织这些施工过程的活动中,我们常把在工艺上互相联系的一些施工过程组成不同的专业组合,如基础工程、主体工程以及装饰工程等。对于各专业组合,按其包含的各施工过程的流水节拍的特征(节奏性),分别组织成独立的流水组进行流水。这些流水组的流水参数可以是不相等的,流水组织的方式也可不同。最后将这些流水组按照工艺要求和施工顺序依次搭接起来,即成为一个工程对象或一个建筑群的总体流水施工。需要指出的是,所谓专业组合是指围绕主导施工过程的组合,其他的施工过程不必都纳入流水组合,而只作为调剂项目与各流水组依次搭接。在更多情况下,考虑到工程的复杂性,在编制施工进度计划时往往只运用流水作业的基本概念,合理选定几个主要参数,保证几个主导施工过程的连续性。对其他非主导施工过程,只力求在施工段上尽可能保持连续施工,各施工过程之间只有施工工艺和施工组织上的约束,不一定步调一致。这样,对不同专业组合或几个主导施工过程分别组织流水施工,就可使计划的安排有较大的灵活性,而且往往更有利于计划的实现。下面以较为常见的现浇钢筋混凝土框架结构房屋的工程施工为例,来阐述流水施工的应用。

【例 11-7】　某四层学生公寓楼,底层为商业用房,上部为学生宿舍,建筑面积 3277.96 m²。基础为钢筋混凝土柱下独立基础,主体工程为全现浇钢筋混凝土框架结构。装修工程为:塑钢窗、胶合板门;外墙贴面砖;内墙为中级抹灰,普通涂料刷白,底层顶棚吊顶,其余顶棚为中级抹灰,普通涂料刷白;楼地面铺地砖;屋面为 200 mm 厚加气混凝土块保温层(含找坡层),上做 SBS 改性沥青防水层。该工程中各分部分项工程的劳动量情况见表 11-3。

表 11-3　某四层框架结构公寓楼劳动量一览表

序　号	分项工程名称	劳动量/工日或台班
(一)	**基础工程**	
1	机械开挖基槽土方	6 台班
2	混凝土垫层	30
3	绑扎基础钢筋	59
4	支设基础模板	73
5	浇注基础混凝土	87
6	人工回填土	150
(二)	**主体工程**	
7	搭设脚手架(含安全网)	313
8	绑扎柱钢筋	135
9	安装柱、梁、板、楼梯模板	2263
10	浇注柱混凝土	204
11	绑扎梁、板、楼梯钢筋	801
12	浇注梁、板、楼梯混凝土	939
13	模板拆除	398
14	砌空心砖墙(含门窗框)	1095
(三)	**屋面工程**	
15	加气混凝土保温层(含找坡层)	236

序　号	分项工程名称	劳动量/工日或台班
16	屋面找平层	52
17	屋面防水层	49
(四)	**装饰工程**	
18	顶棚、内墙面中级抹灰	1648
19	外墙贴面砖	957
20	楼地面及楼梯铺地砖	929
21	首层顶棚龙骨吊顶	148
22	塑钢窗安装	68
23	胶合板门安装	81
24	顶棚、内墙面刷涂料	380
25	刷油漆	69
26	室外工程	—
27	水、电工程	—

由于本工程中各分部工程的劳动量差异较大,因此先分别组织各分部工程的流水施工,然后再考虑它们之间的相互搭接施工。具体组织方法如下。

1. 基础工程

基础工程包括基槽挖土、混凝土垫层、绑扎基础钢筋、支设基础模板、浇注基础混凝土、回填土等施工过程。其中基槽挖土采用机械开挖,考虑到工作面及土方运输的需要,将机械挖土与其他手工操作的施工过程分开考虑,不纳入流水。混凝土垫层劳动量较小,为了不影响其他施工过程的流水施工,将其安排在挖土完成之后进行,也不纳入流水。对后四个施工过程则组织固定节拍流水,即 $n=4$;基础工程平面上划分为两个施工段,即 $m=2$。流水施工组织如下。

绑扎基础钢筋施工班组人数为 10 人,采用一班制施工,其流水节拍为

$$t_{钢筋} = \frac{59}{2 \times 10 \times 1} \, \mathrm{d} \approx 3 \, \mathrm{d}$$

其他施工过程的流水节拍均取 3 d,则支设基础模板施工班组人数为

$$R_{模板} = \frac{73}{2 \times 3} \, 人 \approx 12 \, 人$$

浇注基础混凝土施工班组人数为

$$R_{混凝土} = \frac{87}{2 \times 3} \, 人 \approx 15 \, 人$$

回填土方施工班组人数为

$$R_{回填} = \frac{150}{2 \times 3} \, 人 = 25 \, 人$$

固定节拍流水施工的工期为

$$T = (m+n-1)K = (2+4-1) \times 3 \, \mathrm{d} = 15 \, \mathrm{d}$$

机械开挖土方采用一台机械二班制作业,则作业持续时间为

$$t_{挖土} = \frac{6}{1 \times 2} \, \mathrm{d} = 3 \, \mathrm{d}$$

浇注混凝土垫层安排 15 人一班制施工,则作业持续时间为

$$t_{混凝土} = \frac{30}{15 \times 1} d = 2\ d$$

故基础分部工程的工期为

$$T_1 = (3 + 2 + 15)\ d = 20\ d$$

2.主体工程

主体工程包括绑扎柱子钢筋,安装柱、梁、板、楼梯模板,浇注柱子混凝土,绑扎梁、板、楼梯钢筋,浇注梁、板、楼梯混凝土,搭设脚手架,拆模板,砌空心砖墙等施工过程,其中后三个施工过程属平行穿插施工过程,只需根据施工工艺要求尽量搭接施工即可,不纳入流水施工。本工程中平面上只宜划分为两个施工段,即 $m = 2$,而组织流水施工,必须使 $m \geqslant n$,否则会出现窝工现象。很显然,施工过程只能安排两个,即 $n = 2$。柱、梁、板、楼梯模板安装是主导施工过程,其他次要施工过程可合并为一个综合施工过程,其流水节拍不得大于前者,才能保证主导施工过程作业的连续性。具体组织如下。

主导施工过程的即安装柱、梁、板、楼梯模板,合计劳动量为 2263 个工日,安排施工班组人数为 25 人,二班制作业,则流水节拍为

$$t_{模板} = \frac{2263}{4 \times 2 \times 25 \times 2} d \approx 5.66\ d,取\ 6\ d$$

浇注柱、梁、板、楼梯混凝土及绑扎柱、梁、板、楼梯钢筋按一个综合施工过程来考虑,其流水节拍不得大于 6 d。其中,绑扎柱钢筋施工班组人数为 17 人,一班制作业,则其流水节拍为

$$t_{柱筋} = \frac{135}{4 \times 2 \times 17 \times 1} d \approx 1\ d$$

浇注柱混凝土施工班组人数为 14 d,二班制作业,其流水节拍为

$$t_{柱混凝土} = \frac{204}{4 \times 2 \times 14 \times 2} d \approx 0.9\ d,取\ 1\ d$$

绑扎梁、板、楼梯钢筋施工班组人数为 25 人,二班制作业,其流水节拍为

$$t_{梁、板筋} = \frac{801}{4 \times 2 \times 25 \times 2} d \approx 2\ d$$

浇注梁、板、楼梯混凝土施工班组人数为 20 人,三班制作业,其流水节拍为

$$t_{混凝土} = \frac{939}{4 \times 2 \times 20 \times 3} d \approx 2\ d$$

因此,综合施工过程的流水节拍仍为 $(1 + 1 + 2 + 2)\ d = 6\ d$,可组织固定节拍流水施工。其流水工期为

$$T = (mr + n - 1) \times t = (2 \times 4 + 2 - 1) \times 6\ d = 54\ d$$

拆除模板施工过程安排在梁、板、楼梯混凝土浇注 12 d 后进行,计划施工班组人数为 25 人,一班制作业,其流水节拍为

$$t_{拆模} = \frac{398}{4 \times 2 \times 25 \times 1} d \approx 2\ d$$

砌空心砖墙(含门窗框安装)安排施工班组人数为 45 人,一班制作业,其流水节拍为

$$t_{砌墙} = \frac{1095}{4 \times 2 \times 45 \times 1} d \approx 3\ d$$

则主体工程的工期为

$$T_2 = (54 + 12 + 2 + 3)\, \mathrm{d} = 71\ \mathrm{d}$$

3. 屋面工程

屋面工程包括屋面保温层、找平层和防水层三个施工过程。考虑屋面防水要求较高，所以不分段施工，即采用依次施工的方式。屋面保温层施工班组人数为 40 人，一班制作业，其作业持续时间为

$$t_{保温} = \frac{236}{40 \times 1}\, \mathrm{d} \approx 6\ \mathrm{d}$$

屋面找平层施工班组人数为 18 人，一班制作业，其作业持续时间为

$$t_{找平} = \frac{52}{18 \times 1}\, \mathrm{d} \approx 3\ \mathrm{d}$$

找平层完成后，安排 7 d 的养护和干燥时间，再进行防水层的施工。共安排 10 人，一班制作业，其作业持续时间为

$$t_{防水} = \frac{47}{10 \times 1}\, \mathrm{d} = 4.7\ \mathrm{d}，取\ 5\ \mathrm{d}$$

则屋面工程的工期为

$$T_3 = (6 + 3 + 7 + 5)\, \mathrm{d} = 21\ \mathrm{d}$$

4. 装饰工程

装饰工程包括外墙贴面砖、顶棚和内墙面中级抹灰、楼地面及楼梯铺地砖、首层顶棚龙骨吊顶、塑钢窗安装、胶合板门安装、内墙涂料、油漆等施工过程。其中，首层顶棚龙骨吊顶属穿插施工过程，因此，参与流水的施工过程为 $n = 7$ 个。

装修工程采用自上而下的施工流向，把每个结构层视为一个施工段，共 4 个施工段（$m = 4$），其中抹灰工程是主导施工过程，组织有节奏流水施工如下。

顶棚和内墙面抹灰施工班组人数为 60 人，一班制作业，其流水节拍为

$$t_{抹灰} = \frac{1648}{4 \times 60 \times 1}\, \mathrm{d} \approx 6.87\ \mathrm{d}，取\ 7\ \mathrm{d}$$

外墙贴面砖施工班组人数为 34 人，一班制作业，其流水节拍为

$$t_{外墙} = \frac{957}{4 \times 34 \times 1}\, \mathrm{d} \approx 7\ \mathrm{d}$$

楼地面及楼梯铺地砖施工班组人数为 33 人，一班制作业，其流水节拍为

$$t_{地面} = \frac{929}{4 \times 33 \times 1}\, \mathrm{d} \approx 7\ \mathrm{d}$$

塑钢窗安装施工班组人数为 6 人，一班制作业，其流水节拍为

$$t_{窗} = \frac{68}{4 \times 6 \times 1}\, \mathrm{d} \approx 2.83\ \mathrm{d}，取\ 3\ \mathrm{d}$$

其余胶合板门安装、内墙涂料、油漆均安排一班制施工，流水节拍均取 3 d，计算可得，施工班组人数分别为：7 人、32 人、6 人。

首层顶棚龙骨吊顶安排穿插施工，不占用流水工期，施工班组人数为 15 人，一班制施

工,则作业持续时间为

$$t_{顶棚} = \frac{148}{15 \times 1}\, d \approx 10\, d$$

则装饰工程流水步距及工期计算如下:

$$K_{抹灰,外墙} = 7\, d$$

$$K_{外墙,地面} = 7\, d$$

$$K_{地面,窗} = [4 \times 7 - (4-1) \times 3]d = 19\, d$$

$$K_{窗,门} = 3\, d$$

$$K_{门,涂料} = 3\, d$$

$$K_{涂料,油漆} = 3\, d$$

$$T_4 = \sum K + mt_n = [(7+7+19+3+3+3) + 4 \times 3]d = 54\, d$$

本工程流水施工进度计划如图 11-14 所示。

思考题

1. 工程项目组织施工的方式有哪些? 各有何特点?
2. 流水施工的技术经济效果有哪些?
3. 流水施工参数包括哪些内容?
4. 流水施工的基本方式有哪些?
5. 固定节拍流水施工、加快的成倍节拍流水施工、非节奏流水施工各具有哪些特点?
6. 当组织非节奏流水施工时,如何确定其流水步距?

习题

1. 某公路工程需在某一路段修建 4 个结构形式与规模完全相同的涵洞,施工过程包括基础开挖、预制涵管、安装涵管和回填压实。如果合同规定工期不超过 50 d,则组织固定节拍流水施工时,流水节拍和流水步距是多少? 试绘制流水施工进度计划。

2. 某粮库工程拟建三个结构形式与规模完全相同的粮库,施工过程主要包括:挖基槽、浇注混凝土基础、墙板与屋面板吊装和防水。根据施工工艺要求,浇注混凝土基础 1 周后才能进行墙板与屋面板吊装。各施工过程的流水节拍见表 11-4,试分别绘制组织四个专业工作队和增加相应专业工作队的流水施工进度计划。

表 11-4 各施工过程的流水节拍

施工过程	流水节拍/周	施工过程	流水节拍/周
挖基槽	2	吊装	6
浇基础	4	防水	2

3. 某工程包括三幢结构相同的砖混住宅楼,组织单位工程流水,以每幢住宅楼为一个施工段。已知:

(1) 地面±0.00 m 以下部分按土方开挖、基础施工、底层预制板安装、回填土四个施工

过程组织固定节拍流水施工,流水节拍为 2 周;

（2）地上部分按主体结构、装修、室外工程组织加快的成倍节拍流水施工,各由专业工作队完成,流水节拍分别为 4、4、2 周。

如果要求地上部分与地下部分最大限度地搭接,均不考虑间歇时间,试绘制该工程施工进度计划。

4. 某基础工程包括挖基槽、做垫层、砌基础和回填土 4 个施工过程,分为 4 个施工段组织流水施工,各施工过程在各施工段的流水节拍见表 11-5(时间单位:d)。根据施工工艺要求,在砌基础与回填土之间的间歇时间为 2 d。试确定相邻施工过程之间的流水步距及流水施工工期,并绘制流水施工进度计划。

表 11-5　各施工段的流水节拍　　　　　　　　　　　　　　　d

施工过程	施工段			
	①	②	③	④
挖基槽	2	2	3	3
做垫层	1	1	2	2
砌基础	3	3	4	4
回填土	1	1	2	2

5. 某施工项目由 Ⅰ、Ⅱ、Ⅲ、Ⅳ 等 4 个施工过程组成,它在平面上划分为 6 个施工段。各施工过程的作业持续时间如表 11-6 所示。施工过程 Ⅱ 完成后,其相应施工段至少应有技术间歇时间 2 d;为了充分利用工作面,允许施工过程 Ⅲ、与 Ⅳ 之间搭接施工 1 d。试编制该工程的流水施工方案。

表 11-6　各施工过程的作业持续时间

施工过程	持续时间/d					
	①	②	③	④	⑤	⑥
Ⅰ	3	2	3	3	2	3
Ⅱ	2	3	4	4	3	2
Ⅲ	4	4	3	3	4	2
Ⅳ	3	3	2	2	2	4

6. 已知某二层全现浇钢筋混凝土框架结构工程,其平面尺寸为 17.4 m×144 m,沿长度方向间隔 48 m 设伸缩缝一道。组织施工时,各施工过程的流水节拍依次为:支模板 4 d,绑扎钢筋 2 d,浇注混凝土 2 d。层间技术间歇 2 d(即第一层混凝土浇注后要养护 2 d)。试编制该工程的流水施工方案。

7. 某分部工程有 A、B、C 共 3 个施工过程,平面上划分为 4 个施工段,设各施工过程的最小流水节拍分别为 $t_A=1.9$ d,$t_B=3.7$ d,$t_C=3$ d。试问该分部工程可组织几种流水施工方式?分别计算各方式的流水施工工期,并绘制流水施工的水平指示图表。

8. 某天然气管道工程,全长 1500 m,由开挖沟槽、敷设管道、管道焊接、回填土 4 个施工过程组成。其中,开挖沟槽为主导施工过程,每天作业量为 60 m。试组织该工程的流水施工。

施工进度计划表

序号		分部分项工程名称	劳动量/工日	每班工人数	每天工作班数	工作持续天数
1	基础工程	机械开挖土方	6台班	10	2	3
2		混凝土垫层	30	15	1	2
3		绑扎基础钢筋	59	10	1	6
4		支基础模板	73	12	1	6
5		浇筑基础混凝土	87	15	1	6
6		回填土	150	25	1	6
7	主体工程	脚手架	313	6		
8		绑扎柱钢筋	135	17	1	8
9		支柱、梁、板模板	2263	25	2	48
10		浇筑柱混凝土	204	14	2	8
11		绑扎梁、板筋（含楼梯）	801	25	2	16
12		浇梁、板混凝土（含楼梯）	939	20	3	16
13		拆模板	398	25	1	16
14		砌墙（含门窗框安装）	1095	45	1	24
15	屋面工程	屋面找坡保温层	236	40	1	6
16		屋面找平层	52	18	1	3
17		屋面防水层	47	10	1	5
18	装修工程	外墙面砖	957	34	1	28
19		顶棚、墙面中级抹灰	1648	60	1	28
20		楼地面及楼梯地砖	929	33	1	28
21		一层吊顶棚	148	15	1	10
22		铝合金窗扇安装	68	6	1	12
23		胶合板门扇安装	81	7	1	12
24		顶棚、墙面涂料	380	32	1	12
25		油漆	69	6	1	12
26		其他				
27		水、暖、电、卫				

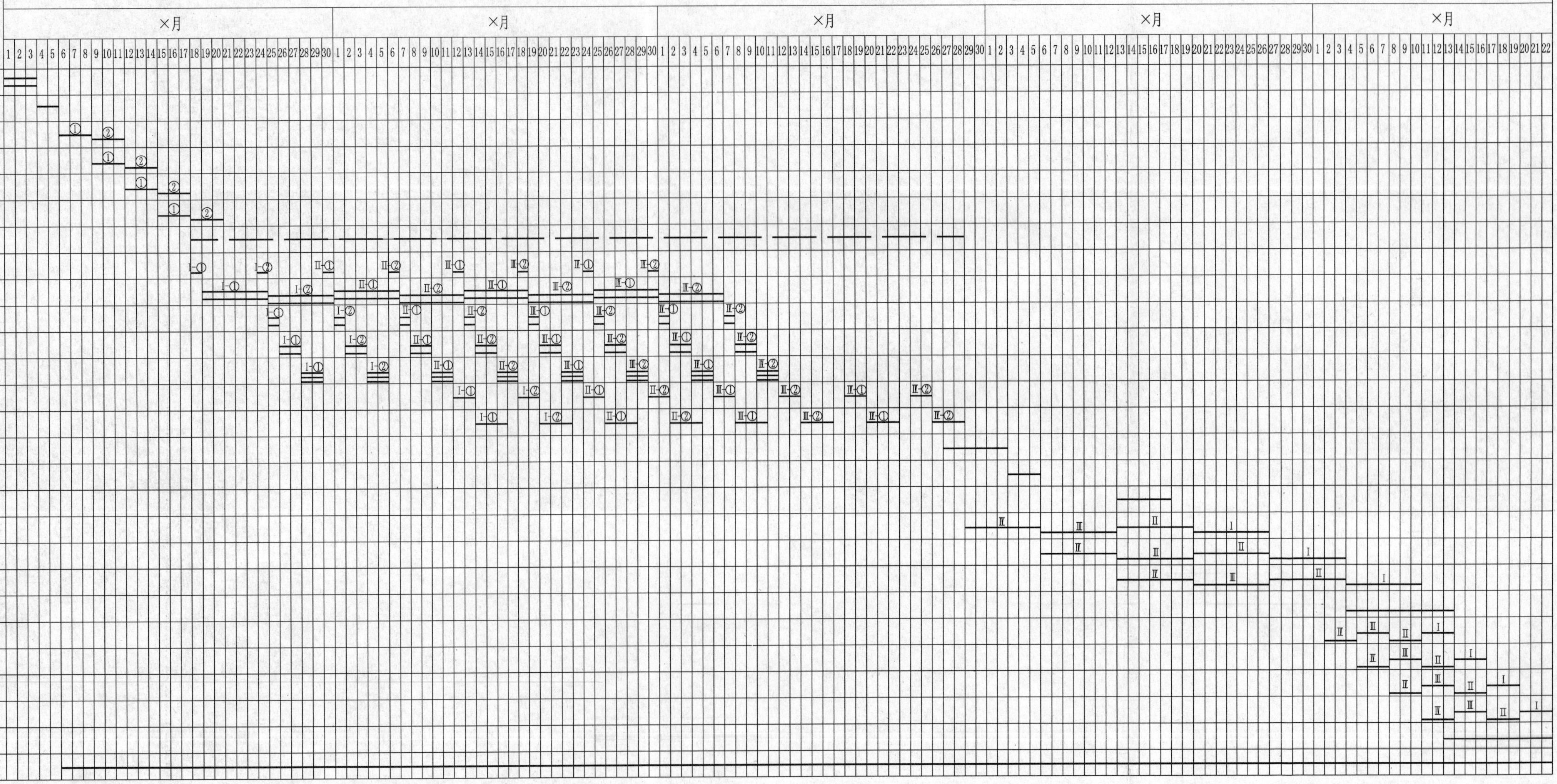

图 11-14　流水施工进度计划

第12章

网络计划技术

【本章要点】

掌握：网络计划的含义、原理和特点；双代号网络图的绘制方法；网络计划时间参数的概念；双代号网络计划中关键线路的确定方法；单代号网络图的绘制方法；单代号网络计划中关键线路的确定方法；双代号时标网络图的绘制方法；双代号时标网络计划中关键线路的确定方法；网络计划工期优化的方法和步骤；时间和费用的关系。

熟悉：双代号网络计划时间参数的计算；单代号网络计划时间参数的计算；双代号时标网络计划时间参数的确定；工期-成本优化的方法和步骤。

了解：网络计划的分类；资源优化的方式；网络计划的检查与调整方法。

在建设工程进度控制工作中,较多地采用确定型网络计划。确定型网络计划的基本原理是:首先,利用网络图的形式表达一项工程计划方案中各项工作之间的相互关系和先后顺序;其次,通过计算找出影响工期的关键线路和关键工作;接着,通过不断调整网络计划,寻求最优方案并付诸实施;最后,在计划实施过程中采取有效措施对其进行控制,以合理使用资源,高效、优质、低耗地完成预定任务。由此可见,网络计划技术不仅是一种科学的计划方法,同时也是一种科学的动态控制方法。

12.1 基本概念

12.1.1 网络图和工作

网络图是由箭线和节点组成,用来表示工作流程的有向、有序网状图形。一个网络图表示一项计划任务。网络图中的工作是计划任务按需要粗细程度划分而成的、消耗时间或同时也消耗资源的一个子项目或子任务。工作可以是单位工程,也可以是分部工程、分项工程;一个施工过程也可以作为一项工作。一般情况下,完成一项工作既需要消耗时间,也需要消耗劳动力、原材料、施工机具等资源。但也有一些工作只消耗时间而不消耗资源,如混凝土浇注后的养护过程和墙面抹灰后的干燥过程等。

网络图有双代号网络图和单代号网络图两种。双代号网络图又称箭线式网络图,它以箭线及其两端节点的编号表示工作,同时,节点表示工作的开始或结束以及工作之间的连接状态。单代号网络图又称节点式网络图,它以节点及其编号表示工作,箭线表示工作之间的逻辑关系。网络图中工作的表示方法如图 12-1 和图 12-2 所示。

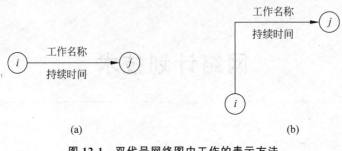

(a)   (b)

图 12-1　双代号网络图中工作的表示方法

(a)   (b)

图 12-2　单代号网络图中工作的表示方法

网络图中的节点都必须有编号,其编号严禁重复,并应使每一条箭线上箭尾节点编号小于箭头节点编号。

在双代号网络图中,一项工作必须有唯一的一条箭线和相应的一对不重复出现的箭尾、箭头节点编号。因此,一项工作的名称可以用其箭尾和箭头节点编号来表示。而在单代号网络图中,一项工作必须有唯一的一个节点及相应的一个代号,该工作的名称可以用其节点编号来表示。

在双代号网络图中有时存在虚箭线,虚箭线不代表实际工作,我们称之为虚工作。虚工作既不消耗时间,也不消耗资源。虚工作主要用来表示相邻两项工作之间的逻辑关系。但有时为了避免两项同时开始、同时进行的工作具有相同的开始节点和完成节点,也需要用虚工作对其加以区分。

在单代号网络图中,虚拟工作只能出现在网络图的起点节点或终点节点处。

12.1.2　工艺关系和组织关系

工艺关系和组织关系是工作之间先后顺序关系——逻辑关系的组成部分。

1. 工艺关系

生产性工作之间由工艺过程决定的、非生产性工作之间由工作程序决定的先后顺序关系称为工艺关系。如图 12-3 所示,支模 1→扎筋 1→混凝土 1 为工艺关系。

2. 组织关系

工作之间由于组织安排需要或资源(劳动力、原材料、施工机具等)调配需要而规定的先后顺序关系称为组织关系。如图 12-3 所示,支模 1→支模 2,扎筋 1→扎筋 2 等为组织关系。

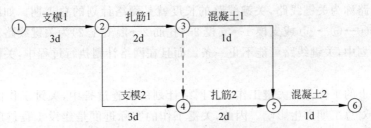

图 12-3　某混凝土工程双代号网络计划

12.1.3　紧前工作、紧后工作和平行工作

1．紧前工作

在网络图中,相对于某工作而言,紧排在该工作之前的工作称为该工作的紧前工作。在双代号网络图中,工作与其紧前工作之间可能有虚工作存在。如图 12-3 所示,支模 1 是支模 2 在组织关系上的紧前工作;扎筋 1 和扎筋 2 之间虽然存在虚工作,但扎筋 1 仍然是扎筋 2 在组织关系上的紧前工作。支模 1 则是扎筋 1 在工艺关系上的紧前工作。

2．紧后工作

在网络图中,相对于某工作而言,紧排在该工作之后的工作称为该工作的紧后工作。在双代号网络图中,工作与其紧后工作之间也可能有虚工作存在。如图 12-3 所示,扎筋 2 是扎筋 1 在组织关系上的紧后工作;混凝土 1 是扎筋 1 在工艺关系上的紧后工作。

3．平行工作

在网络图中,相对于某工作而言,可以与该工作同时进行的工作即为该工作的平行工作。如图 12-3 所示,扎筋 1 和支模 2 互为平行工作。

紧前工作、紧后工作及平行工作是工作之间逻辑关系的具体表现,只要能根据工作之间的工艺关系和组织关系明确其紧前或紧后关系,即可据此绘出网络图。它是正确绘制网络图的前提条件。

12.1.4　线路、关键线路和关键工作

1．线路

网络图中从起点节点开始,沿箭头方向顺序通过一系列箭线与节点,最后到达终点节点的通路称为线路。线路既可依次用该线路上的节点编号来表示,也可依次用该线路上的工作名称来表示。如图 12-3 所示,该网络图中有三条线路,这三条线路既可表示为①→②→③→⑤→⑥、①→②→③→④→⑤→⑥和①→②→④→⑤→⑥,也可表示为支模 1→扎筋 1→混凝土 1→混凝土 2、支模 1→扎筋 1→扎筋 2→混凝土 2 和支模 1→支模 2→扎筋 2→混凝土 2。

2．关键线路和关键工作

在关键线路法中,线路上所有工作的持续时间总和称为该线路的总持续时间。总持续

时间最长的线路称为关键线路,关键线路的长度就是网络计划的总工期。如图 12-3 所示,线路①→②→④→⑤→⑥(或支模 1→支模 2→扎筋 2→混凝土 2)为关键线路。

在网络计划中,关键线路可能不止一条。而且在网络计划执行过程中,关键线路还会发生转移。

关键线路上的工作称为关键工作。在网络计划的实施过程中,关键工作的实际进度提前或拖后均会对总工期产生影响。因此,关键工作的实际进度是建设工程进度控制工作中的重点。

12.2 双代号网络计划

12.2.1 双代号网络图的绘制

1. 绘图规则

在绘制双代号网络图时,一般应遵循以下基本规则。

(1) 网络图必须按照已定的逻辑关系绘制。由于网络图是有向、有序网状图形,所以其必须严格按照工作之间的逻辑关系绘制,这同时也是为保证工程质量和资源优化配置及合理使用所必需的。例如,已知工作之间的逻辑关系如表 12-1 所示,若绘出网络图 12-4(a)则是错误的,因为工作 A 不是工作 D 的紧前工作。此时,可用虚箭线将工作 A 和工作 D 的联系断开,如图 12-4(b)所示。

表 12-1 逻辑关系表

工作	A	B	C	D
紧前工作	—	—	A、B	B

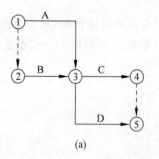
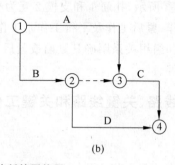

图 12-4 按表 12-1 绘制的网络图

(a) 错误画法;(b) 正确画法

(2) 网络图中严禁出现从一个节点出发,顺箭头方向又回到原出发点的循环回路。如果出现循环回路,则会造成逻辑关系混乱,使工作无法按顺序进行。如图 12-5 所示,网络图中存在不允许出现的循环回路 BCGF。当然,此时节点编号也发生错误。

(3) 网络图中的箭线(包括虚箭线,以下同)应保持自左向右的方向,不应出现箭头指向左方的水平箭线和箭头偏向左方的斜向箭线。若遵循该规则绘制网络图,就不会出现循环回路。

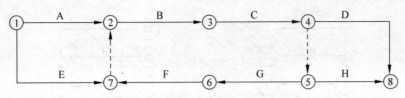

图 12-5 存在循环回路的错误网络图

（4）网络图中严禁出现双向箭头和无箭头的连线。图 12-6 所示即为错误的工作箭线画法，因为工作进行的方向不明确，因而不能达到网络图有向的要求。

图 12-6 错误的工作箭线画法

（a）双向箭线；（b）无箭头

（5）网络图中严禁出现没有箭尾节点的箭线和没有箭头节点的箭线。图 12-7 即为错误的画法。

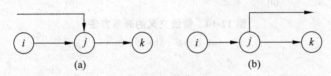

图 12-7 错误的画法

（a）存在没有箭尾节点的箭线；（b）存在没有箭头节点的箭线

（6）严禁在箭线上引入或引出箭线，图 12-8 即为错误的画法。

图 12-8 错误的画法

（a）在箭线上引入箭线；（b）在箭线上引出箭线

但当网络图的起点节点有多条箭线引出（外向箭线）或终点节点有多条箭线引入（内向箭线）时，为使图形简洁，可用母线法绘图，即：将多条箭线经一条共用的垂直线段从起点节点引出，或将多条箭线经一条共用的垂直线段引入终点节点，如图 12-9 所示。对于特殊线型的箭线，如粗箭线、双箭线、虚箭线、彩色箭线等，可在从母线上引出的支线上标出。

（7）应尽量避免网络图中工作箭线的交叉。当交叉不可避免时，可以采用过桥法或指向法处理，如图 12-10 所示。

（8）网络图中应只有一个起点节点和一个终点节点（任务中部分工作需要分期完成的网络计划除外）。除网络图的起点节点和终点节点外，不允许出现没有外向箭线的节点和没有内向箭线的节点。图 12-11 所示网络图中有两个起点节点①和②，两个终点节点⑦和⑧。该网络图的正确画法如图 12-12 所示，即将节点①和②合并为一个起点节点，将节点⑦和⑧合并为一个终点节点。

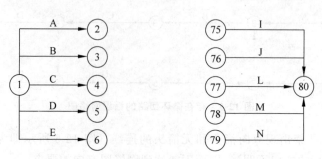

图 12-9　母线法

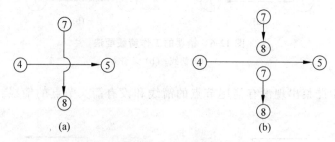

(a)　　　　　　　　　　(b)

图 12-10　箭线交叉的表示方法

（a）过桥法；（b）指向法

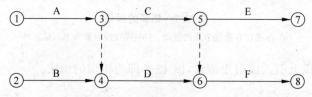

图 12-11　存在多个起点节点和终点节点的错误网络图

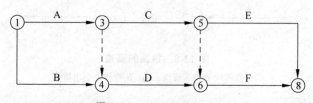

图 12-12　正确的网络图

2. 绘图方法

当已知每一项工作的紧前工作时,可按下述步骤绘制双代号网络图。

（1）没有紧前工作的首先画;

（2）紧后工作跟着画;

（3）正确使用虚箭线;

（4）检查工作顺序关系;

（5）调整整理位置再编号。

3. 绘图示例

现举例说明前述双代号网络图的绘制方法。

【例 12-1】 已知各工作之间的逻辑关系如表 12-2 所示,试绘制其双代号网络图。

表 12-2 例 12-1 工作逻辑关系表

工作	A	B	C	D
紧前工作	—	—	A、B	B

【解】

(1) 绘制工作箭线 A 和工作箭线 B,如图 12-13(a)所示。

(2) 按前述原则②中的情况 a 绘制工作箭线 C,如图 12-13(b)所示。

(3) 按前述原则①绘制工作箭线 D 后,将工作箭线 C 和 D 的箭头节点合并,以保证网络图只有一个终点节点。当确认给定的逻辑关系表达正确后,再进行节点编号。表 12-2 给定逻辑关系所对应的双代号网络图如图 12-13(c)所示。

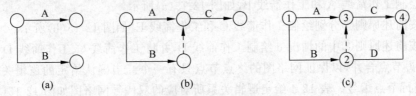

图 12-13 例 12-1 绘图过程

【例 12-2】 已知各工作之间的逻辑关系如表 12-3 所示,试绘制其双代号网络图。

表 12-3 例 12-2 工作逻辑关系表

工作	A	B	C	D	E	F
紧前工作	—	—	—	A、B	A、B、C	D、E

【解】

(1) 绘制工作箭线 A、工作箭线 B 和工作箭线 C,如图 12-14(a)所示。

(2) 按前述原则②中的情况 c 绘制工作箭线 D,如图 12-14(b)所示。

(3) 按前述原则②中的情况 a 绘制工作箭线 E,如图 12-14(c)所示。

(4) 按前述原则②中的情况 b 绘制工作箭线 G。当确认给定的逻辑关系表达正确后,再进行节点编号。表 12-3 给定逻辑关系所对应的双代号网络图如图 12-14(d)所示。

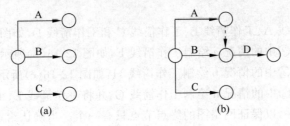

图 12-14 例 12-2 绘图过程

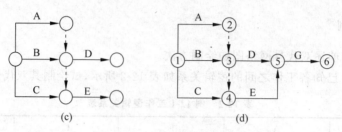

图 12-14(续)

【例 12-3】 已知各工作之间的逻辑关系如表 12-4 所示,试绘制其双代号网络图。

表 12-4 例 12-3 工作逻辑关系表

工作	A	B	C	D	E
紧前工作	—	—	A	A、B	B

【解】

(1) 绘制工作箭线 A 和工作箭线 B,如图 12-15(a)所示。

(2) 按前述原则①分别绘制工作箭线 C 和工作箭线 E,如图 12-15(b)所示。

(3) 按前述原则②中的情况 d 绘制工作箭线 D,并将工作箭线 C、工作箭线 D 和工作箭线 E 的箭头节点合并,以保证网络图的终点节点只有一个。当确认给定的逻辑关系表达正确后,再进行节点编号。表 12-4 给定逻辑关系所对应的双代号网络图如图 12-15(c)所示。

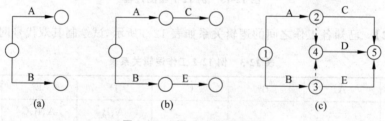

图 12-15 例 12-3 绘图过程

【例 12-4】 已知各工作之间的逻辑关系如表 12-5 所示,试绘制其双代号网络图。

表 12-5 例 12-4 工作逻辑关系表

工作	A	B	C	D	E	G	H
紧前工作	—	—	—	—	A、B	B、C、D	C、D

【解】

(1) 绘制工作箭线 A、工作箭线 B、工作箭线 C 和工作箭线 D,如图 12-16(a)所示。

(2) 按前述原则②中的情况 a 绘制工作箭线 E,如图 12-16(b)所示。

(3) 按前述原则②中的情况 b 绘制工作箭线 H,如图 12-16(c)所示。

(4) 按前述原则②中的情况 d 绘制工作箭线 G,并将工作箭线 E、工作箭线 G 和工作箭线 H 的箭头节点合并,以保证网络图的终点节点只有一个。当确认给定的逻辑关系表达正确后,再进行节点编号。表 12-5 给定逻辑关系所对应的双代号网络图如图 12-16(d)所示。

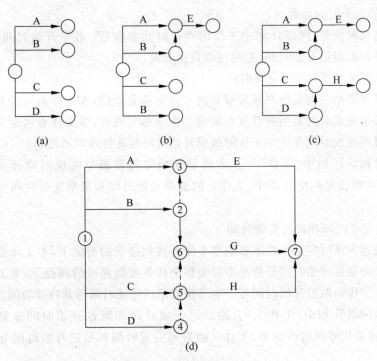

图 12-16 例 12-4 绘图过程

12.2.2 双代号网络计划时间参数的计算

所谓网络计划,是指在网络图上加注时间参数而编制的进度计划。网络计划时间参数的计算应在各项工作的持续时间确定之后进行。

1. 网络计划时间参数的概念

所谓时间参数,是指网络计划、工作及节点所具有的各种时间值。

1) 工作持续时间和工期

(1) 工作持续时间

工作持续时间是指一项工作从开始到完成的时间。在双代号网络计划中,工作 $i-j$ 的持续时间用 D_{i-j} 表示;在单代号网络计划中,工作 i 的持续时间用 D_i 表示。

(2) 工期

工期泛指完成一项任务所需要的时间。在网络计划中,工期一般有以下三种。

① 计算工期:是根据网络计划时间参数计算而得到的工期,用 T_c 表示。

② 要求工期:是任务委托人所提出的指令性工期,用 T_r 表示。

③ 计划工期:是指根据要求工期和计算工期所确定的作为实施目标的工期,用 T_p 表示。

当已规定了要求工期时,计划工期不应超过要求工期,即

$$T_p \leqslant T_r \tag{12-1}$$

当未规定要求工期时,可令计划工期等于计算工期,即

$$T_p = T_c \tag{12-2}$$

2）工作的六个时间参数

除工作持续时间外，网络计划中工作的六个时间参数是：最早开始时间、最早完成时间、最迟完成时间、最迟开始时间、总时差和自由时差。

（1）最早开始时间和最早完成时间

工作的最早开始时间是指在其所有紧前工作全部完成后，本工作有可能开始的最早时刻。工作的最早完成时间是指在其所有紧前工作全部完成后，本工作有可能完成的最早时刻。工作的最早完成时间等于本工作的最早开始时间与其持续时间之和。

在双代号网络计划中，工作 $i—j$ 的最早开始时间和最早完成时间分别用 $ES_{i—j}$ 和 $EF_{i—j}$ 表示；在单代号网络计划中，工作 i 的最早开始时间和最早完成时间分别用 ES_i 和 EF_i 表示。

（2）最迟完成时间和最迟开始时间

工作的最迟完成时间是指在不影响整个任务按期完成的前提下，本工作必须完成的最迟时刻。工作的最迟开始时间是指在不影响整个任务按期完成的前提下，本工作必须开始的最迟时刻。工作的最迟开始时间等于本工作的最迟完成时间与其持续时间之差。

在双代号网络计划中，工作 $i—j$ 的最迟完成时间和最迟开始时间分别用 $LF_{i—j}$ 和 $LS_{i—j}$ 表示；在单代号网络计划中，工作 i 的最迟完成时间和最迟开始时间分别用 LF_i 和 LS_i 表示。

（3）总时差和自由时差

工作的总时差是指在不影响总工期的前提下，本工作可以利用的机动时间。但是在网络计划的执行过程中，如果利用某项工作的总时差，则有可能使该工作后续工作的总时差减小。在双代号网络计划中，工作 $i—j$ 的总时差用 $TF_{i—j}$ 表示；在单代号网络计划中，工作 i 的总时差用 TF_i 表示。

工作的自由时差是指在不影响其紧后工作最早开始时间的前提下，本工作可以利用的机动时间。在网络计划的执行过程中，工作的自由时差是该工作可以自由使用的时间。在双代号网络计划中，工作 $i—j$ 的自由时差用 $FF_{i—j}$ 表示；在单代号网络计划中，工作 i 的自由时差用 FF_i 表示。

由总时差和自由时差的定义可知，对于同一项工作而言，自由时差不会超过总时差。当工作的总时差为零时，其自由时差必然为零。

3）节点最早时间和最迟时间

（1）节点最早时间

节点最早时间是指在双代号网络计划中，以该节点为开始节点的各项工作的最早开始时间。节点 i 的最早时间用 ET_i 表示。

（2）节点最迟时间

节点最迟时间是指在双代号网络计划中，以该节点为完成节点的各项工作的最迟完成时间。节点 j 的最迟时间用 LT_j 表示。

4）相邻两项工作之间的时间间隔

相邻两项工作之间的时间间隔是指本工作的最早完成时间与其紧后工作最早开始时间之间可能存在的差值。工作 i 与工作 j 之间的时间间隔用 $LAG_{i,j}$ 表示。

2．双代号网络计划时间参数的计算

双代号网络计划的时间参数既可以按工作计算，也可以按节点计算，下面分别举例说明。

1）按工作计算法

所谓按工作计算法，就是以网络计划中的工作为对象，直接计算各项工作的时间参数。这些时间参数包括：工作的最早开始时间和最早完成时间、工作的最迟开始时间和最迟完成时间、工作的总时差和自由时差。此外，还应计算网络计划的计算工期。

为了简化计算，网络计划时间参数中的开始时间和完成时间都应以时间单位的终了时刻为标准。如第 3 天开始即是指第 3 天终了（下班）时刻开始，实际上是第 4 天上班时刻才开始；第 5 天完成即是指第 5 天终了（下班）时刻完成。

下面以图 12-17 所示双代号网络计划为例，说明按工作计算法计算时间参数的过程。其计算结果如图 12-18 所示。

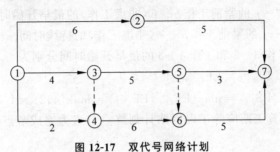

图 12-17　双代号网络计划

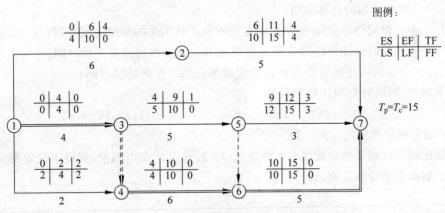

图 12-18　双代号网络计划（六时标注法）

（1）计算工作的最早开始时间和最早完成时间

工作最早开始时间和最早完成时间的计算应从网络计划的起点节点开始，顺着箭线方向依次进行。其计算步骤如下。

① 以网络计划起点节点为开始节点的工作，当未规定其最早开始时间时，其最早开始时间为零。例如在本例中，工作 1—2、工作 1—3 和工作 1—4 的最早开始时间都为零，即

$$\mathrm{ES}_{1-2} = \mathrm{ES}_{1-3} = \mathrm{ES}_{1-4} = 0$$

② 工作的最早完成时间可利用式(12-3)进行计算：

$$EF_{i-j} = ES_{i-j} + D_{i-j} \qquad (12\text{-}3)$$

式中，EF_{i-j}——工作 $i-j$ 的最早完成时间；

　　　ES_{i-j}——工作 $i-j$ 的最早开始时间；

　　　D_{i-j}——工作 $i-j$ 的持续时间。

例如在本例中，工作 1—2、工作 1—3 和工作 1—4 的最早完成时间分别为

工作 1—2：$EF_{1-2} = ES_{1-2} + D_{1-2} = 0 + 6 = 6$

工作 1—3：$EF_{1-3} = ES_{1-3} + D_{1-3} = 0 + 4 = 4$

工作 1—4：$EF_{1-4} = ES_{1-4} + D_{1-4} = 0 + 2 = 2$

③ 其他工作的最早开始时间应等于其紧前工作最早完成时间的最大值，即

$$ES_{i-j} = \max\{EF_{h-i}\} = \max\{ES_{h-i} + D_{h-i}\} \qquad (12\text{-}4)$$

式中，ES_{i-j}——工作 $i-j$ 的最早开始时间；

　　　EF_{h-i}——工作 $i-j$ 的紧前工作 $h-i$（非虚工作）的最早完成时间；

　　　ES_{h-i}——工作 $i-j$ 的紧前工作 $h-i$（非虚工作）的最早开始时间；

　　　D_{h-i}——工作 $i-j$ 的紧前工作 $h-i$（非虚工作）的持续时间。

例如在本例中，工作 3—5 和工作 4—6 的最早开始时间分别为

$$ES_{3-5} = EF_{1-3} = 4$$

$$ES_{4-6} = \max\{EF_{1-3}, EF_{1-4}\} = \max\{4, 2\} = 4$$

④ 网络计划的计算工期应等于以网络计划终点节点为完成节点的工作的最早完成时间的最大值，即

$$T_c = \max\{EF_{i-n}\} = \max\{ES_{i-n} + D_{i-n}\} \qquad (12\text{-}5)$$

式中，T_c——网络计划的计算工期；

　　　EF_{i-n}——以网络计划终点节点 n 为完成节点的工作的最早完成时间；

　　　ES_{i-n}——以网络计划终点节点 n 为完成节点的工作的最早开始时间；

　　　D_{i-n}——以网络计划终点节点 n 为完成节点的工作的持续时间。

在本例中，网络计划的计算工期为

$$T_c = \max\{EF_{2-7}, EF_{5-7}, EF_{6-7}\} = \max\{11, 12, 15\} = 15$$

(2) 确定网络计划的计划工期

网络计划的计划工期应按式(12-1)或式(12-2)确定。在本例中，假设未规定要求期，则其计划工期就等于计算工期，即

$$T_p = T_c = 15$$

计划工期应标注在网络计划终点节点的右侧，如图 12-18 所示。

(3) 计算工作的最迟完成时间和最迟开始时间

工作最迟完成时间和最迟开始时间的计算应从网络计划的终点节点开始，逆着箭线方向依次进行。其计算步骤如下。

① 以网络计划终点节点为完成节点的工作，其最迟完成时间等于网络计划的计划工期，即

$$LF_{i-n} = T_p \qquad (12\text{-}6)$$

式中，LF_{i-n}——以网络计划终点节点为完成节点的工作的最迟完成时间；

　　　T_p——网络计划的计划工期。

例如在本例中,工作 2—7、工作 5—7 和工作 6—7 的最迟完成时间为

$$LF_{2-7} = LF_{5-7} = LF_{6-7} = T_p = 15$$

② 工作的最迟开始时间可利用式(12-7)进行计算:

$$LS_{i-j} = LF_{i-j} - D_{i-j} \qquad (12\text{-}7)$$

式中,LS_{i-j}——工作 i—j 的最迟开始时间;

　LF_{i-j}——工作 i—j 的最迟完成时间;

　D_{i-j}——工作 i—j 的持续时间。

例如在本例中,工作 2—7、工作 5—7 和工作 6—7 的最迟开始时间分别为

$$LS_{2-7} = LF_{2-7} - D_{2-7} = 15 - 5 = 10$$
$$LS_{5-7} = LF_{5-7} - D_{5-7} = 15 - 3 = 12$$
$$LS_{6-7} = LF_{6-7} - D_{6-7} = 15 - 5 = 10$$

③ 其他工作的最迟完成时间应等于其紧后工作最迟开始时间的最小值,即

$$LF_{i-j} = \min\{LS_{j-k}\} = \min\{LF_{j-k} - D_{j-k}\} \qquad (12\text{-}8)$$

式中,LF_{i-j}——工作 i—j 的最迟完成时间;

　LS_{j-k}——工作 i—j 的紧后工作 j—k(非虚工作)的最迟开始时间;

　LF_{j-k}——工作 i—j 的紧后工作 j—k(非虚工作)的最迟完成时间;

　D_{j-k}——工作 i—j 的紧后工作 j—k(非虚工作)的持续时间。

例如在本例中,工作 3—5 和工作 4—6 的最迟完成时间分别为

$$LF_{3-5} = \min\{LS_{5-7}, LS_{6-7}\} = \min\{12, 10\} = 10$$
$$LF_{4-6} = LS_{6-7} = 10$$

(4) 计算工作的总时差

工作的总时差等于该工作最迟完成时间与最早完成时间之差,或该工作最迟开始时间与最早开始时间之差,即

$$TF_{i-j} = LF_{i-j} - EF_{i-j} = LS_{i-j} - ES_{i-j} \qquad (12\text{-}9)$$

式中,TF_{i-j}——工作 i—j 的总时差;

　其余符号同前。

例如在本例中,工作 3—5 的总时差为

$$TF_{3-5} = LF_{3-5} - EF_{3-5} = 10 - 9 = 1$$

或

$$TF_{3-5} = LS_{3-5} - ES_{3-5} = 5 - 4 = 1$$

(5) 计算工作的自由时差

工作自由时差的计算应按以下两种情况分别考虑。

① 对于有紧后工作的工作,其自由时差等于本工作之紧后工作最早开始时间减本工作最早完成时间所得之差的最小值,即

$$FF_{i-j} = \min\{ES_{j-k} - EF_{i-j}\}$$
$$= \min\{ES_{j-k} - ES_{i-j} - D_{i-j}\} \qquad (12\text{-}10)$$

式中,FF_{i-j}——工作 i—j 的自由时差;

　ES_{j-k}——工作 i—j 的紧后工作 j—k(非虚工作)的最早开始时间;

　EF_{i-j}——工作 i—j 的最早完成时间;

ES_{i-j}——工作 i—j 的最早开始时间；

D_{i-j}——工作 i—j 的持续时间。

例如在本例中，工作 1—4 和工作 3—5 的自由时差分别为

$$FF_{1-4} = ES_{4-6} - EF_{1-4} = 4 - 2 = 2$$

$$FF_{3-5} = \min\{ES_{5-7} - EF_{3-5}, ES_{6-7} - EF_{3-5}\}$$

$$= \min\{9 - 9, 10 - 9\}$$

$$= 0$$

② 对于无紧后工作的工作，也就是以网络计划终点节点为完成节点的工作，其自由时差等于计划工期与本工作最早完成时间之差，即

$$FF_{i-n} = T_p - EF_{i-n} = T_p - ES_{i-n} - D_{i-n} \tag{12-11}$$

式中，FF_{i-n}——以网络计划终点节点为完成节点的工作 i—n 的自由时差；

T_p——网络计划的计划工期；

EF_{i-n}——以网络计划终点节点为完成节点的工作 i—n 的最早完成时间；

ES_{i-n}——以网络计划终点节点为完成节点的工作 i—n 的最早开始时间；

D_{i-n}——以网络计划终点节点为完成节点的工作 i—n 的持续时间。

例如在本例中，工作 2—7、工作 5—7 和工作 6—7 的自由时差分别为

$$FF_{2-7} = T_p - EF_{2-7} = 15 - 11 = 4$$

$$FF_{5-7} = T_p - EF_{5-7} = 15 - 12 = 3$$

$$FF_{6-7} = T_p - EF_{6-7} = 15 - 15 = 0$$

需要指出的是，对于网络计划中以终点节点为完成节点的工作，其自由时差与总时差相等。此外，由于工作的自由时差是其总时差的构成部分，所以，当工作的总时差为零时，其自由时差必然为零，可不必进行专门计算。例如在本例中，工作 1—3、工作 4—6 和工作 6—7 的总时差全部为零，故其自由时差也全部为零。

(6) 确定关键工作和关键线路

在网络计划中，总时差最小的工作为关键工作。特别地，当网络计划的计划工期等于计算工期时，总时差为零的工作就是关键工作。例如在本例中，工作 1—3、工作 4—6 和工作 6—7 的总时差均为零，故它们都是关键工作。

找出关键工作之后，将这些关键工作首尾相连，便至少构成一条从起点节点到终点节点的通路，通路上各项工作的持续时间总和最大的就是关键线路。在关键线路上可能有虚工作存在。

关键线路一般用粗箭线或双线箭线标出，也可以用彩色箭线标出。例如在本例中，线路 ①→③→④→⑥→⑦ 即为关键线路。关键线路上各项工作的持续时间总和应等于网络计划的计算工期，这一特点也是判别关键线路是否正确的准则。

在上述计算过程中，是将每项工作的六个时间参数均标注在图中，故称为六时标注法，如图 12-18 所示。为使网络计划的图面更加简洁，在双代号网络计划中，除各项工作的持续时间以外，通常只需标注两个最基本的时间参数——各项工作的最早开始时间和最迟开始时间即可，而工作的其他四个时间参数（最早完成时间、最迟完成时间、总时差和自由时差）均可根据工作的最早开始时间、最迟开始时间及持续时间导出。这种方法称为二时标注法，如图 12-19 所示。

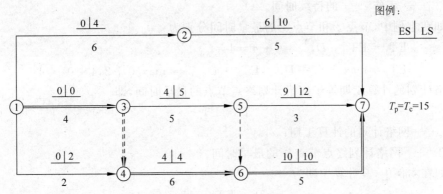

图 12-19　双代号网络计划（二时标注法）

2）按节点计算法

所谓按节点计算法，就是先计算网络计划中各个节点的最早时间和最迟时间，然后再计算各项工作的时间参数和网络计划的计算工期。

下面仍以图 12-17 所示双代号网络计划为例，说明按节点计算法计算时间参数的过程。其计算结果如图 12-20 所示。

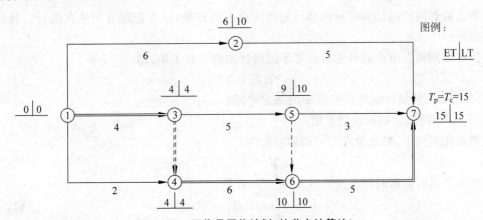

图 12-20　双代号网络计划（按节点计算法）

（1）计算节点的最早时间和最迟时间

① 计算节点的最早时间

节点最早时间的计算应从网络计划的起点节点开始，顺着箭线方向依次进行。其计算步骤如下。

网络计划起点节点，如未规定最早时间时，其值等于零。例如在本例中，起点节点①的最早时间为零，即

$$ET_1 = 0$$

其他节点的最早时间应按式（12-12）进行计算：

$$ET_j = \max\{ET_i + D_{i-j}\} \tag{12-12}$$

式中，ET_j——工作 $i—j$ 的完成节点 j 的最早时间；

ET_i——工作 $i—j$ 的开始节点 i 的最早时间；

D_{i-j}——工作 i—j 的持续时间。

例如在本例中,节点③和节点④的最早时间分别为

$$ET_3 = ET_1 + D_{1-3} = 0 + 4 = 4$$

$$ET_4 = \max\{ET_1 + D_{1-4}, ET_3 + D_{3-4}\} = \max\{0 + 2, 4 + 0\} = 4$$

网络计划的计算工期等于网络计划终点节点的最早时间,即

$$T_c = ET_n \tag{12-13}$$

式中,T_c——网络计划的计算工期;

ET_n——网络计划终点节点 n 的最早时间。

例如在本例中,其计算工期为

$$T_c = ET_7 = 15$$

② 确定网络计划的计划工期

网络计划的计划工期应按式(12-1)或式(12-2)确定。在本例中,假设未规定要求工期,则其计划工期就等于计算工期,即

$$T_p = T_c = 15$$

计划工期应标注在终点节点的右侧,如图 12-20 所示。

③ 计算节点的最迟时间

节点最迟时间的计算应从网络计划的终点节点开始,逆着箭线方向依次进行。其计算步骤如下。

网络计划终点节点的最迟时间等于网络计划的计划工期,即

$$LT_n = T_p \tag{12-14}$$

式中,LT_n——网络计划终点节点 n 的最迟时间;

T_p——网络计划的计划工期。

例如在本例中,终点节点⑦的最迟时间为

$$LT_7 = T_p = 15$$

其他节点的最迟时间应按式(12-15)进行计算:

$$LT_i = \min\{LT_j - D_{i-j}\} \tag{12-15}$$

式中,LT_i——工作 i—j 的开始节点 i 的最迟时间;

LT_j——工作 i—j 的完成节点 j 的最迟时间;

D_{i-j}——工作 i—j 的持续时间。

例如在本例中,节点⑥和节点⑤的最迟时间分别为

$$LT_6 = LT_7 - D_{6-7} = 15 - 5 = 10$$

$$LT_5 = \min\{LT_6 - D_{5-6}, LT_7 - D_{5-7}\}$$

$$= \min\{10 - 0, 15 - 3\}$$

$$= 10$$

(2) 根据节点的最早时间和最迟时间判定工作的六个时间参数

① 工作的最早开始时间等于该工作开始节点的最早时间,即

$$ES_{i-j} = ET_i \tag{12-16}$$

例如在本例中,工作 1—2 和工作 2—7 的最早开始时间分别为

$$ES_{1-2} = ET_1 = 0$$

$$\text{ES}_{2-7} = \text{ET}_2 = 6$$

② 工作的最早完成时间等于该工作开始节点的最早时间与其持续时间之和,即

$$\text{EF}_{i-j} = \text{ET}_i + D_{i-j} \tag{12-17}$$

例如在本例中,工作 1—2 和工作 2—7 的最早完成时间分别为

$$\text{EF}_{1-2} = \text{ET}_1 + D_{1-2} = 0 + 6 = 6$$

$$\text{EF}_{2-7} = \text{ET}_2 + D_{2-7} = 6 + 5 = 11$$

③ 工作的最迟完成时间等于该工作完成节点的最迟时间,即

$$\text{LF}_{i-j} = \text{LT}_j \tag{12-18}$$

例如在本例中,工作 1—2 和工作 2—7 的最迟完成时间分别为

$$\text{LF}_{1-2} = \text{LT}_2 = 10$$

$$\text{LF}_{2-7} = \text{LT}_7 = 15$$

④ 工作的最迟开始时间等于该工作完成节点的最迟时间与其持续时间之差,即

$$\text{LS}_{i-j} = \text{LT}_j - D_{i-j} \tag{12-19}$$

例如在本例中,工作 1—2 和工作 2—7 的最迟开始时间分别为

$$\text{LS}_{1-2} = \text{LT}_2 - D_{1-2} = 10 - 6 = 4$$

$$\text{LS}_{2-7} = \text{LT}_7 - D_{2-7} = 15 - 5 = 10$$

⑤ 工作的总时差可根据式(12-9)、式(12-18)和式(12-17)得到:

$$\text{TF}_{i-j} = \text{LF}_{i-j} - \text{EF}_{i-j} = \text{LT}_j - (\text{EF}_i + D_{i-j})$$

$$= \text{LT}_j - \text{ET}_i - D_{i-j} \tag{12-20}$$

由式(12-20)可知,工作的总时差等于该工作完成节点的最迟时间减去该工作开始节点的最早时间所得差值再减其持续时间。例如在本例中,工作 1—2 和工作 3—5 的总时差分别为

$$\text{TF}_{1-2} = \text{LT}_2 - \text{ET}_1 - D_{1-2} = 10 - 0 - 6 = 4$$

$$\text{TF}_{3-5} = \text{LT}_5 - \text{ET}_3 - D_{3-5} = 10 - 4 - 5 = 1$$

⑥ 工作的自由时差可根据式(12-10)和式(12-16)得到:

$$\text{FF}_{i-j} = \min\{\text{ES}_{j-k} - \text{ES}_{i-j} - D_{i-j}\} = \min\{\text{ES}_{j-k}\} - \text{ES}_{i-j} - D_{i-j}$$

$$= \min\{\text{ET}_j\} - \text{ET}_i - D_{i-j} \tag{12-21}$$

由式(12-21)可知,工作的自由时差等于该工作完成节点的最早时间减去该工作开始节点的最早时间所得差值再减其持续时间。例如在本例中,工作 1—2 和工作 3—5 的自由时差分别为

$$\text{FF}_{1-2} = \text{ET}_2 - \text{ET}_1 - D_{1-2} = 6 - 0 - 6 = 0$$

$$\text{FF}_{3-5} = \text{ET}_5 - \text{ET}_3 - D_{3-5} = 9 - 4 - 5 = 0$$

特别需要注意的是,如果本工作与其各紧后工作之间存在虚工作时,其中的 ET_j 应为本工作紧后工作开始节点的最早时间,而不是本工作完成节点的最早时间。

(3) 确定关键线路和关键工作

在双代号网络计划中,关键线路上的节点称为关键节点。关键工作两端的节点必为关键节点,但两端为关键节点的工作不一定是关键工作。关键节点的最迟时间与最早时间的差值最小。特别地,当网络计划的计划工期等于计算工期时,关键节点的最早时间与最迟时

间必然相等。例如在本例中,节点①③④⑥⑦就是关键节点。关键节点必然处在关键线路上,但由关键节点组成的线路不一定是关键线路。例如在本例中,由关键节点①④⑥⑦组成的线路就不是关键线路。

当利用关键节点判别关键线路和关键工作时,还要满足下列判别式:

$$ET_i + D_{i-j} = ET_j \tag{12-22}$$

或

$$LT_i + D_{i-j} = LT_j \tag{12-23}$$

式中,ET_i——工作 $i-j$ 的开始节点(关键节点)i 的最早时间;

D_{i-j}——工作 $i-j$ 的持续时间;

ET_j——工作 $i-j$ 的完成节点(关键节点)j 的最早时间;

LT_i——工作 $i-j$ 的开始节点(关键节点)i 的最迟时间;

LT_j——工作 $i-j$ 的完成节点(关键节点)j 的最迟时间。

如果两个关键节点之间的工作符合上述判别式,则该工作必然为关键工作,它应该在关键线路上;否则,该工作就不是关键工作,关键线路也就不会从此处通过。例如在本例中,工作 1—3、虚工作 3—4、工作 4—6 和工作 6—7 均符合上述判别式,故线路①→③→④→⑥→⑦为关键线路。

3) 标号法

标号法是一种快速寻求网络计划计算工期和关键线路的方法。它利用按节点计算法的基本原理,对网络计划中的每一个节点进行标号,然后利用标号值确定网络计划的计算工期和关键线路。

下面仍以图 12-17 所示网络计划为例,说明标号法的计算过程。其计算结果如图 12-21 所示。

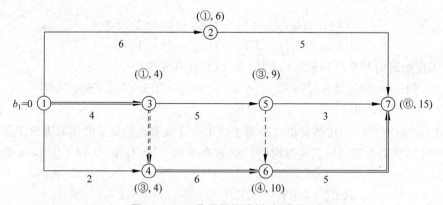

图 12-21　双代号网络计划(标号法)

(1) 网络计划起点节点的标号值为零。例如在本例中,节点①的标号值为零,即

$$b_1 = 0$$

(2) 其他节点的标号值应根据式(12-24)按节点编号从小到大的顺序逐个进行计算:

$$b_j = \max\{b_i + D_{i-j}\} \tag{12-24}$$

式中,b_j——工作 $i-j$ 的完成节点 j 的标号值;

b_i——工作 $i-j$ 的开始节点 i 的标号值;

D_{i-j}——工作 $i-j$ 的持续时间。

例如在本例中,节点③和节点④的标号值分别为

$$b_3 = b_1 + D_{1-3} = 0 + 4 = 4$$

$$b_4 = \max\{b_1 + D_{1-4}, b_3 + D_{3-4}\} = \max\{0 + 2, 4 + 0\} = 4$$

当计算出节点的标号值后,应该用其标号值及其源节点对该节点进行双标号。所谓源节点,就是用来确定本节点标号值的节点。例如在本例中,节点④的标号值 4 由节点③所确定,故节点④的源节点就是节点③。如果源节点有多个,应将所有源节点标出。

(3) 网络计划的计算工期就是网络计划终点节点的标号值。例如在本例中,其计算工期就等于终点节点⑦的标号值 15。

(4) 关键线路应从网络计划的终点节点开始,逆着箭线方向按源节点确定。例如在本例中,从终点节点⑦开始,逆着箭线方向按源节点可以找出关键线路为①→③→④→⑥→⑦。

12.3　单代号网络计划

12.3.1　单代号网络图的绘图规则和方法

1. 绘图规则

单代号网络图的绘制规则与双代号网络图的绘制规则基本相同,主要区别在于:当网络图中有多项开始工作时,应增设一项虚拟的工作,作为该网络图的起始节点;当网络图中有多项结束工作时,应增设一项虚拟的工作,作为该网络图的终点节点。

2. 绘制方法

绘制单代号网络图比绘制双代号网络图更加容易,其主要绘制方法和步骤如下。

(1) 无紧前工作首先画;

(2) 紧后工作跟着画;

(3) 正确使用虚拟开始、结束节点;

(4) 检查工作顺序关系;

(5) 调整整理再编号。

【例 12-5】 已知各工作的逻辑关系如表 12-6 所示,试绘制单代号网络图。

表 12-6　例 12-5 工作逻辑关系表

工作名称	紧前工作	紧后工作	工作名称	紧前工作	紧后工作
A	—	B、E、C	E	A、B	G
B	A	D、E	G	D、E	H
C	A	H	H	D、G、C	—
D	B	G、H	—	—	—

【解】

(1) 首先画出无紧前工作的工作 A;

(2) 按所给定的紧前、紧后工作关系,从左向右逐个绘出其余各工作的节点和箭线;

（3）增加虚拟的开始节点、结束节点（当开始或结束工作只有一项工作时，则不需增加虚拟节点）；

（4）检查工作关系后，整理并编号，如图12-22所示。

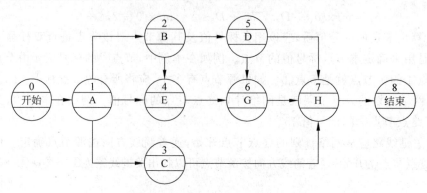

图 12-22 单代号网络图绘制方法

12.3.2 单代号网络计划时间参数的计算

单代号网络计划与双代号网络计划只是表现形式不同，所表达的内容完全一样。其时间参数的计算除时差外，只需将双代号网络计划计算式中的符号加以改变即可。其时间参数计算过程如下。

1. 计算工作的最早开始时间和最早完成时间

工作最早开始时间和最早完成时间的计算应从网络计划的起点节点开始，顺着箭线方向按节点编号从小到大的顺序依次进行。其计算步骤如下。

（1）网络计划起点节点所代表的工作，其最早开始时间未规定时取值为零。

（2）工作的最早完成时间应等于本工作的最早开始时间与其持续时间之和，即

$$EF_i = ES_i + D_i \tag{12-25}$$

式中，EF_i——工作 i 的最早完成时间；

ES_i——工作 i 的最早开始时间；

D_i——工作 i 的持续时间。

（3）其他工作的最早开始时间应等于其紧前工作的最早完成时间的最大值，即

$$ES_j = \max\{EF_i\} \tag{12-26}$$

式中，ES_j——工作 j 的最早开始时间；

EF_i——工作 j 的紧前工作 i 的最早完成时间。

（4）网络计划的计算工期等于其终点节点所代表的工作的最早完成时间。

2. 计算相邻两项工作之间的时间间隔

相邻两项工作之间的时间间隔是指其紧后工作的最早开始时间与本工作最早完成时间的差值，即

$$LAG_{i,j} = ES_j - EF_i \tag{12-27}$$

式中,$\text{LAG}_{i,j}$——工作 i 与其紧后工作 j 之间的时间间隔;

$\quad\text{ES}_j$——工作 i 的紧后工作 j 的最早开始时间;

$\quad\text{EF}_i$——工作 i 的最早完成时间。

3. 确定网络计划的计划工期

网络计划的计划工期按式(12-1)或式(12-2)确定。

4. 计算工作的总时差

工作总时差的计算应从网络计划的终点节点开始,逆着箭线方向按节点编号从大到小的顺序依次进行。

(1)网络计划终点节点 n 所代表的工作的总时差应等于计划工期与计算工期之差,即

$$\text{TF}_n = T_p - T_c \tag{12-28}$$

式中,TF_n——工作 n 的总时差。

其余符号同前。

当计划工期等于计算工期时,该工作的总时差为零。

(2)其他工作的总时差应等于本工作与其紧后工作之间的时间间隔加该紧后工作的总时差所得之和的最小值,即

$$\text{TF}_i = \min\{\text{LAG}_{i,j} + \text{TF}_j\} \tag{12-29}$$

式中,TF_i——工作 i 的总时差;

$\quad\text{LAG}_{i,j}$——工作 i 与其紧后工作 j 之间的时间间隔;

$\quad\text{TF}_j$——工作 i 的紧后工作 j 的总时差。

5. 计算工作的自由时差

(1)网络计划终点节点 n 所代表的工作的自由时差等于计划工期与本工作的最早完成时间之差,即

$$\text{FF}_n = T_p - \text{EF}_n \tag{12-30}$$

式中,FF_n——终点节点 n 所代表的工作的自由时差;

$\quad T_p$——网络计划的计划工期;

$\quad\text{EF}_n$——终点节点 n 所代表的工作的最早完成时间(即计算工期)。

(2)其他工作的自由时差等于本工作与其紧后工作之间时间间隔的最小值,即

$$\text{FF}_i = \min\{\text{LAG}_{i,j}\} \tag{12-31}$$

6. 计算工作的最迟完成时间和最迟开始时间

工作的最迟完成时间和最迟开始时间的计算可按以下两种方法进行。

1)根据总时差计算

(1)工作的最迟完成时间等于本工作的最早完成时间与其总时差之和,即

$$\text{LF}_i = \text{EF}_i + \text{TF}_i \tag{12-32}$$

(2)工作的最迟开始时间等于本工作的最早开始时间与其总时差之和,即

$$\text{LS}_i = \text{ES}_i + \text{TF}_i \tag{12-33}$$

2) 根据计划工期计算

工作最迟完成时间和最迟开始时间的计算应从网络计划的终点节点开始,逆着箭线方向按节点编号从大到小的顺序依次进行。

(1) 网络计划终点节点 n 所代表的工作的最迟完成时间等于该网络计划的计划工期,即

$$LF_n = T_p \tag{12-34}$$

(2) 工作的最迟开始时间等于本工作的最迟完成时间与其持续时间之差,即

$$LS_i = LF_i - D_i \tag{12-35}$$

(3) 其他工作的最迟完成时间等于该工作各紧后工作最迟开始时间的最小值,即

$$LF_i = \min\{LS_j\} \tag{12-36}$$

式中,LF_i——工作 i 的最迟完成时间;

LS_j——工作 i 的紧后工作 j 的最迟开始时间。

7. 确定网络计划的关键线路

利用相邻两项工作之间的时间间隔确定关键线路。从网络计划的终点节点开始,逆着箭线方向依次找出相邻两项工作之间时间间隔为零的线路就是关键线路。

在网络计划中,关键线路可以用粗箭线或双箭线标出,也可以用彩色箭线标出。

【例 12-6】 试计算图 12-23 所示单代号网络计划的时间参数并找出关键线路。

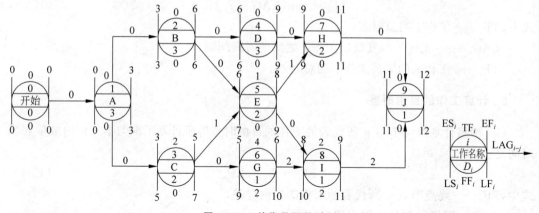

图 12-23 单代号网络计划

【解】 为了说明问题,每个参数试举一例说明其计算方法,其他各参数见图 12-23 中所标注。

(1) 最早开始时间:

令 $ES_0 = 0$,则

$$ES_1 = ES_0 + D_0 = 0 + 0 = 0$$

(2) 最早结束时间:

$$EF_1 = ES_1 + D_1 = 0 + 3 = 3$$

(3) 计算工期:

$$T_c = EF_9 = 12$$

（4）计算时间间隔：
$$LAG_{1-2} = ES_2 - EF_1 = 3 - 3 = 0$$

（5）工作自由时差：
$$FF_1 = \min\{LAG_{1-2}, LAG_{1-3}\} = \min\{0, 0\} = 0$$
$$FF_9 = T_p - T_c = 12 - 12 = 0$$

（6）工作总时差：

因 $T_c = T_p$，则
$$TF_9 = 0$$
$$TF_8 = \min\{LAG_{8-9} + TF_9\} = \min\{2 + 0\} = 2$$
$$TF_1 = \min\{LAG_{1-2} + TF_2, LAG_{1-3} + TF_3\}$$
$$= \min\{0 + 0, 0 + 2\} = 0$$

（7）最迟开始、完成时间：
$$LS_1 = ES_1 + TF_1 = 0 + 0 = 0, \quad LF_1 = EF_1 + TF_1 = 3 + 0 = 3$$
或
$$LF_1 = LS_1 + D_1 = 0 + 3 = 3$$

（8）关键线路：从该网络计划的终点节点⑨开始，逆着箭线方向依次找出相邻两项工作时间间隔为零的线路就是关键线路，即 0→①→②→④→⑦→⑨。

12.4　双代号时标网络计划

双代号时标网络计划（简称时标网络计划）必须以水平时间坐标为尺度表示工作时间。时标的时间单位应根据需要在编制网络计划之前确定，可以是小时、天、周、月或季度等。

在时标网络计划中，以实箭线表示工作，实箭线的水平投影长度表示该工作的持续时间；以虚箭线表示虚工作，由于虚工作的持续时间为零，故虚箭线只能垂直画；以波形线表示工作与其紧后工作之间的时间间隔（以终点节点为完成节点的工作除外，当计划工期等于计算工期时，这些工作箭线中波形线的水平投影长度表示其自由时差）。

时标网络计划既具有网络计划的优点，又具有横道计划直观易懂的优点，它将网络计划的时间参数直观地表达出来。

12.4.1　时标网络计划的编制方法

时标网络计划宜按各项工作的最早开始时间编制。为此，在编制时标网络计划时应使每一个节点和每一项工作（包括虚工作）尽量向左靠，直至不出现从右向左的逆向箭线为止。

在编制时标网络计划之前，应先按已经确定的时间单位绘制时标网络计划表。时间坐标可以标注在时标网络计划表的顶部或底部。当网络计划的规模比较大，且比较复杂时，可以在时标网络计划表的顶部和底部同时标注时间坐标。必要时，还可以在顶部时间坐标之上或底部时间坐标之下同时加注日历时间。时标网络计划表如表 12-7 所示。表中部的刻度线宜为细线。为使图面清晰简洁，此线也可不画或少画。

表 12-7 时标网络计划表

日　　历																
(时间单位)	1	2	3	4	5	6	7	8	9	10	11	12	13	14	15	16
网络计划																
(时间单位)	1	2	3	4	5	6	7	8	9	10	11	12	13	14	15	16

编制时标网络计划应先绘制无时标的网络计划草图,然后按间接绘制法或直接绘制法进行。

1. 间接绘制法

所谓间接绘制法,是指先根据无时标的网络计划草图计算其时间参数并确定关键线路,然后在时标网络计划表中进行绘制。在绘制时应先将所有节点按其最早时间定位在时标网络计划表中的相应位置,再用规定线型(实箭线和虚箭线)按比例绘出工作和虚工作。当某些工作箭线的长度不足以到达该工作的完成节点时,须用波形线补足,箭头应画在与该工作完成节点的连接处。

2. 直接绘制法

所谓直接绘制法,是指不计算时间参数而直接按无时标的网络计划草图绘制时标网络计划。现以图 12-24 所示网络计划为例,说明时标网络计划的绘制过程。

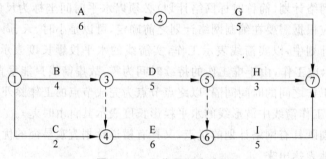

图 12-24 双代号网络计划

(1) 将网络计划的起点节点定位在时标网络计划表的起始刻度线上。

(2) 按工作的持续时间绘制以网络计划起点节点为开始节点的工作箭线。

(3) 除网络计划的起点节点外,其他节点必须在所有以该节点为完成节点的工作箭线均绘出后,定位在这些工作箭线中最迟的箭线末端。当某些工作箭线的长度不足以到达该节点时,须用波形线补足,箭头画在与该节点的连接处。

(4) 当某个节点的位置确定之后,即可绘制以该节点为开始节点的工作箭线。

(5) 利用上述方法从左至右依次确定其他各个节点的位置,直至绘出网络计划的终点节点。

(6) 最后根据工作箭线 G、工作箭线 H 和工作箭线 I 确定出终点节点的位置。

本例所对应的时标网络计划如图 12-25 所示,图中双箭线表示的线路为关键线路。

在绘制时标网络计划时,特别需要注意的问题是处理好虚箭线。首先,应将虚箭线与实箭线等同看待,只是其对应工作的持续时间为零;其次,尽管它本身没有持续时间,但可能

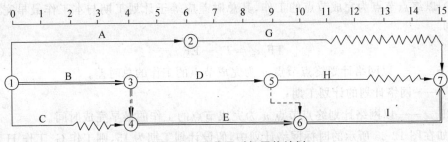

图 12-25　双代号时标网络计划

存在波形线,因此,要按规定画出波形线。在画波形线时,其垂直部分仍应画为虚线(如图 12-25 所示时标网络计划中的虚箭线 5—6)。

12.4.2　时标网络计划中时间参数的判定

1. 关键线路和计算工期的判定

1)关键线路的判定

时标网络计划中的关键线路可从网络计划的终点节点开始,逆着箭线方向进行判定。凡自始至终不出现波形线的线路即为关键线路。因为不出现波形线,就说明在这条线路上相邻两项工作之间的时间间隔全部为零,也就是在计算工期等于计划工期的前提下,这些工作的总时差和自由时差全部为零。例如在图 12-25 所示时标网络计划中,线路①→③→④→⑥→⑦即为关键线路。

2)计算工期的判定

网络计划的计算工期应等于终点节点所对应的时标值与起点节点所对应的时标值之差。例如,图 12-25 所示时标网络计划的计算工期为

$$T_c = 15 - 0 = 15$$

2. 相邻两项工作之间时间间隔的判定

除以终点节点为完成节点的工作外,工作箭线中波形线的水平投影长度表示工作与其紧后工作之间的时间间隔。例如在图 12-25 所示的时标网络计划中,工作 C 和工作 E 之间的时间间隔为 2;工作 D 和工作 I 之间的时间间隔为 1;其他工作之间的时间间隔均为零。

3. 工作六个时间参数的判定

1)工作最早开始时间和最早完成时间的判定

工作箭线左端节点中心所对应的时标值为该工作的最早开始时间。当工作箭线中不存在波形线时,其右端节点中心所对应的时标值为该工作的最早完成时间;当工作箭线中存在波形线时,工作箭线实线部分右端点所对应的时标值为该工作的最早完成时间。例如在图 12-25 所示的时标网络计划中,工作 A 和工作 H 的最早开始时间分别为 0 和 9,而它们的最早完成时间分别为 6 和 12。

2)工作总时差的判定

工作总时差的判定应从网络计划的终点节点开始,逆着箭线方向依次进行。

（1）以终点节点为完成节点的工作,其总时差应等于计划工期与本工作最早完成时间之差,即

$$TF_{i-n} = T_p - EF_{i-n} \qquad (12\text{-}37)$$

式中,TF_{i-n}——以网络计划终点节点 n 为完成节点的工作的总时差;

　　T_p——网络计划的计划工期;

　　EF_{i-n}——以网络计划终点节点 n 为完成节点的工作的最早完成时间。

例如在图 12-25 所示的时标网络计划中,假设计划工期为 15,则工作 G、工作 H 和工作 I 的总时差分别为

$$TF_{2-7} = T_p - EF_{2-7} = 15 - 11 = 4$$
$$TF_{5-7} = T_p - EF_{5-7} = 15 - 12 = 3$$
$$TF_{6-7} = T_p - EF_{6-7} = 15 - 15 = 0$$

（2）其他工作的总时差等于其紧后工作的总时差加本工作与该紧后工作之间的时间间隔所得之和的最小值,即

$$TF_{i-j} = \min\{TF_{j-k} + LAG_{i-j,j-k}\} \qquad (12\text{-}38)$$

式中,TF_{i-j}——工作 $i-j$ 的总时差;

　　TF_{j-k}——工作 $i-j$ 的紧后工作 $j-k$(非虚工作)的总时差;

　　$LAG_{i-j,j-k}$——工作 $i-j$ 与其紧后工作 $j-k$(非虚工作)之间的时间间隔。

例如在图 12-25 所示的时标网络计划中,工作 A、工作 C 和工作 D 的总时差分别为

$$TF_{1-2} = TF_{2-7} + LAG_{1-2,2-7} = 4 + 0 = 4$$
$$TF_{1-4} = TF_{4-6} + LAG_{1-4,4-6} = 0 + 2 = 2$$
$$TF_{3-5} = \min\{TF_{5-7} + LAG_{3-5,5-7}, TF_{6-7} + LAG_{3-5,6-7}\}$$
$$= \min\{3+0, 0+1\} = 1$$

3）工作自由时差的判定

（1）以终点节点为完成节点的工作,其自由时差应等于计划工期与本工作最早完成时间之差,即

$$FF_{i-n} = T_p - EF_{i-n} \qquad (12\text{-}39)$$

式中,FF_{i-n}——以网络计划终点节点 n 为完成节点的工作的总时差;

　　T_p——网络计划的计划工期;

　　EF_{i-n}——以网络计划终点节点 n 为完成节点的工作的最早完成时间。

例如在图 12-25 所示的时标网络计划中,工作 G、工作 H 和工作 I 的自由时差分别为

$$FF_{2-7} = T_p - EF_{2-7} = 15 - 11 = 4$$
$$FF_{5-7} = T_p - EF_{5-7} = 15 - 12 = 3$$
$$FF_{6-7} = T_p - EF_{6-7} = 15 - 15 = 0$$

事实上,以终点节点为完成节点的工作,其自由时差与总时差必然相等。

（2）其他工作的自由时差就是该工作箭线中波形线的水平投影长度。但当工作之后只紧接虚工作时,则该工作箭线上一定不存在波形线,而其紧接的虚箭线中波形线水平投影长度的最短者为该工作的自由时差。

例如在图 12-25 所示的时标网络计划中,工作 A、工作 B、工作 D 和工作 E 的自由时差

均为零,而工作 C 的自由时差为 2。

4）工作最迟开始时间和最迟完成时间的判定

（1）工作的最迟开始时间等于本工作的最早开始时间与其总时差之和,即

$$LS_{i-j} = ES_{i-j} + TF_{i-j} \tag{12-40}$$

式中,LS_{i-j}——工作 $i-j$ 的最迟开始时间;

　　ES_{i-j}——工作 $i-j$ 的最早开始时间;

　　TF_{i-j}——工作 $i-j$ 的总时差。

例如在图 12-25 所示的时标网络计划中,工作 A、工作 C、工作 D、工作 G 和工作 H 的最迟开始时间分别为

$$LS_{1-2} = ES_{1-2} + TF_{1-2} = 0 + 4 = 4$$
$$LS_{1-4} = ES_{1-4} + TF_{1-4} = 0 + 2 = 2$$
$$LS_{3-5} = ES_{3-5} + TF_{3-5} = 4 + 1 = 5$$
$$LS_{2-7} = ES_{2-7} + TF_{2-7} = 6 + 4 = 10$$
$$LS_{5-7} = ES_{5-7} + TF_{5-7} = 9 + 3 = 12$$

（2）工作的最迟完成时间等于本工作的最早完成时间与其总时差之和,即

$$LF_{i-j} = EF_{i-j} + TF_{i-j} \tag{12-41}$$

式中,LF_{i-j}——工作 $i-j$ 的最迟完成时间;

　　EF_{i-j}——工作 $i-j$ 的最早完成时间;

　　TF_{i-j}——工作 $i-j$ 的总时差。

例如在图 12-25 所示的时标网络计划中,工作 A、工作 C、工作 D、工作 G 和工作 H 的最迟完成时间分别为

$$LF_{1-2} = EF_{1-2} + TF_{1-2} = 6 + 4 = 10$$
$$LF_{1-4} = EF_{1-4} + TF_{1-4} = 2 + 2 = 4$$
$$LF_{3-5} = EF_{3-5} + TF_{3-5} = 9 + 1 = 10$$
$$LF_{2-7} = EF_{2-7} + TF_{2-7} = 11 + 4 = 15$$
$$LF_{5-7} = EF_{5-7} + TF_{5-7} = 12 + 3 = 15$$

图 12-25 所示时标网络计划中时间参数的判定结果应与图 12-18 所示网络计划时间参数的计算结果完全一致。

12.5　网络计划的优化与调整

网络计划优化是指在一定约束条件下,按既定目标对网络计划进行不断改进,以寻求满意方案的过程。

当实际进度偏差影响到后续工作、总工期时,就需要对网络进度计划进行调整。

12.5.1　网络计划的优化

网络计划的优化目标应按计划任务的需要和条件选定,包括工期目标、费用目标和资源目标。根据优化目标的不同,网络计划优化可分为工期优化、费用优化和资源优化三种。

1. 工期优化

所谓工期优化，是指网络计划的计算工期不满足要求工期时，通过压缩关键工作的持续时间以满足要求工期目标的过程。

网络计划工期优化的基本方法是在不改变网络计划中各项工作之间逻辑关系的前提下，通过压缩关键工作的持续时间来达到优化目标。在工期优化过程中，按照经济合理的原则，不能将关键工作压缩成非关键工作。此外，当工期优化过程中出现多条关键线路时，必须将各关键线路的总持续时间压缩相同数值，否则不能有效缩短工期。

网络计划的工期优化可按下列步骤进行。

（1）确定初始网络计划的计算工期和关键线路。

（2）按要求工期计算应缩短的时间 ΔT：

$$\Delta T = T_c - T_r \tag{12-42}$$

式中，T_c——网络计划的计算工期；

T_r——要求工期。

（3）选择应缩短持续时间的关键工作。选择压缩对象时宜在关键工作中考虑下列因素：

① 缩短持续时间对质量和安全影响不大的工作；

② 有充足备用资源的工作；

③ 缩短持续时间所需增加费用最少的工作。

（4）将所选定的关键工作的持续时间压缩至最短，并重新确定计算工期和关键线路。若被压缩的工作变成非关键工作，则应延长其持续时间，使之仍为关键工作。

（5）当计算工期仍超过要求工期时，则重复上述步骤（2）～（4），直至计算工期满足要求工期或计算工期已不能再缩短为止。

（6）当所有关键工作的持续时间都已达到其能缩短的极限而寻求不到继续缩短工期的方案，但网络计划的计算工期仍不能满足要求工期时，应对网络计划的原技术方案、组织方案进行调整，或对要求工期重新审定。

2. 费用优化

费用优化又称工期-成本优化，是指寻求工程总成本最低时的工期安排，或按要求工期寻求最低成本的计划安排的过程。

1）费用与时间的关系

（1）工期与费用

工程成本包括直接费用和间接费用两部分。在一定范围内，直接费用随着时间的延长而减少，而间接费用则随着时间的延长而增加，如图 12-26 所示。图中所示的工程总成本曲线是由直接费曲线和间接费曲线叠加而成的，曲线上的最低点就是工程计划的最优方案之一。此方案工程成本最低的 P_1 点相对应的工程持续时间称为最优工期 t_1。如果已知要求工期 t_2，也可以很容易找到与之相应的总成本 P_2。

（2）工作持续时间与费用

就工作本身而言只发生直接费用。完成一项工作的施工方法很多，但总有一个是费用最低的,与之相应的持续时间称为正常时间;如果要加快工作的进度,就要采取加班加点、增加工作班次、增加或换用大功率机械设备、使用更有效的施工方法等措施,而采取这些措施一般都要增加费用,但工作持续时间在一定条件下也只能缩短到一定的限度,这个持续时间称为极限时间。

　　工作的直接费与持续时间之间的关系类似于工程直接费与工期之间的关系,工作的直接费随着时间的缩短而增加,如图 12-27 所示。为简化计算,工作的直接费与持续时间之间的关系被近似地认为是一条直线关系。

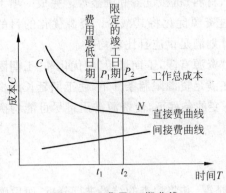

图 12-26　费用-工期曲线

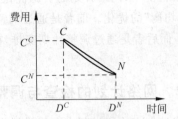

图 12-27　工作持续时间-直接
费用曲线

D^N—工作的正常持续时间;C^N—按正常持续时间完成工作时所需的直接费;D^C—工作的最短持续时间;C^C—按最短持续时间完成工作时所需的直接费

　　工作的持续时间每缩短单位时间而增加的直接费称为直接费用率。工作的直接费用率越大,说明将该工作的持续时间缩短一个时间单位所需增加的直接费就越多;反之,将该工作的持续时间缩短一个时间单位所需增加的直接费就越少。因此,在压缩关键工作的持续时间以达到缩短工期的目的时,应将直接费用率最小的关键工作作为压缩对象。当有多条关键线路出现而需要同时压缩多个关键工作的持续时间时,应将它们的直接费用率之和(组合直接费用率)最小者作为压缩对象。

　　2) 工期-成本优化方式

　　(1) 在规定的工期条件下,求出工程的最低成本——工期一定,成本最低;

　　(2) 要求以最低成本完成整个工程计划时,如何确定它的最优工期;

　　(3) 如希望进一步缩短工期,则应考虑如何使所增加的成本最小;

　　(4) 如准备增加一定费用,以缩短工程的工期,它可以比原计划缩短多少天。

　　3) 优化的方法和步骤

　　(1) 计算正常作业条件下工程网络计划的工期、关键线路。

　　(2) 计算各项工作的直接费率。

　　(3) 在关键线路上,选择直接费率(或组合直接费率)最小并且不超过工程间接费率的工作作为被压缩对象。

　　(4) 将被压缩对象压缩至最短,当被压缩对象为一组工作时,将该组工作压缩同一数值,并找出关键线路,如果被压缩对象变成了非关键工作,则需适当延长其持续时间,使其刚好恢复为关键工作为止。

（5）重新计算和确定网络计划的工期、关键线路和总直接费、总间接费、总费用。

（6）重复上述步骤（3）～（5）,直至找不到直接费率或组合直接费率不超过工程间接费率的压缩对象为止。此时即求出总费用最低的最优工期。

3. 资源优化

资源是指为完成一项计划任务所需投入的人力、材料、机械设备和资金等。完成一项工程任务所需要的资源量基本上是不变的,不可能通过资源优化将其减少。资源优化的目的是通过改变工作的开始时间和完成时间,使资源按计划满足供应且比较均衡。

通常情况下,网络计划的资源优化分为两种,即"资源有限,工期最短"的优化和"工期固定,资源均衡"的优化。前者是通过调整计划安排,在满足资源限制条件下,使工期延长最少的过程;而后者是通过调整计划安排,在工期保持不变的条件下,使资源需用量尽可能均衡的过程。

12.5.2　网络计划的检查与调整

网络计划在执行过程中应经常检查其实际执行情况,并将检查的结果进行分析,而后确定后续计划的调整方案,这样才能发挥出网络计划的作用。

1. 对进度偏差的分析

当检查发现实际进度与计划进度相比出现偏差时,首先分析该偏差对后续工作及对工期的影响,其分析步骤如下。

（1）分析进度偏差的工作是否为关键工作。若出现偏差的工作为关键工作,则无论偏差大小,都会对后续工作及总工期产生影响,必须采取相应的调整措施;若出现偏差的工作不是关键工作,则根据偏差值与总时差和自由时差的大小关系,确定对后续工作及总工期的影响程度。

（2）分析进度偏差是否大于总时差。若非关键工作的进度偏差大于该工作的总时差,说明此偏差必将影响后续工作及总工期,必须采取相应的调整措施;若工作的进度偏差小于或等于该工作的总时差,说明此偏差对总工期无影响,但其对后续工作的影响程度,需要根据比较偏差与自由时差的情况来确定。

（3）分析进度偏差是否大于自由时差。当工作的进度偏差大于该工作的自由时差时,说明对后续工作产生了影响,应该如何调整,需要根据后续工作允许影响的程度而定（有无自由时差）;若工作的进度偏差小于或等于该工作的自由时差,则说明其对后续工作无影响,因此,原计划不需调整。

经过以上分析,便可以确定应该调整产生进度偏差的工作和调整偏差值的大小,以便确定新的调整措施。

2. 网络计划的调整方法

在对实施的网络计划进行分析的基础上,应确定调整原计划的方法,主要有以下两种。

（1）改变某些工作间的逻辑关系。若检查的实际施工进度产生的偏差影响了总工期，在工作之间的逻辑关系允许改变的条件下，可改变关键线路或超过计划工期的非关键线路上的有关工作之间的逻辑关系，达到缩短工期的目的。例如，可以把依次进行的有关工作改成平行的或互相搭接的以及分成几个施工段的流水施工等，都可以达到缩短工期的目的。这种调整方法的效果是很显著的。

（2）缩短某些工作的持续时间。这种方法是不改变工作之间的逻辑关系，而缩短某些关键工作的持续时间。实际上就是采用工期优化或工期-成本优化的方法，来达到缩短实施的网络计划的工期，实现原计划工期的目的。

思考题

1. 网络计划的基本原理是什么？
2. 试比较网络图与横道图的优缺点。
3. 何谓网络图？网络图中有哪几种类型的工作？实工作与虚工作有何不同？虚工作有什么作用？
4. 何谓工作之间的逻辑关系？试举例说明。
5. 单（双）代号网络图由哪些因素组成？它们有什么区别？
6. 简述单（双）代号网络图的绘制规则和方法。
7. 网络图的时间参数有哪些？在单（双）代号网络图中如何计算？
8. 何谓工作的总时差和自由时差？如何确定各种网络图的关键线路和关键工作？
9. 双代号时标网络计划的特点有哪些？如何确定其时间参数？
10. 网络计划优化的方式有哪几种？各有何作用？试说明时间与费用的关系。
11. 简述工期优化和工期-成本优化的方法和步骤。
12. 对网络计划执行中出现的进度偏差如何进行分析？其调整方法有哪几种？

习题

1. 已知工作之间的逻辑关系如表 12-8 所示，试分别绘制双（单）代号网络图。

表 12-8　工作之间的逻辑关系

工作名称	A	B	C	D	E	G	H	I	J
紧前工作	E	H、A	J、G	H、I、A	—	H、A	—	—	E

2. 某网络计划的有关资料如表 12-9 所示，试绘制双代号网络图，并在图中标出各项工作的 6 个时间参数，用双箭线标明该网络计划的关键线路。

表 12-9　某网络计划的有关资料（一）

工作名称	A	B	C	D	E	F	G	H	I	J	K
持续时间/d	22	10	13	8	15	17	15	6	11	12	20
紧前工作	—	—	B、E	A、C、H	—	B、E	E	F、G	F、G	A、C、I、H	F、G

3. 某网络计划的有关资料如表 12-10 所示,试绘制双代号网络图,并计算各项工作的时间参数、标明关键线路。将所绘双代号网络图转化成时标网络计划,并说明网络计划中波形线的意义。

表 12-10 某网络计划的有关资料(二)

工作名称	A	B	C	D	E	G	H	I	J	K
持续时间/d	2	3	5	2	3	3	2	3	6	2
紧前工作	—	A	A	B	B	D	G	E、G	C、E、G	H、I

4. 某网络计划的有关资料如表 12-11 所示,试绘制单代号网络图,并在图中标出各项工作的 6 个时间参数及相邻两项工作的时间间隔,用双箭线标明该网络计划的关键线路。

表 12-11 某网络计划的有关资料(三)

工作名称	A	B	C	D	E	G
持续时间/d	12	10	5	7	6	4
紧前工作	—	—	—	B	B	C、D

5. 某网络计划如图 12-28 所示,箭线下方括号外数字为工作的正常持续时间,括号内数字为工作的最短持续时间;箭线上方括号内数字为优选系数(优选系数小者优先缩短持续时间)。要求工期为 12 d,试对该网络计划进行工期优化。

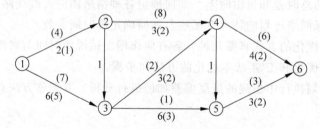

图 12-28 某网络计划图(一)

6. 已知某网络计划如图 12-29 所示,箭线下方括号外数字为工作的正常持续时间,括号内数字为工作的最短持续时间;箭线上方括号外数字为工作正常持续时间的直接费,括号内数字为工作最短持续时间的直接费。费用单位为千元,时间单位为 d。如果工作间接费率为 800 元/d,则工程费用最低的工期为多少天?

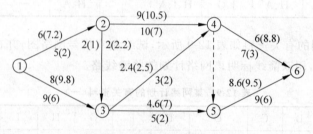

图 12-29 某网络计划图(二)

单位工程施工组织设计

  掌握：单位工程施工组织设计的内容；施工方案应确定的内容；施工进度编制的步骤和方法；施工平面图设计的内容和步骤。

  熟悉：单位施工组织进度编制的程序；施工方案的选择方法；单位工程资源需要量计划的内容；单位工程施工平面图设计原则；单位工程施工组织设计技术经济分析方法。

  了解：主要施工技术组织措施；单位工程施工组织设计技术经济分析指标体系。

  单位工程施工组织设计是以单位(子单位)工程为主要对象编制的施工组织设计,对单位(子单位)工程的施工过程起指导和制约作用。

13.1   单位工程施工组织设计的内容

  土木工程建设中,单位工程是指单位(子单位)建筑物中的建筑安装工程,它具有独立的施工条件。由于工程的规模大小、结构复杂程度、工期与质量要求、建设地点的自然条件、施工单位的技术与设备力量等不同,单位工程施工组织设计的编制内容与深度有所不同。较完整的单位工程施工组织设计应包括以下内容。

1. 工程概况

  工程概况应包括工程主要情况、工程设计概况、工程施工条件和工程施工特点等。

  1) 工程主要情况

  工程主要情况介绍应包括：拟建工程的工程名称、性质和地理位置,工程的建设、勘察、设计、监理和施工(总承包和分包)等相关单位的情况,工程承包范围和分包工程范围,施工合同、招标文件或总承包单位对工程施工的重点要求,以及其他应说明的情况。

  2) 工程设计概况

  工程设计概况主要包括建筑设计、结构设计与机电及设备安装专业设计方面的概要内容。

  建筑设计简介应依据建设单位提供的建筑设计文件进行描述,包括建筑规模,建筑功能,建筑特点,建筑耐火、防水及节能要求等。其中建筑特点一般需说明拟建工程的建筑面积、平面形状与尺寸、层数、层高、总高度,并附有平面、剖面简图。同时还应简单描述工程的主要装修做法。

  结构设计简介应依据建设单位提供的结构设计文件进行描述,包括结构形式、地基基础形式与埋置深度、结构安全等级、抗震设防类别、主要结构构件类型与尺寸、预制构件的类型及安装、主要材料的强度等级的要求等。

机电及设备安装专业设计简介应依据建设单位提供的各相关专业设计文件进行描述，包括给水、排水及采暖系统，通风与空调系统，电气系统，智能化系统，电梯等各个专业系统的做法要求。

3）工程施工条件

工程施工条件介绍应包括：工程建设地点的气象状况，如当地的气温、主导风向与风力、冬雨季施工时间等；工程施工区域地形和工程水文地质状况，如土壤冻结时间与冻结深度、地下水位的深度与水质等；工程施工区域地上、地下管线及相邻的地上、地下建（构）筑物情况；与工程施工有关的道路、河流等状况。另外，还有工程当地交通运输的条件，预制构件的生产及供应情况，预拌混凝土和砂浆的供应情况等；施工企业的机械、设备和劳动力落实情况，劳动力的组织形式和内部承包方式等；施工当地供电、供水、供热和通信能力状况以及其他与施工有关的主要因素等。

4）工程施工特点

工程施工特点用以说明该单位工程的施工难点和施工中的关键问题，以便在选择施工方案、组织资源供应、配备技术和设备力量，以及进行施工组织等方面采取相应的措施。

2. 施工准备工作计划

施工准备工作的内容包括技术准备、物资准备、劳动组织准备、施工现场准备和施工场外协调准备等。按工程的开展阶段可分为开工前的准备工作和开工后的准备工作。后者是指在每个施工阶段开始之前所进行的准备工作，如土方与基础工程、主体结构工程和装饰工程等的施工内容不同，其所需的技术物资条件、施工组织方式和现场布置等也就不同，必须做好相应的施工准备。施工准备工作计划应根据单位工程的施工进度计划来编制。

3. 施工方案选择

施工方案是施工组织设计的核心内容。施工方案的制定需进行多方案比较后，选择出最佳方案。其具体内容将在 13.2 节中详细介绍。

4. 施工计划编制

单位工程施工计划包括施工进度计划，劳动力、材料、构件和半成品、施工机械等资源需要量计划两部分。其具体内容和编制方法将在 13.3 节和 13.4 节中介绍。

5. 施工平面图设计

单位工程施工平面图的内容包括垂直运输机械、搅拌站、加工棚、仓库、堆料、临时建筑物及临时性水电管线等的位置。其具体内容及设计步骤与方法将在 13.5 节中介绍。

6. 施工技术与组织措施制定

技术与组织措施主要指在技术、组织上对保证工期措施、保证工程质量、保证施工安全、节约成本和进行季节性施工，以及分包管理措施等方面所采取的方法与措施。

7. 主要技术经济指标

主要技术经济指标包括施工工期、工程质量、单位建筑面积成本、劳动生产率、施工机械化程度、降低成本、主要材料节约等指标。

13.2 施工方案选择

施工方案的选择是单位工程施工组织设计的核心内容,是施工组织设计中具有决策性的重要环节,应根据工程情况初步拟定几个可行的施工方案,从中经过分析、比较,选用最优的施工方案,并将其作为安排施工进度计划和设计施工平面图的依据。

施工方案的选择一般包括确定施工程序、施工起点流向、施工顺序,选择重要分部分项工程的施工方法、施工机械和确定施工组织方式等。

13.2.1 确定施工程序

施工程序是指对施工中不同阶段的工作内容按照合理的先后次序逐步开展的过程。

在单位工程施工中,通常应遵循"四先四后"的施工程序,既"先地下、后地上""先主体、后围护""先结构、后装饰""先土建、后设备"。

上述施工程序只是一般原则,针对不同的工程,需结合工程的具体结构特征、施工条件和建设要求等,合理确定其施工程序。例如,对于高层、超高层建筑,由于有地下室使得基础相当深,工程中也可采用"逆施法",即在桩基础施工后采用从零层板开始向地下、地上同时施工的特殊程序。

13.2.2 划分施工段和确定施工起点流向

1. 划分施工段

划分施工段是组织流水施工的前提。对于单位工程中的各分部工程,如基础工程、主体结构工程、围护结构工程、屋面工程、装饰工程等,由于它们所包含的分项工程内容有很大区别,所以对不同分部工程施工段的划分并不相同,包括施工段的数目和划分位置都有可能不同,需针对各分部工程的具体情况进行划分。施工段的划分原则为:各施工段的工程量应大致相等,每个施工段应具有足够的工作面,同时施工段的分界线应保证结构的整体性,尽可能设置在建筑缝处。

2. 确定施工起点流向

施工流向是指单位工程在平面上或竖向上施工开始的部位和进展的方向。确定施工起点流向,就是确定单位工程在平面或空间上开始施工的部位和进展方向。对于单层建筑物,应确定出在平面上的施工流向;对于多层建筑物,除确定每层的水平流向外,还需确定竖向流向。确定施工起点流向是组织施工的重要环节,一般应考虑以下因素。

(1) 对于工业建筑,生产工艺流程往往是确定施工流向的关键因素,应考虑将影响试车投产的工段优先安排施工。

（2）应考虑建设单位对生产和使用的要求，一般应将急用的工段或部位先行施工。

（3）从施工技术考虑，应将技术复杂、工程量大、工期长的区段或部位先行施工。

（4）应根据各分部、分项工程的特点安排其流向。例如：土方开挖时，为了便于土方的外运，施工起点一般宜选在距离道路较远的部位，按由远而近的流向进行施工；基础工程，应按先深处部位后浅处部位的顺序和方向施工；结构吊装工程，当房屋有高低跨时，应从高低跨并列处开始；屋面工程，应按先高跨后低跨、先远后近的流向施工；装饰工程中，室外装饰通常采用自上而下的施工流向，室内装饰则可采用自上而下或自下而上的施工流向，高层建筑室内装饰还可采用自中而下再自上而中的施工流向。

在组织流水施工时，施工的起点和流向决定了各施工段的施工顺序。施工流向是对时间和空间的充分利用，合理的施工流向不仅是工程质量的保证，也是工程按期完成和安全施工的保证。

13.2.3　确定施工顺序

施工顺序是指各分部、分项工程或工序之间在时间上的先后进展顺序。确定施工顺序是为了按照客观规律组织施工，使各专业工种之间在时间上合理衔接，在保证工程质量和安全施工的前提下，充分利用空间、争取时间，以实现缩短工期、提高施工效率的目的。

确定施工顺序需考虑多方面的因素，主要应注意以下几个方面。

（1）符合施工工艺。各种施工过程之间客观上存在着一定的工艺顺序关系，在确定施工顺序时，必须服从这种关系。如现浇钢筋混凝土柱的施工顺序为：绑扎钢筋→支设模板→浇注混凝土→养护→拆模板。

（2）应与施工方法相一致。不同的施工方法所采用的施工机械有可能不同，其施工顺序也可能不同，施工顺序必须与施工方法和施工机械相互协调。如桩基础工程中，预制桩与灌注桩的施工方法不同，其采用的施工机械不同，施工顺序也不同；土方工程中，挖土方采用的挖土机械不同，其进场开挖路线也不同等。

（3）应考虑施工组织和工期的要求。如同一楼层内室内装饰的施工顺序可以有两种：一是地面→顶棚→墙面，二是顶棚→墙面→地面。两种顺序各有其优缺点，应综合考虑后确定。

（4）确保工程质量和施工安全。合理的施工顺序，必须使各施工过程的衔接不至于引起质量或安全事故。如外墙面装饰应安排在屋面工程完成后进行，以保证施工安全。

（5）应考虑建设地点气候的影响。如土方工程施工应尽量避开雨季，尤其在南方地区施工时应考虑雨季施工的特点，而在北方地区施工则应考虑冬期施工的特点，将受季节影响的工作安排在其前或其后进行。

13.2.4　选择重要分部分项工程的施工方法和施工机械

在单位工程施工中，主要分部分项工程的施工方法是施工方案的核心。其选择原则是：条件允许，方法先进，符合各项规范、规程的要求。施工方法和施工机械的选择应根据拟建工程的结构特征、工程量大小、工期长短、资源供应条件、现场条件以及施工企业的技术装备水平等因素，提出几个可行的方案，通过比较，择优选用。

1. 选择施工方法和施工机械时应考虑的内容

（1）工程量大、工期长，在单位工程中占重要地位的分部分项工程。例如，土方工程在确定基坑土方开挖方案时需考虑：土方量、土方开挖的方法和挖土路线，挖土和运土机械，基坑的边坡设置或支护方式，根据地下水情况选择基坑的降、排水方式，土方的外运或现场临时堆置等问题。对于桩基础，要考虑桩基础的施工方法和施工机械。对于主体结构混凝土施工需考虑：混凝土的供应量和供应速度（现场搅拌或采用商品混凝土），混凝土的垂直运输机械或泵送混凝土的布置，混凝土的浇注顺序、方法和振捣设备的选择，施工缝的留设，混凝土的养护方式等问题。

（2）施工技术复杂，或采用新技术、新工艺、新材料，或对工程质量起关键作用的分部分项工程。如钢筋的连接方式、钢结构的焊接工艺等，对结构工程的质量都起着关键的作用。如采用预应力混凝土，对于预应力混凝土施工方法的选择、张拉设备的选用、控制应力的确定等均需仔细考虑。

（3）不熟悉的特殊结构工程，或由专业施工单位施工的特殊专业工程。如大型钢网架结构的拼装与安装方法、安装机械等的选择，对工程的按期完成及其工程质量与安全都具有重要影响。

（4）对于按照常规做法施工和较熟悉的分项工程不必详细拟定。如一般的砌筑工程、室内常规装修工程等只需提出应注意的一些特殊问题即可。

2. 选择施工方法时应注意的问题

（1）明确所选择分部（分项）工程或专项施工方法的技术经济性。即该施工方法应在工艺上是可行的、技术上是先进的、经济上进行必要的技术核算是合理的。

（2）对易发生质量通病、易出现安全问题、施工难度大、技术含量高的分项工程（工序）等应做出重点说明。

（3）对开发和使用的新技术、新工艺以及采用的新材料、新设备应通过必要的试验或论证并制订计划。

（4）对季节性施工应提出具体要求。

（5）所选择施工方法对施工工期的影响。应在保证安全和质量的前提下，尽量缩短工期。

（6）所选择施工方法应符合施工企业的技术特点、技术能力、施工习惯等。

3. 选择施工机械时应注意的问题

（1）应首先根据工程的特点选择适宜的主导工程施工机械。如土方工程中选择挖土机械时，必须考虑土层的工程性质、挖土的深度、基坑的平面形状、工程量的大小等；主体结构工程中的垂直、水平运输机械的选择，如混凝土垂直运输多采用输送泵，其他材料的垂直运输多采用塔式起重机。

（2）各种配套的辅助机械应与主导机械的生产能力相协调，以充分发挥主导机械的效率。例如，土方工程中选择挖土机械后，需合理选择运土车辆的类型、载重量、数量等。比如选用的自卸汽车的载重量应为挖掘机斗容量的整倍数，自卸汽车的数量应保证挖掘机连续工作,使挖掘机的生产效率得以充分发挥。

(3) 在同一个施工场地上施工机械的型号应尽可能少。如果同一项工程中拥有大量同类而不同型号的机械,会使机械管理工作复杂化。因此,对于工程量大的项目应采用专用机械;对于工程量小而分散的项目,尽可能采用多用途的机械。

(4) 尽量选用施工企业现有的机械,以减少施工投资,降低工程成本,提高现有机械的利用率。当现有施工机械不能满足工程需要时,则需要考虑购置或租赁所需要的新型机械。

(5) 确定各分部工程的垂直运输方案时应进行综合分析,统一考虑。如高层建筑施工中应综合考虑主体结构工程、围护结构工程、屋面工程、装饰工程等各施工阶段的垂直运输需要,选择适宜的垂直运输机械并进行合理的布置。

13.3 单位工程施工进度计划编制

13.3.1 施工进度计划的分类与编制依据

1. 施工进度计划的作用与分类

单位施工进度计划是施工方案在时间上的具体反映,是指导单位工程施工的重要文件,可以为施工单位编制企业季度、月度生产计划,平衡劳动力,调配和供应各种施工机械和各种物质资源提供计划依据,同时也为确定施工现场的临时设施数量和动力配备等提供依据。因此单位施工进度计划也是施工组织设计的重要内容。

单位工程进度计划是在选定的施工方案基础上,对各分部分项工程的施工顺序和施工开始、持续和结束时间做出合理的、具体的安排,使单位工程在规定的时间内有条不紊地完成符合质量安全要求的施工任务。

进度计划的表达形式有横道图计划、网络计划和时标网络计划三种。三种形式各有特点,横道图计划简单、形象、直观,可以直观地展示工作的开始和结束日期,按天统计资源消耗,但工作间的主次关系、逻辑关系不明确;网络计划可以反映各工作间的逻辑关系,利于重点控制,但工作的开始与结束时间不直观,也不能统计资源;时标网络计划结合了横道图计划和网络计划的优点,是解决较复杂问题时应用较普遍的一种进度计划表达形式。横道图由于具有简单直观的优点,而广泛用于一般工程的单位工程施工进度计划的编制。

2. 施工进度计划的编制依据

施工进度计划的编制依据主要有:

(1) 工程承包合同要求的施工总工期及开、竣工日期;

(2) 经过审批的建筑总平面图、地形图、单位工程施工图、设备及基础图;

(3) 主要分部(项)工程的施工方案;

(4) 施工组织总设计对本单位工程的有关规定;

(5) 施工条件、劳动力、材料、构件及机械供应条件,分包单位情况等;

(6) 劳动定额、机械台班定额及本企业施工水平;

(7) 其他有关资料,如当地的气象资料等。

13.3.2　施工进度计划编制的程序与方法步骤

单位工程施工进度计划编制的一般程序如图 13-1 所示。

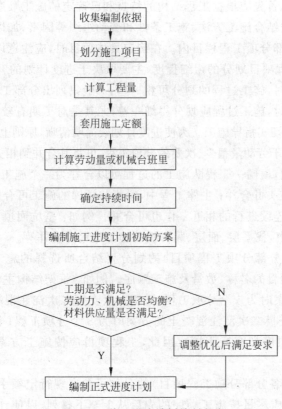

图 13-1　施工进度计划编制程序

单位工程施工进度计划采用横道图计划表示时,其表示形式如表 13-1 所示。

表 13-1　单位工程施工进度计划表

序号	分部分项工程名称	工程量		时间定额	劳动量		需用机械		工作班次	每班人数或机械台数	工作天数	施工进度								
												×月						×月	
		单位	数量		工种	数量/工日	名称	数量/台班				5	10	15	20	25	30	5	…
1																			
2																			
⋮																			

从表 13-1 中可以看出,其表头由左右两部分组成。左边部分反映各施工过程或各分部分项工程的各项计算数据,包括工程量、时间定额、所需的劳动量或机械台班量、参加施工的工人数或机械数量,以及所需施工天数等。右边上部是从规定的开工之日起至竣工之日止的时间表;下部是按左边的计算数据安排的进度指示图表,用横向线条形象地表示出各个分部分项工程的施工进度,反映出各分部分项工程之间的时间关系,以及各个施工队在时间、空间上开展工作的相互关系,也可反映出单位工程的计划总工期。时间表每单元格可为

一天,或几天,或一周,或一旬等。施工进度计划编制的主要方法及步骤如下。

1. 确定施工过程(分部分项工程项目)

编制进度计划时,首先应根据工程结构的特点和已确定的施工顺序,将组成单位工程的各个施工过程列出,并结合施工方法、施工条件和劳动组织等因素,加以适当调整后,填入施工进度计划表中的分部分项工程栏目内。在确定具体项目时,应注意以下问题。

(1) 分部分项工程项目划分的粗细程度,主要取决于进度计划的客观需要。例如,编制控制性施工进度计划时,施工过程的划分可粗一些,一般只列出分部工程的名称即可;编制实施性施工进度计划时,施工过程应划分得细一些,尤其是对工期有较大影响的项目不能漏项,以使该进度计划能切实指导施工。为使进度计划表简明清晰,原则上应尽量减少施工过程或分项工程的数目,对于劳动量很少、次要的分项工程,可将其合并到相关的主要分项工程中。

例如,同一时间内,由同一工程队施工的过程可以合并为一个施工过程。比如土方工程中,基坑挖土与处理桩头可合并;主体工程中,梁板与楼梯的施工可合并。

由同一专业小组连续进行的相近工作也可合并。例如:基坑回填土及房心回填土可合并;楼地面装饰工程中,找平层、面层、踢脚板的施工过程可合并等。

(2) 施工过程(或分部分项工程项目)的划分要结合所选择的施工方案。施工方案不同,会影响分部工程项目的名称、数量及施工顺序。例如:框架结构主体工程采用一次支模一次浇注混凝土的方案时为5个分项工程,采用一次支模二次浇注混凝土的方案时为6个分项工程,采用二次支模二次浇注混凝土的方案时为8个分项工程;而且三种方案中各分项工程的名称、施工顺序都有所不同。因此,工程项目应按施工方案所确定的合理顺序列出。

(3) 施工过程(或各分部分项工程项目)的名称可参考现行定额手册上的项目名称,在进度计划表上填写时应尽量按施工顺序的先后从上至下排列,以使计划表更加直观,便于应用。

(4) 对于由专业分包单位施工的项目,如水、暖、电、卫工程和设备安装工程可按与土建施工相配合的进度日期列出,但要明确对其施工进度的相关要求。例如:室外装饰工程中,石材饰面板的安装和建筑幕墙的施工。目前此类项目大多由专业装饰施工队分包施工,在进度计划表中亦应安排其施工进度。

2. 计算工程量

施工过程或分部分项工程项目确定后,应根据施工图设计文件和已确定的施工方案,分别计算各分项工程的工程量。计算中应注意以下问题。

(1) 各分部分项工程的工程量计量单位及其数量,均应按照现行施工定额手册中规定的计量单位及工程量计算规则进行计算。

(2) 计算工程量时应与所确定的施工方法相一致,并满足安全技术要求。如计算基坑开挖土方量时,应根据土的类别、是否放坡及边坡的坡度,或是否设置支撑,以及需留置的施工工作面要求等具体方案进行计算。

(3) 当施工组织要求分层、分段流水施工时,工程量亦应分层、分段进行计算,以利于进度计划的编制并按计划组织施工。

3．计算劳动量和机械台班量

对计算出的各施工过程的分项工程的工程量,应根据现行施工定额,计算所需要的劳动量即工日数量(当以人工作业为主时),或机械台班量(当以机械作业为主时)。其计算公式为

$$P = QH \qquad (13\text{-}1)$$

式中,P——完成某分部分项工程所需的劳动量,工日;或机械台班量,台班。

　Q——某分部分项工程的工程量,m^3、m^2、m、t 等。

　H——某分部分项工程的时间定额,工日或台班$/m^3$(或 m^2、m、t)等。

需要说明的是,进度计划中的某个分项工程可能包含了定额中同一性质的不同类型的几个分项工程,在这种情况下,劳动量或机械台班量的计算方法如下:

$$P = Q_1 H_1 + Q_2 H_2 + \cdots + Q_n H_n = \sum_{i=1}^{n} Q_i H_i \qquad (13\text{-}2)$$

式中,P——含义同前;

　$Q_1,Q_2,\cdots,Q_n$——同一性质各个不同类型分项工程的工程量;

　$H_1,H_2,\cdots,H_n$——同一性质各个不同类型分项工程的时间定额;

　n——计划中的某一个工程项目所包含的定额中同一性质不同类型分项工程的数目。

4．确定各分部分项工程的施工天数

1)根据配备的人数或机械台数计算天数

首先根据合理的施工组织及施工经验,拟定各分部分项工程的施工人数或机械台数,再计算所需的施工天数。其计算公式如下:

$$t = \frac{P}{RN} \qquad (13\text{-}3)$$

式中,t——完成某分部分项工程的施工天数,d;

　P——含义同前;

　R——每工作班可配备在该分部分项工程上的人数或施工机械台数;

　N——每天的工作班次,$N=1\sim3$。

2)根据工期要求倒排进度

首先根据总工期的要求和施工经验,确定各分部分项工程的施工持续时间,然后再计算出每一分部分项工程所需要的工人数或机械台数,计算公式如下:

$$R = \frac{P}{tN} \qquad (13\text{-}4)$$

5．编制施工进度计划

各分部分项工程的施工顺序和施工天数确定后,即可在施工进度计划表的右半部分安排计划的初始方案,然后经检查调整后编制出正式的施工进度计划。

1)编排进度计划的基本要求

(1)力求使各分部分项工程连续施工,尤其是对工期影响较大的主导工程,不宜出现间断或尽量缩短间断时间,并尽可能组织流水施工作业。

(2) 各分部分项工程之间的工艺顺序必须合理,对必要的技术间歇和组织间歇时间应予以安排,同时在满足工艺要求的前提下,各分部分项工程应最大限度地合理搭接施工。

(3) 所编制的施工进度计划的总工期必须满足合同规定的工期要求,否则应进行调整。

(4) 施工进度计划的安排应满足工程质量和安全生产的要求。

(5) 应使劳动力的安排及其他各种资源需要量的供应尽量均衡,避免出现高峰和低谷。

2) 编制施工进度计划的步骤

(1) 首先找出并安排控制工期的主导分部工程,然后安排其余分部工程,并使其与主导分部工程最大可能地平行施工或最大限度地搭接施工。

(2) 在主导分部工程中,首先安排对工期影响较大的主导分项工程,然后安排其他分项工程,并尽量使其进度与主导分项工程同步,而不致影响工程的进展。

(3) 对于包括若干施工过程的分项工程,先安排影响工程进度的主导施工过程,再安排其余施工过程。

(4) 经过以上三步即可编制出初始进度计划,再根据前述编制要求进行检查和调整。

(5) 检查与调整。当编制的计划工期不能满足合同工期要求或各分部工程的施工顺序、平行搭接和技术间歇不够合理时必须进行调整。通过增加或缩短某分部工程的持续时间,调整施工方法或施工技术、组织措施等来满足其要求,在此前提下,还需要进一步优化、调整使劳动力、材料、设备需要趋于均衡,主要施工机械利用合理。

(6) 绘制正式的单位工程施工进度计划表。

13.4 单位工程资源需要量计划的编制

在单位工程施工进度计划的基础上,应编制相应的资源需要量计划。资源需要量计划包括:劳动力需要量计划,主要材料需要量计划,(或)构件和半成品需要量计划,施工机械需要量计划,以及计量、测量和检验仪器需要量计划等。

1. 劳动力需要量计划

劳动力需要量计划,是根据施工进度计划的安排,将各分部分项工程所需要的主要工种劳动量进行汇总而编制的,如表 13-2 所示。其作用是为进行劳动力的组织和调配、衡量劳动力消耗指标、安排工人的生活和福利设施而提供依据。

表 13-2　单位工程劳动力需要量计划表

序号	工种名称	需要总劳动量/工日	需要时间及劳动量/工日											
			×月						×月					
			5	10	15	20	25	30	5	10	15	20	25	30
1														
2														
⋮														

2. 主要材料需要量计划

主要材料或周转材料需要量计划,是根据施工进度计划中各分部分项工程的工程量和施工时间,按材料消耗定额进行计算并汇总而编制的,如表 13-3 所示。其作用是为进行材料的供应和储备、确定材料仓库或堆场面积、组织材料运输提供依据。

表 13-3　单位工程主要材料(或周转材料)需要量计划表

序号	材料名称	规格	需要量		供应时间	备注
			单位	数量		
1						
2						
⋮						

3. 构件和半成品需要量计划

构件和半成品需要量计划,是根据设计施工图和施工进度计划表而编制的,如表 13-4 所示。其作用是落实构件和半成品的加工订货单位,按照所需规格、数量、时间组织加工、运输,并确定仓库或堆场面积。

表 13-4　单位工程构件和半成品需要量计划表

序号	品名	图号、型号	规格	需要量		使用部位	加工单位	供应时间	备注
				单位	数量				
1									
2									
⋮									

4. 施工机械需要量计划

施工机械需要量计划,也是根据施工进度计划的安排,将各分部分项工程所需要的主要施工机械进行汇总而编制的,如表 13-5 所示。其作用是确定施工机械的类型、数量、进场时间,并落实机械的来源和组织进场。

表 13-5　单位工程施工机械需要量计划

序号	机械名称	类型、型号	需要量		机械来源	使用起止时间	备注
			单位	数量			
1							
2							
⋮							

13.5　单位工程施工平面图设计

单位工程施工平面图设计是单位工程施工组织设计的重要组成部分,是对该单位工程的施工现场所进行的平面规划和空间布置。合理的施工平面布置不但可保障施工的顺利进行,而且对施工进度、工程质量、安全生产、工程成本、文明施工和环境保护都会产生有利的影响。

13.5.1　单位工程施工平面图设计内容

单位工程施工平面图设计的内容较多,但主要应包括以下几个方面。

(1) 工程施工场地状况。

(2) 总平面图上既有和拟建的地上和地下的建筑物、构筑物的位置、轮廓尺寸、层数等,以及临时施工道路、管线的位置及尺寸。

(3) 垂直运输设施的位置。

(4) 各种材料、构件、半成品以及施工机具等的仓库和堆场的布置。

(5) 为施工服务的临时设施的布置,包括生产性设施,如各种加工棚、搅拌站等,和生活性设施,如办公用房、宿舍等生活用房等的位置和面积。

(6) 场内的施工运输道路布置及与场外交通的连接。

(7) 临时供水供热、排水排污管线设施和供电线路设施等布置。

(8) 施工现场必备的安全、消防、保卫和环境保护等设施的布置。

13.5.2　单位工程施工平面图设计原则

在进行单位工程施工平面图的设计时,应遵循以下原则。

(1) 在满足施工要求的条件下,平面布置应紧凑合理,尽可能减少施工用地。

(2) 合理布置大型施工机械,各种材料、构件、半成品宜尽量布置在使用地点附近或在垂直运输机械的服务范围之内,科学规划场内临时施工道路,最大限度地缩短现场内部运距,尽量避免二次搬运。

(3) 尽可能减少临时设施,充分利用既有建筑物、既有设施为施工服务,临时建筑物和施工设施宜采用装配式结构以减少搬迁损失,从而降低临时设施费用。

(4) 生产、办公、生活设施应尽量分区,宜相对独立布置,以减少生产和生活的相互干扰。办公用房尽量靠近施工现场,福利设施应在生活区范围之内。各种临时设施的布置都应便于施工管理,满足安全生产、有利生产、方便生活、环境保护和消防安全等要求。

13.5.3　单位工程施工平面图设计步骤和方法

1. 确定垂直运输设施的位置

垂直运输设施的位置,直接影响到材料堆场,仓库,搅拌站的位置,以及施工道路和水、电管线等的布置,是施工平面图设计的核心内容,必须首先考虑。

1) 固定式垂直运输设施的布置

固定式垂直运输设施包括固定式塔式起重机、井架、龙门架、施工电梯等。它们的布置主要应根据机械的性能、建筑物的平面形状和大小、垂直运输高度、施工段的划分情况、材料及构件等的垂直运输量和已有运输道路等情况而定。其要求是:应能充分发挥机械的能力,保证施工安全,便于组织流水施工,并使地面与楼面上的水平运输距离最短。

通常,当建筑物各部分的高度相同时,垂直运输设施宜布置在施工段的分界处附近;当建筑物各部分的高度不同时,垂直运输设施宜布置在高低分界处偏于较高部位一侧。布置塔式起重机时,应在满足起重高度和起吊重量的前提下,使其服务范围尽量能覆盖整个建筑物,当建筑物为点式高层时,固定的塔式起重机可以布置在建筑物中间,或布置在建筑物转角处。井架和龙门架的位置宜布置在窗口处,以避免砌墙留槎和减少井架拆除后的修补工作;井架、龙门架的数量要根据施工进度、垂直提升的构件和材料数量、台班工作效率等因素计算确定,一般井架和龙门架的服务范围为 50～60 m 的长度。卷扬机的位置不应距离提升机太近,以便操作者的视线能够看到整个升降过程,一般要求此距离大于或等于建筑物的高度,水平方向应距离外脚手架 3 m 以上;井架应立在外脚手架之外,并保持一定距离为宜。

2) 轨道式塔式起重机的布置

轨道式塔式起重机的布置,应结合建筑物的平面形状和大小、周围的场地条件综合考虑,应使起重机的起重幅度能将材料、构件等直接运至建筑物上的任何施工地点,避免出现"死角",并使轨道长度尽量短。由于轨道式起重机铺设轨道需要铺设路基,工作量大,占用施工场地大,且高度也受到限制,因此实践应用中受到一定的限制。

3) 自行杆式起重机的布置

自行杆式起重机主要用于结构安装工程。起重机开行路线的布置,要考虑建筑物的平面形状、构件的重量、安装高度、安装方法等。其开行路线宜尽量短,尤其对汽车式或轮胎式起重机,应尽量使其停机一次能吊装足够多的构件,避免反复打支腿影响吊装速度。自行杆式起重机一般不用作垂直和水平运输。

2. 确定搅拌站、材料和构件堆场、仓库、加工场的位置

考虑到运输和装卸料的方便,搅拌站、材料和构件堆场、仓库的位置应尽量靠近使用地点或在起重机服务范围以内,以缩短运距,避免二次搬运。布置中一般应遵循以下几点要求。

(1) 当采用塔式起重机进行垂直运输时,材料和构件的堆场以及搅拌机出料口的位置应布置在塔式起重机的服务范围内;当采用其他固定式垂直运输设施时,宜布置在垂直运输设施附近;当采用自行杆式起重机进行水平或垂直运输时,应沿起重机的开行路线布置,且其位置应在起重机的最大起重半径范围内。

(2) 同时布置多种材料的堆场时,对数量多、重量大、先期使用的材料尽可能布置在使用地点或垂直运输设施附近;而对数量少、重量小、后期使用的材料则可布置得稍远一些;对于易受潮、易燃和易损材料则应布置在仓库内。

(3) 任何情况下,搅拌机应有后台堆料、上料的场地,所有搅拌用材料,如砂、石、水泥及水泥储罐等,都应布置在搅拌机后台附近,砂、石且要考虑靠近道路堆放。

(4) 根据不同施工阶段所采用材料的情况,在相同的位置上可先后布置不同的材料堆场。

(5) 施工现场仓库的位置,应根据其材料使用地点优化确定。通常考虑设置在运输方便、位置适中、运距较短并且安全防火的地方,并应区别不同材料、设备和运输方式来设置且尽量利用永久性仓储库房。各种加工场的位置,除应考虑加工品使用地点外,还应考虑所加工材料和其成品有一定的堆放场地,可通过不同方案优选来确定。如钢筋、木材、金属结构构件等布置在相应加工厂附近;砖、砌块和预制构件等直接使用材料应布置在施工现场吊车控制半径范围之内。

3. 布置现场运输道路

现场运输道路除需满足材料、构件等物品的运输要求外,尚应满足消防要求。施工临时道路应尽可能利用永久性道路。布置道路时,应保证运输车辆行驶畅通,使车辆有回转的可能性,故道路宜围绕建筑物环形布置,转弯半径需满足最长车辆拐弯的要求。道路的宽度:单行道路宽度不小于 3.5 m,双行道路宽度不小于 5.5～6 m,消防车通道宽度不小于 3.5 m。路基应坚实,做到雨季不泥泞、不翻浆,道路两侧宜设置排水沟,以利雨季排水。

4．确定各类非生产性临时设施的位置

非生产性临时设施是指办公、生活用房等设施,包括现场办公室、宿舍、警卫室、食堂、厕所、浴室等。

应尽量减少非生产性临时设施的数量。必须设置的临时设施应考虑使用方便,有利于施工管理,并应符合防火、劳动保护的要求。办公区的位置宜靠近施工场所,且宜靠近现场入口处;警卫室布置在入口处;生活区应与生产区分开,且应布置在安全的上风向一侧。

5．布置施工用临时水电管网

1) 临时给排水管网

施工现场用水包括生产、生活、消防三方面用水。

(1) 施工用临时给水管,一般由建设单位的干管或自行布置的干管接至施工现场。布置临时给水管道时,应力求管网的总长度最短。管径的大小、截门的位置与数量,可根据工程规模大小经计算确定。给水管道一般应埋入地下大于 0.6 m 的深度,以防止汽车及其他机械在其上行走时压坏水管。在寒冷地区,管道应埋置在冰冻层以下,以避免冬期施工时水管冻裂。

(2) 给水管网应按防火要求设置室外消防栓。消防栓应沿道路布置,距道路不大于 2 m;距建筑物外墙不应小于 5 m,也不应大于 25 m;消防栓的间距不应超过 120 m,并应设有明显的标志,其周围 3 m 以内不准堆放施工材料。

(3) 高层建筑施工一般需设置高压水泵和楼层临时消防栓。消防栓作用半径为 50 m,其位置应在楼梯通道处或外脚手架、垂直运输设施附近,冬期施工时还需采取防冻保温措施。

(4) 为了排除施工现场的地面水和地下水,应及时修通永久性地下排水管道,并结合现场地形在建筑物周围设置排水沟。

2) 临时供电线路

(1) 应根据各个施工阶段所需的最大用电量选择变压器和配电设备,根据各用电设备的位置及容量确定动力和照明供电线路。变压器应设在现场边缘高压线接入处。

(2) 供电线路应尽量设在道路一侧,不得妨碍场内运输和施工机械的运转,在塔式起重机臂杆长度范围内应改用地下电缆,电缆线路距建筑物的水平距离应大于 1.5 m。

(3) 供电系统的设置与使用应符合有关安全要求。

对于大型建筑工程、工期较长或施工场地较为狭小的工程,需按不同的施工阶段分别进行施工平面图的设计;而对于较小的工程,按主要施工阶段进行设计即可。在分阶段设计施工平面图时,对在整个施工期间使用的一些主要道路、垂直运输设施、临时建筑物、水电管线等不应轻易改变位置,只宜对材料和构件的堆场、加工场及施工机具的堆放场地等根据不同的施工阶段调整位置。

13.5.4 单位工程施工平面图设计实例

图 13-2 所示为某单位工程施工平面图的设计实例,可供学习中参考。

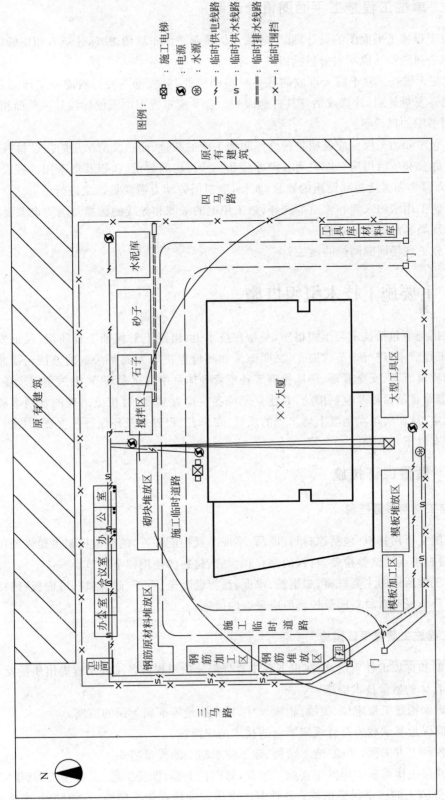

图 13-2　某单位工程施工平面图

图例：

施工电梯
电源
水源
临时供电线路
临时供水线路
临时排水线路
临时围挡

13.5.5　单位工程施工平面图设计说明

单位工程施工平面图的设计,除了应按比例绘制平面布置图之外,还应有相应的设计说明。施工平面图设计说明主要包括以下内容。

(1) 露天堆场。对于露天堆放的各种材料和构件,应根据主要材料需要量计划及构件和半成品需要量计划,计算或估算其占地面积。若平面布置图中不便标注其占地面积,应在设计说明书中加以说明。

(2) 仓库和加工棚。应说明各种仓库和加工棚的数量、面积及所采用的搭设材料。

(3) 办公和生活用房。应说明各种办公和生活用房的数量、面积及所采用的搭设材料。其中,工人宿舍和生活福利设施的数量、面积,应根据劳动力需要量计划进行估算。

(4) 施工用水的来源和管道的选择,施工用电的来源和导线的选择及消防设置要求。

(5) 现场临时道路的结构。

(6) 施工现场周围围挡的做法。

13.6　主要施工技术组织措施

施工措施应包括技术与组织措施,是指在技术上、组织上对保证工程质量、保证安全施工,降低工程成本,进行季节性施工、文明施工和环境保护等方面所采取的方法与措施。它是工程的质量管理、安全管理、环境管理等各项管理体系中的重要环节,通过制定现场质量、安全、环境等各项保障及控制措施,并建立现场各项检查制度,对相应出现的各项事故做出相应的规定,从而实现在制度上对工程的质量、安全、工程成本及环保等各项要求提供保障。具体措施有以下几方面。

13.6.1　质量保证措施

1. 施工材料质量控制

工程施工所用材料(包括原材料、成品、半成品及构配件等)的质量控制主要体现在材料的采购、材料进场的试验检验、材料的储存和保管、材料的使用四个环节。

针对工程所用的主要材料,如钢筋、水泥、预拌混凝土、石子、砂、砌块、饰面板(砖)等,就以上四个环节说明对材料质量控制所应采取的措施。

2. 工程施工质量保证措施

为控制和保证工程质量,应在以下各主要分部分项工程或各工种工程提出质量要求,并采取一些具体的质量技术措施。

(1) 确保拟建工程定位、放线、轴线尺寸、标高测量等准确无误的措施。

(2) 确保地基承载力符合规定要求的技术组织措施。

(3) 各种土方工程、基础、地下结构、地下防水施工的质量措施。

(4) 确保主体承重结构各主要施工过程,如模板工程、钢筋工程、混凝土工程、预应力混凝土工程等施工的质量保证措施;各预制承重构件的检查验收措施,各种材料、半成品、砂浆、混凝土等的检验及使用要求。

（5）采用新结构、新工艺、新材料、新技术进行施工操作时的质量措施或要求。

（6）冬雨期施工的质量措施。

（7）防水工程中的屋面防水施工、地下防水工程及室内防水工程等施工的质量保证措施。

（8）各种抹灰、楼地面、吊顶工程、轻质隔墙及装饰操作中确保施工质量的技术措施。

（9）解决质量通病的措施。

（10）施工质量的检查、验收制度。

（11）各分部工程的质量评定目标计划。

13.6.2　安全施工措施

安全施工措施，是指对施工中可能发生的安全问题提出的预防措施，它涉及施工中的各个环节。一般情况下，安全施工技术措施主要应包括以下几方面内容。

（1）安全施工宣传、教育的具体措施。

（2）易燃、易爆品严格管理及使用的安全措施。

（3）高温、有毒、有尘、有害气体环境下操作人员的安全要求和措施。

（4）狂风、暴雨、雷电等各种特殊天气发生前后的安全检查措施及安全维护制度。

（5）基坑（槽）施工、土方塌落等安全技术措施。

（6）现浇混凝土工程施工安全技术措施。

（7）装饰工程施工安全技术措施。

（8）脚手架搭设安全技术措施。

（9）高处作业、临边作业、洞口作业的安全技术措施。

（10）建筑机具安全控制要点。

（11）防火消防措施。

13.6.3　成本降低措施

降低工程成本措施应以施工预算为尺度，以企业（或基层施工单位）年度、季度降低成本计划和技术组织措施计划为依据进行编制。要针对工程施工中降低成本潜力大的项目提出措施，并计算经济效益和指标，加以评价和决策。降低成本的措施必须是不影响质量且能够保证安全的，应包括节约劳动力、材料费、机械设备费用、工具费用等直接费用和缩短工期以降低间接费用等方面。此过程一定要正确处理降低成本、提高质量与缩短工期三者的关系，对要采取的措施进行经济效果评价。

13.6.4　冬、雨季施工措施

1. 冬期施工措施

冬期施工措施是指：根据工程所在地区的气温、降雪量以及拟建工程的特点、现场施工条件等因素，在保温、防冻、改善操作环境等方面，制定相应的施工措施，并安排好物资的供应和储备。可针对某些分部分项工程，如土方工程、钢筋工程、混凝土工程、砌体结构工程等,提出具体的冬期施工措施。

2．雨季施工措施

雨季施工措施是指:根据工程所在地区的雨季时期、降雨量以及拟建工程的特点、雨季施工部位等,制定出工程、材料和设备的防淋、防潮、防泡、防淹等各种措施,并制定出防止因雨季而拖延工期的措施,如改变施工顺序、合理安排施工内容等。

13.6.5　文明施工和环境保护措施

建筑工程施工对环境的常见影响有:施工作业产生的噪声排放,施工作业产生的粉尘排放,施工作业产生的有毒、有害废弃物排放,生产、生活产生的污水排放,城区施工现场夜间照明造成的光污染,现场渣土、建筑垃圾、生活垃圾、原材料等运输过程中产生的遗洒等。

环境保护措施是指根据工程施工中可能产生的对环境影响的具体情况,采取切实可行的措施进行控制,以减少其不利影响,提高环境保护效益。

文明施工措施是指针对抓好工程项目的文化建设,规范场容,保持作业环境整洁卫生,创造文明有序的安全生产条件等,采取有效的措施,实现现场的科学管理、文明有序的施工。现场文明施工措施具体有以下几方面。

(1) 施工现场围挡与标牌的设置,出入口的交通安全,道路畅通,场地平整。

(2) 暂设工程的规划与搭设,办公室、更衣室、浴室、食堂和卫生间的布置与环境卫生。

(3) 各种材料、半成品和构件的堆放与管理。

(4) 散碎材料和施工垃圾的运输,其他各种环境污染的防治。

(5) 成品保护。

(6) 施工机械的保养与安全使用。

(7) 安全与消防。

13.7　单位工程施工组织设计技术经济分析

每一项施工活动都可以采用不同的施工方法和应用不同的施工机械,不同的施工方法和不同的施工机械对工程的工期、质量和成本费用产生不同的影响。在编制施工组织设计时,应根据现有的以及可能获得的技术和机械情况,拟定几个不同的施工方案,然后从技术上、组织上和经济上进行综合分析比较,从中选出最合理的方案。因此,最佳的施工组织设计方案要经过指标体系计算、综合比较分析后最终确定。

13.7.1　单位工程施工组织设计技术经济分析指标体系

单位工程施工组织设计中常用的技术指标有施工工期、工程质量、单位建筑面积成本、劳动生产率、施工机械化程度、材料节约和成本降低指标等。

1．施工工期指标

单位工程的施工工期是指单位工程从破土动工至竣工之间的全部时间,按日历天数计算,不扣除施工过程中的节假日,以及由于各种原因而停工的天数。

2．工程质量指标

工程质量指标是指单位工程施工组织设计中确定的质量控制目标，也称为质量优良品率。其计算公式如下：

$$质量优良品率 = \frac{优良工程个数（或面积）}{施工项目总个数（或总面积）} \times 100\% \qquad (13\text{-}5)$$

3．单位建筑面积成本指标

单位建筑面积成本指标是指单位工程的人工、材料、机械和管理的综合货币指标。其计算公式如下：

$$单位建筑面积成本 = \frac{施工耗用的总费用（元）}{建筑总面积（m^2）} \qquad (13\text{-}6)$$

4．劳动生产率指标

劳动生产率指标是指人们在生产过程中的劳动效率，常用劳动力均衡系数、单方用工、生产工人日产值等指标来表示。

1）劳动力均衡系数（％）

它表示整个单位工程施工期间使用劳动力的均衡程度。其计算公式如下：

$$劳动力均衡系数 = \frac{施工高峰人数}{施工期平均人数} \times 100\% \qquad (13\text{-}7)$$

2）单方用工

单方用工是指劳动者消耗一定劳动时间所创造出一定数量产品的能力，它反映劳动力的使用和消耗水平。其计算公式如下：

$$单方用工 = \frac{耗用工日总数（工日）}{建筑面积（m^2）} \qquad (13\text{-}8)$$

3）生产工人日产值

生产工人日产值表示每个生产工人或建筑安装工人每工日所完成的工作量。其计算公式如下：

$$生产工人日产值 = \frac{总工作量产值（元）}{总用工数（工日）} \times 100\% \qquad (13\text{-}9)$$

5．施工机械化程度指标

施工机械化程度指标反映单位工程施工过程中使用机械化施工的程度，施工机械化程度的高低，也是衡量施工组织设计优劣的重要指标之一。它可用施工机械化程度和单方大型机械费两项指标来表示，其计算公式如下：

$$施工机械化程度 = \frac{机械完成的实物量}{全部实物量} \times 100\% \qquad (13\text{-}10)$$

$$单方大型机械费 = \frac{计划大型机械台班费（元）}{建筑面积（m^2）} \qquad (13\text{-}11)$$

6. 降低成本指标

降低成本指标是工程施工的一项重要的经济指标,它综合地反映工程项目或分部工程由于采用施工方案不同、采用技术措施不同而产生的不同经济效果。降低成本指标可以用降低成本额和降低成本率来表示,其中降低成本额是指靠施工技术组织措施实现的降低成本金额。计算公式如下:

$$降低成本额 = 全部承包成本(预算成本) - 全部计划成本 \tag{13-12}$$

$$降低成本率 = \frac{降低成本总额(元)}{承包成本总额(元)} \times 100\% \tag{13-13}$$

工程预算成本是以施工图预算为依据,按预算价格计算的成本。计划成本是按施工中采用的施工方案、施工方法和不同的技术及安全措施要求所确定的工程成本。

7. 主要材料节约指标

主要材料是指工程项目施工过程中用到的数量大、价格贵的材料,比如钢材、木材、水泥、混凝土等。在进行施工组织设计中,选择施工方案及施工方法时,应根据提出的技术措施,计算出主要材料节约的用量。主要材料节约指标包括主要材料节约量和主要材料节约率,计算公式如下:

$$主要材料节约量 = 预算用量(元) - 施工组织设计计划用量(元) \tag{13-14}$$

$$主要材料节约率 = \frac{主要材料节约用量}{主要材料预算用量} \times 100\% \tag{13-15}$$

在工程实际应用中,随着工程项目的具体情况不同,反映的指标多少和重要性也不同,应视具体工程情况而定。

13.7.2 单位工程施工组织设计技术经济分析方法

对施工组织设计进行技术经济分析,常用的分析方法有两种,即定性分析法和定量分析法。

1. 定性分析法

定性分析法是根据以往施工的工程实际经验对施工方案的优缺点进行分析和比较。例如:施工操作的难易程度、安全性的高低;是否能利用现有的机械设备;能否为后续工序提供有利条件;施工组织合理性、可行性;是否能体现文明施工等。

定性分析法主要凭借经验进行分析、评价,虽比较方便,但精度不高,也不易优化,决策易受主观因素的制约,一般常在施工实践经验比较丰富的情况下采用。

2. 定量分析法

定量分析法是针对几个可选施工组织设计方案的各项技术、经济指标进行计算,将计算指标结果进行量的分析、比较。不同类型的施工方案、施工方法,其指标组成也不相同。如果有多个计算指标,为便于分析、评价,常对多个计算指标进行加工,形成单一(综合)指标,然后再进行优劣比较、评价,从而确定最优的方案。

在工程实际应用中,常常面临多个方案的比较选择。在进行多个施工组织设计方案的技术经济指标比较时,往往会出现某一方案的这些指标较为理想,而另一方案的那些指标比较好的情况,此时应综合考虑各项经济指标,全面衡量,选取最佳方案;有时还可能会遇到因施工的特定条件或建设单位的具体要求,使某项指标成为方案选择的决定性条件,而其他指标只是作为次要参考条件,此时在进行施工组织设计方案选择时,应根据具体情况和具体条件做出正确的分析和决策。

13.7.3 单位工程施工技术经济分析需注意的问题

对于施工组织设计技术经济分析,实践中采取的步骤是先对施工方案进行分析,再对施工进度计划进行分析,然后对施工平面图进行分析,并采取相应的方法进行技术经济分析,最后做出决策。分析时应注意以下问题。

(1) 全面分析。要对施工的技术方法、组织方法及经济效果进行分析,对施工的具体环节及全过程进行分析。

(2) 抓住重点内容。进行技术经济分析时应抓住施工方案、施工进度计划和施工平面图三大重点内容,并据此建立技术经济分析指标体系。

(3) 要有灵活性。在进行技术经济分析时,要灵活运用定性方法和有针对性地应用定量方法。

(4) 符合规范。技术经济分析应以设计方案的要求、有关国家规定及工程的实际需要为依据。

思考题

1. 单位工程施工组织设计的内容有哪些?其中最主要的内容是哪几项?

2. 施工方案的选择包括哪些内容?为什么说施工方案的选择是单位工程施工组织设计的核心内容?

3. 单位工程施工进度计划的分类与编制依据是什么?

4. 单位工程施工进度计划的编制程序是什么?

5. 单位工程施工进度计划的编制方法和步骤是什么?

6. 编制进度计划时有哪些基本要求?

7. 单位工程资源需要量计划有哪些?

8. 单位工程施工平面图包括哪些内容?其设计原则有哪些?

9. 试述施工平面图的设计步骤和方法。

10. 单位工程施工的主要技术组织措施有哪些?

11. 单位工程施工组织设计技术经济分析方法有哪些?

12. 单位工程施工组织设计技术经济分析的指标有哪些?

参 考 文 献

[1] 赵学荣,陈烜. 土木工程施工[M]. 南京:江苏科学技术出版社,2013.

[2] 重庆大学,同济大学,哈尔滨工业大学. 土木工程施工[M]. 3版. 北京:中国建筑工业出版社,2016.

[3] 熊维. 建筑工程施工[M]. 北京:清华大学出版社,2014.

[4] 毛鹤琴. 土木工程施工[M]. 4版. 武汉:武汉理工大学出版社,2012.

[5] 刘津明,韩明. 土木工程施工(修订本)[M]. 天津:天津大学出版社,2004.

[6] 丁克胜. 土木工程施工[M]. 武汉:华中科技大学出版社,2009.

[8] 陈金洪,杜春海,陈华菊. 现代土木工程施工[M]. 2版. 武汉:武汉理工大学出版社,2017.

[9] 屈青山,杨艳. 土木工程施工[M]. 西安:西安交通大学出版社,2016.

[10] 应惠清,曾进伦,谈至明,等. 土木工程施工[M]. 3版. 上海:同济大学出版社,2018.

[11] 高成梁,彭第. 地下工程施工技术与案例分析[M]. 武汉:武汉理工大学出版社,2018.

[12] 全国二级建造师执业资格考试用书编写委员会. 市政公用工程管理与实务[M]. 北京:中国建筑工业出版社,2019.

[13] 《建筑施工手册》编写组编. 建筑施工手册[M]. 5版. 北京:中国建筑工业出版社,2013.

[14] 吴东云. 土木工程专业毕业设计指导与实例[M]. 武汉:武汉理工大学出版社,2018.

[15] 李久林,等. 智慧建造关键技术与工程应用[M]. 北京:中国建筑工业出版社,2017.

[16] 张治国,等. BIM实操技术[M]. 北京:机械工业出版社,2018.

[17] 刘占省,等. BIM基本理论[M]. 北京:机械工业出版社,2018.

[18] 李大华,等. 大型土石方工程施工技术及案例. 北京:中国电力出版社,2018

[19] 中国建设监理协会. 建设工程进度控制[M]. 北京:中国建筑工业出版社,2003.

[20] 全国造价工程师职业资格考试培训教材编审委员会. 建设工程造价管理[M]. 北京:中国计划出版社,2019.

[21] 中华人民共和国住房和城乡建设部. 钢结构工程施工规范:GB 50755—2012[S]. 北京:中国计划出版社,2012.

[22] 中华人民共和国住房和城乡建设部. 混凝土结构工程施工质量验收规范:GB50204—2015[S]. 北京:中国建筑工业出版社,2015.

[23] 中华人民共和国住房和城乡建设部. 砌体结构工程施工质量验收规范:GB/50203—2011[S]. 北京:中国建筑工业出版社,2011.

[24] 中华人民共和国住房和城乡建设部. 建筑施工组织设计规范:GB/T 50502—2009[S]. 北京:中国建筑工业出版社,2009.

[25] 中华人民共和国住房和城乡建设部. 建设工程项目管理规范:GB/T 50326—2017[S]. 北京:中国建筑工业出版社,2017.

[26] 中华人民共和国住房和城乡建设部. 建筑地基基础工程施工质量验收标准:GB 50202—2018[S]. 北京:中国计划出版社,2018.

[27] 中华人民共和国住房和城乡建设部. 建筑地基处理技术规范:JGJ 79—2012[S]. 北京:中国建筑工业出版社,2012.

[28] 中华人民共和国住房和城乡建设部. 建筑结构荷载规范:GB 50009—2012[S]. 北京:中国建筑工业出版社,2012.

[29] 中华人民共和国住房和城乡建设部. 混凝土结构设计规范:GB 50010—2010[S]. 北京:中国建筑工业出版社,2011.

[30] 中华人民共和国住房和城乡建设部. 混凝土结构工程施工规范:GB 50666—2011[S]. 北京:中国建筑工业出版社,2012.

[31] 中华人民共和国住房和城乡建设部. 组合钢模板技术规范:GB/T 50214—2013[S]. 北京:中国计划

出版社,2014.

[32] 中华人民共和国住房和城乡建设部.混凝土质量控制标准:GB 50164—2011[S].北京:中国建筑工业出版社,2012.

[33] 中华人民共和国住房和城乡建设部.大体积混凝土施工标准:GB 50496—2018[S].北京:中国计划出版社,2018.

[34] 中华人民共和国住房和城乡建设部.建筑工程冬期施工规程:JGJ/T 104—2011[S].北京:中国建筑工业出版社,2011.

[35] 中华人民共和国住房和城乡建设部.钢筋机械连接技术规程:JGJ 107—2016[S].北京:中国建筑工业出版社,2016.

[36] 中华人民共和国住房和城乡建设部.建筑桩基技术规范:JGJ 94—2008[S].北京:中国建筑工业出版社,2008.

[37] 中华人民共和国住房和城乡建设部.屋面工程技术规范:GB 50345—2012[S].北京:中国建筑工业出版社,2012.

[38] 中华人民共和国住房和城乡建设部.地下工程防水技术规范:GB 50108—2008[S].北京:中国计划出版社,2008.